工业和信息化部"十四五"规划教材

现代图像处理学导论

肖 亮 杨劲翔 刘 芳 编著

科学出版社

北 京

内 容 简 介

　　数字图像处理是计算机大类高年级本科生和低年级研究生的数据类重要课程。本书面向算法解析和工程建模能力培养，介绍图像处理、图像认知和建模的基本方法，集中介绍图像处理的基本算法。本书共 10 章，介绍成像科学和图像处理基本概念，以及二维信号线性系统基本建模方法，系统概述卷积、滤波、增强、复原、边缘检测、频域分析和分割等基本算法的建模思想，最后论述图像基本特征计算、模式分析和初步的深度学习方法。不同于现行的图像处理教程，本书更为强调对图像处理算法的数学建模和原理剖析，并通过小矩阵等方式进行演算，力求揭示和解析算法背后的机制，并在最后一章给出代表性算法的 Python 语言实现。每章配备扩展阅读、习题和小故事，以帮助读者深入地学习。

　　本书既可以作为高等学校计算机、软件工程、智能科学与技术、电子信息、自动控制及通信等专业的图像处理教材，也可以作为计算机视觉和人工智能等领域研发人员的技术参考书。

图书在版编目(CIP)数据

现代图像处理学导论/肖亮, 杨劲翔, 刘芳编著. —北京：科学出版社, 2023.11
工业和信息化部"十四五"规划教材
ISBN 978-7-03-077013-4

Ⅰ. ①现… Ⅱ. ①肖… ②杨… ③刘… Ⅲ. ①数字图像处理–高等学校–教材 Ⅳ. ①TN911.73

中国国家版本馆 CIP 数据核字(2023)第 219415 号

责任编辑：惠　雪　曾佳佳 / 责任校对：任云峰
责任印制：赵　博 / 封面设计：许　瑞

斜 学 出 版 社 出版
北京东黄城根北街 16 号
邮政编码：100717
http://www.sciencep.com
三河市骏杰印刷有限公司印刷
科学出版社发行　各地新华书店经销
*
2023 年 11 月第　一　版　　开本：787×1092　1/16
2025 年 2 月第二次印刷　　印张：18
字数：425 000
定价：99.00 元
(如有印装质量问题, 我社负责调换)

前 言
PREFACE

图像处理作为视觉计算与机器视觉智能的一个重要研究方向，与成像科学、视觉系统认知、高维信息感知等相关，引起心理学、工程学和数学等领域研究人员的关注。机器智能的重要方向是机器视觉，当我们通过计算机完成视觉计算和视觉内容理解任务时，需要以计算机可以理解的语言进行表达，而这种语言是以布尔逻辑和应用数学等发展起来的，因此学习和解决图像处理问题，数学建模与数学表达是必经之路，程序设计是实践之魂。

本书是作者给南京理工大学计算机大类、信号处理与通信、智能科学与技术专业的高年级本科生和研究生开设"数字图像处理"和"图像分析基础"等课程十余年教学成果的总结。在讲授该门课程的十余年里，我们深刻体会到对于计算机大类科班的大学生而言，更多的是以"程序式算法"和"程序式语言"的方式理解图像处理算法，而很少从信号处理系统、数学建模和优化的角度深入理解图像处理算法。其原因可能是大学期间的微积分、线性代数和概率统计等教学内容与具体应用问题驱动有较大的脱节。更多的大学数学教师可能习惯从定理到定理、公式到公式严谨的表达和推理，而工程科学的教师则习惯采用直观性和实用性的思维解决问题，这对于那些需要"洞察"图像处理算法和"刨根问底"的学生而言是一个艰辛而痛苦的过程。而那些数学系出身的学生和研发人员，又往往纠结于理论和模型的严谨性，忽略直观与实践性思维，难以将图像处理算法实际应用到以视觉信息为感知输入的工程问题中。

为了架起模型、算法与实际应用之间的桥梁，本书结合图像处理算法新研究进展，围绕基础 (fundamental)、前沿技术 (cutting-edge technology)、实践 (practice)、创新 (innovation) 四大要素 (简称 FCPI) 展开，以"知识链–能力链–素质链"强化编写思路，吸收当前最新的图像处理与分析研究内容，形成以 FCPI 为核心的螺旋递进式的教学内容，并融入新时代思政要素，形成内容清晰、宽基础、重实践、吸纳前瞻性技术理论的基础 + 进阶的本科–研究生教材。本书共 10 章，内容包括：图像处理概要、二维信号线性系统与图像处理应用、图像增强与滤波、傅里叶分析与滤波、图像复原、图像边缘增强与检测、图像分割、特征计算分析和深度学习等。本教材的主要编写与教学思路如下：

(1) 体现"数学建模与优化"的思想，重点剖析图像处理模型和算法背后的数学机制。重点对一些经典方法，例如，图像量化、复原、边缘检测和阈值分割等进行数学原理剖析，体现最优化思想，引导学生掌握问题驱动建模与分析方法，并能分析和解决涉及复杂图像处理的实际工程问题。

(2) 加入小矩阵图像演算的算例。考虑到大学生实际的知识结构层次不同，兼顾"直观性思维"和"建模式思维"，通过知识点和算法思想的串联，以数学语言为载体，阐述算法中蕴含的建模或优化机制。为了满足那些既要了解表面的"what""why""how"，又要"求其解、知其然"学生的需求，本书提供了一些小矩阵图像的演算算例，例如，直方图均衡、傅里叶变换、滤波频率响应分析等，便于学生能够更深刻地掌握具体算法的计算过程。

(3) 强调二维信号系统建模的概念。对空域滤波和傅里叶分析给出较多的笔墨铺垫，其目的是帮助学生掌握两大类图像处理算法的设计机制，并建立时-频分析概念。

(4) 强调算法可重复性和实践性。本书最后一章提供若干图像处理的代表性算法的 Python 语言实现。

每章都提供若干与本章内容相关的扩展阅读、习题和小故事，便于学生进一步理解书中内容。科学巨匠们鲜活的故事也有助于激发学生的探究兴趣与创新活力。

本书是工业和信息化部"十四五"规划教材，同时得到江苏省学位与研究生教育教学改革项目"新时期人工智能高层次创新人才学科交叉培养路径研究"(JGKT23_A003) 资助。

本书第 1～8 章由肖亮撰写，第 9 章由杨劲翔撰写，第 10 章由刘芳撰写。本教材得益于教学过程的积累，以及历届那些"刨根问底"的本科生和研究生的帮助，作者三改其稿，力求这部教材能够满足 FCPI 四大要素。由于作者水平有限，必然存在疏漏与不当之处，敬请读者和同仁批评和斧正。

肖 亮

2023 年 4 月于南京

目 录
CONTENTS

第 1 章 绪 论

本章主要简述图像的基本概念、数字图像的由来、电磁成像科学与图像处理应用，并概述图像传感器技术、与图像处理相关的学科方向、与数字图像处理相关的出版物，以及图像处理的编程工具和开源工程等。

1.1 认识图像

1.1.1 图像信息

人类通过感觉器官从外部世界获取各种形式的信息，传递给大脑，进行思考，并作出反应。据统计，视觉获取的信息占人类获取信息的 2/3 以上，而听觉信息约占 1/5，其余为触觉、味觉、嗅觉等信息。并且大脑对视觉信息记忆的牢固程度和吸收率是远高于听觉信息的，即所谓的 "百闻不如一见"。图像信息具有直观、形象、易懂和量大的特点，是人类最丰富的视觉信息来源。

谈起图像，我们脑海里会浮现出多姿多彩的画面，不论是大街上的巨幅图片广告、手机的随手一拍，还是互联网上的海量图片信息。我们正处在一个充斥着图像的世界。然而，若论图像的历史，至少可以追溯到人类早期的象形文字 (如甲骨文)(图 1.1(a))。在漫长的狩猎岁月中，或许是人类渴望表达意愿和情感的需要，我们的祖先拿起尖锐的石头、树枝或者木炭等，甚至还加上红色、黄色和赭色的矿石作为颜料，在洞穴壁上画下许多简洁、朴素而生动的动物形象。早在公元 5 世纪时，中国内蒙古阴山岩画 (图 1.1(b)) 就被北魏地理学家郦道元发现，他在著名的《水经注》中做了详细的记述："河水又东北历石崖山西，去北地五百里，山石之上，自然有文，尽若虎马之状，粲然成著，类似图焉，故亦谓之画石山也。" 而作为世界文化遗产，中国敦煌壁画体现了古人精湛的绘画技艺和高超的艺术表达能力。古人通过绢本等物理载体的绘画作品，也可以记录一个城市的面貌和当时社会各阶层人民的生活状况。北宋画家张择端所画的《清明上河图》(图 1.1(c))，不仅是一幅伟大的现实主义绘画艺术珍品，同时也为我们提供了北宋大都市的商业、手工业、民俗、建筑、交通工具等翔实形象的第一手资料。

然而，无论是岩画、壁画，还是以绢本、纸张等为载体的绘画等，它们都是非常耗费人工和心力的，人们希望能发明 "所见即所得" 的照相或成像 (imaging) 技术。最为朴素的成像原理显然源于中国古代的 "小孔成像"。约 2400 年前，墨子和他的学生做了世界上第一个小孔成倒像的实验，解释了小孔成倒像的原因，指出光沿直线进行传播的性质，这要比牛顿的发现早 2000 多年。另一个有趣的例子是，据史书记载，中国古人为了欣赏类似电影效果的戏剧，早在西汉时期就发明了皮影戏，艺人们在白色幕布后面，一边操纵影人，一边用当地流行的曲调讲述故事，同时配以打击乐器和弦乐，有浓厚的乡土气息。无论是小孔成像还是皮影戏，都只能产生光影效果，而不能像摄影技术那样很好地记录下生动的瞬间。

(a) 甲骨文　　　　　　　(b) 内蒙古阴山岩画　　　　　(c)《清明上河图》(局部)

图 1.1　中国古人记录视觉信息的例子

世界上最早的照相机出现在欧洲。法国人尼埃普斯 (Nièpce) 在 1826 年拍出世界上第一张照片，但是这种照片需要曝光长达 8h 以上，而且技术很难掌握，拍摄的照片在一段时间后会变暗、模糊，不能长期保存。1839 年 8 月 19 日，法国画家路易·达盖尔 (Louis Daguerre) 发明了世界上第一台真正的照相机。它的基本思路是让一块表面涂有碘化银的铜板曝光，然后蒸以水银蒸气，并用普通食盐溶液定影，从而形成永久性的图像。自此，摄影技术得到飞速发展。传统的照相机是镜头把景物影像聚焦在胶片上，胶片上的感光剂受光后发生变化，经显影液显影和定影。画稿、相片、印刷品图像都是通过物理介质或者承载物反映某种物理量的强弱变化，表现图像上各点的颜色和信息等，我们称之为 "模拟图像"。模拟图像是不能够直接由计算机存储和计算的，而是需要通过模/数转换后才能成为计算机可处理与计算的图像——数字图像，如借助电子扫描仪、数码相机等装置。

1.1.2　数字图像

数字图像起源于报纸业。例如，20 世纪 20 年代的巴特兰 (Bartlane) 图片传输系统，在伦敦用特殊的打印设备对图片进行编码，然后经过海底电缆传输，第一次将图片从伦敦传输到纽约，然后在纽约进行解码重构。早期的巴特兰图片传输系统采用 5 个灰度级编码图像，直到 1929 年才扩大到 15 个灰度级。然而，这还不能称为真正意义上的数字图像，因为数字图像本质是能够被计算机存储、处理和加工的图片。

数字图像处理的历史与计算机的发展密切相关。计算机的概念可以追溯至公元前 600 年的中国算盘，据记载我国当时就有了算板，将 10 个算珠串成一组，一组一组地排列好，放入框内，然后迅速拨动算珠进行计算。而以二进制为基础的计算思维概念，可以溯源到我国古代的《易经》。1946 年，第一台电子数字积分计算机 (electronic numerical integrator and computer, ENIAC) 诞生，它采用十进制计算，且没有内部存储器。美国约翰·冯·诺伊曼 (John von Neumann) 在研制 ENIAC 的过程中提出两个重要概念：① 存储程序和数据的存储器；② 二进制。计算机的计算性能和存储容量不断提升，人们能够处理需要大规模存储和显示的图像处理问题。

数字图像处理的发展与人们对宇宙、生命和医学等的探索历程紧密相关。美国在 1961~1972 年组织实施的一系列载人登月飞行任务，称为阿波罗计划 (Apollo Program)。1964 年 7 月 31 日美国 "徘徊者 7 号" (Ranger 7) 向地球发回首批月球近景照片，并由计算机对这些照片进行处理以校正航天器上电视摄像机各种类型的图像畸变。

2004 年，中国正式启动月球探测工程，并命名为"嫦娥工程"。2007 年 10 月 24 日，"嫦娥一号"在西昌卫星发射中心成功发射升空；2009 年 3 月 1 日，"嫦娥一号"完成使命，撞击月球表面预定地点，也传送回地面大量的月球表面图像。"嫦娥一号"上搭载了 8 种 24 台科学探测仪器，重达 130kg，包括微波探测仪系统、γ 射线谱仪、X 射线谱仪、激光高度计、太阳高能粒子探测器、太阳风离子探测器、CCD(电荷耦合器件)立体相机、干涉成像光谱仪等仪器。中国首次月球探测工程第一幅月面图像是由"嫦娥一号"卫星上的 CCD 立体相机获得的。该 CCD 相机采用线阵推扫的方式获取图像，轨道高度约 200km，每一轨的月面幅宽 60km，像元分辨率 120m。该图像共由 19 轨图像制作而成，位于月表东经 83° 到东经 57°，南纬 70° 到南纬 54°，图幅宽约 280km，长约 460km。如图 1.2 所示为月球表面上 60km 宽的条带，是 CCD 相机开机获得的第一轨图像。目前，中国已成功实施三期探月工程计划。2020 年 12 月 17 日，"嫦娥五号"返回器携带月球样品，采用半弹道跳跃方式再入返回，在内蒙古四子王旗预定区域安全着陆。

习近平总书记指出，探索浩瀚宇宙，发展航天事业，建设航天强国，是我们不懈追求的航天梦。2020 年 7 月 23 日，"天问一号"在文昌航天发射场由长征五号遥四运载火箭发射升空。2021 年 6 月 11 日，"天问一号"探测器和"祝融号"火星车着陆火星，获取首批科学探测图像。

"天问一号"环绕器搭载了 7 台有效载荷，用于火星科学探测。其中一台中分辨率相机，绘制火星全球遥感影像图，进行火星地形地貌及其变化探测，如火星表面成像、火星地质构造和地形地貌研究；一台高分辨率相机，获取火星表面重点区域精细观测图像，开展地形地貌和地质构造研究。同时还包括环绕器次表层探测雷达、火星矿物光谱分析仪、火星磁强计、火星离子与中性粒子分析仪、火星能量粒子分析仪等。"天问一号"着陆巡视器为"祝融号"火星车，它完成的科学探测任务有：火星巡视区形貌和地质构造探测，火星巡视区土壤结构 (剖面) 探测和水冰探查，火星巡视区表面元素、矿物和岩石类型探查，以及火星巡视区大气物理特征与表面环境探测等。火星车搭载了 6 台科学载荷，包括火星表面成分探测仪、多光谱相机、导航地形相机、火星车次表层探测雷达、火星表面磁场探测仪、火星气象测量仪等。图 1.3 给出了"祝融号"火星车前避障相机拍摄的回传图像，正对火星车

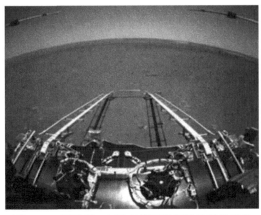

图 1.2　中国首次月球探测工程第一幅月面图像　　图 1.3　"祝融号"火星车前避障相机拍摄的图像

前进方向。图中可见坡道机构展开正常；图像上部的两个伸杆为已经展开到位的次表层雷达；前进方向地形清晰。为获知火星车前进方向更大范围的地形信息，避障相机采用大广角镜头，在广角镜头畸变的影响下，远处地平线形成一条弧线。据法新社报道，中国成为第一个首次探测火星就一次性实现环绕、着陆和巡视三步走的国家，其他仅有的两个登陆火星的国家——苏联和美国都没有取得这一成就。《纽约时报》也指出，中国已经实现了一件只有两个国家——美国和苏联做过的事情：成功登陆火星。

1.2　电磁波成像科学与图像处理应用

人类感知外部世界的主要途径之一是视觉。物体表面的反射光或者透射光，在人眼的视网膜上形成图像。根据双目视觉感知的 2 幅图像，人眼能够推断出三维环境的结构、景深等信息。人眼获取图像的基本要素包括物体所在的场景、光照条件，以及对反射光或透射光的感知与测量。但是，人眼对电磁波的感知范围集中在可见光范围，约为 400～800nm。为了延伸对环境和目标的探测能力，科学家采用测量和产生电磁辐射的设备，获取不同电磁波段的图像。

虽然人类仅能感知波长约为 400～800nm 的可见光波段的电磁波，仅能观察可见光图像，但是一些杰出的科学家发明了可以测量和发射电磁波 (如无线电波、X 射线、微波等) 辐射的成像设备，探测电磁波并形成不同的图像。

电磁波辐射，又称电磁辐射，是由同相振荡且互相垂直的电场与磁场在空间中以波的形式传递能量和动量，其传播方向垂直于电场与磁场构成的平面 (图 1.4)。

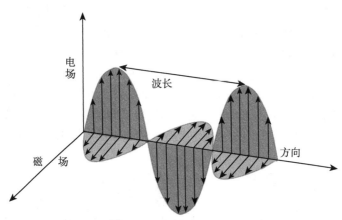

图 1.4　电磁辐射原理图

电磁辐射的载体为光子，不需要依靠介质传播，在真空中的传播速度与光速相等。电磁辐射可按照频率分类，从低频率到高频率，主要包括无线电波、微波、红外线、可见光、紫外线、X 射线和 γ 射线，构成电磁波谱图 (图 1.5)。

1.2.1　可见光、红外成像及其应用

可见光成像和红外成像是我们遇到最多的一类成像。肉眼可接收到的电磁辐射，波长在 380～780nm，称为可见光。只要是自身温度高于绝对零度 (0K) 的物体，都可以发射电

磁辐射。因此，人们周边所有的物体时刻都在进行电磁辐射。尽管如此，只有处于可见光频域以内的电磁波，才可以被肉眼看到。

红外波段是肉眼不能直接感知的，但是可以由光谱成像仪探测，并且在遥感 (remote sensing) 应用中发挥重要作用。什么是遥感？美国摄影测量与遥感协会 (American Society for Photogrammetry and Remote Sensing, ASPRS) 把遥感定义为：**在不直接接触研究目标和现象的情况下，利用记录装置观测获取目标或现象的某些特征信息。**

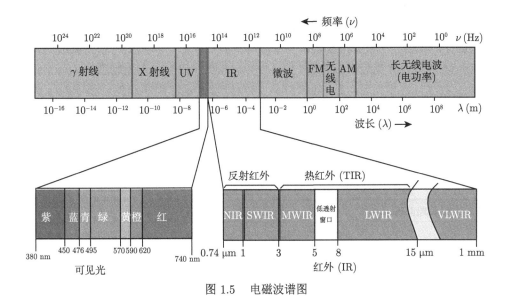

图 1.5　电磁波谱图

1998 年，ASPRS 将摄影测量和遥感相结合，提出一个更为广泛的定义：**对使用非接触传感系统获得的影像和数字图像进行记录、量测和解译，从而获得自然物体和环境的可靠信息的一门艺术、科学和技术。**

根据对电磁波谱信号的感知分辨能力，遥感传感器系统可以分为全色 (panchromatic)、多光谱 (multispectral)、高光谱 (hyperspectral) 和超光谱 (ultraspectral) 探测器等类型。

(1) **全色探测器**。全色探测器是在较宽谱段内不作波段划分感知的探测器，一般获取的是宽谱段范围光谱响应积分的灰度图像。代表性传感器是可见与近红外线 (visible and near infrared region, VNIR) 波段内 (400~1000nm) 的电磁光谱辐射积分获取的图像，因此全色图像几乎没有光谱分辨能力。但是，全色图像可以达到很高 (分米级) 的空间分辨率。例如，一些商用卫星可以获取空间分辨率达到 50cm 的全色图像。全色图像由于分辨率高，因此蕴含地面场景和目标的几何形状、边界、纹理等细节信息，被广泛应用于场景的分割、目标区域精细提取以及几何特性 (如长度、周长、面积、形状) 测量等。

(2) **多光谱探测器**。多光谱探测器是可以在若干特定波长范围 (波段) 分别进行感知的传感器。传统的多光谱探测器在可见-近红外线波段具有 3 个或 4 个波段，每个波段覆盖特定的波长范围 (带宽)。以 Landsat 多光谱扫描仪 (multispectral scanner, MSS) 为例，其 4 个波段的波长分别为：第 1 波段波长为 500~600nm；第 2 波段波长为 600~700nm；第 3 波段波长 700~800nm；第 4 波段波长为 800~1100nm。前面 3 个波段分辨率较高，带宽为 100nm；第 4 个波段光谱分辨率较低，带宽为 300nm。

(3) **高光谱探测器**。高光谱探测器在一个较宽波段范围内能够以很窄的光谱带宽连续采集物质的光谱信息，从而形成数百个光谱波段的数据。例如，机载可见光/红外成像光谱仪 (airborne visible/infrared imaging spectrometer, AVIRIS) 在 400~2500nm 范围内有 224 个波段，光谱分辨率可达 10nm。如果探测器的光谱分辨率可以达到 1nm 甚至更高，则称为超光谱探测器。

为了阐述多光谱成像的用途，以美国 NASA 的 Landsat 卫星图像为例，给出具体说明。1975~1999 年，NASA 相继发射了系列卫星 Landsat 2、Landsat 3、Landsat 4、Landsat 5、Landsat 6、Landsat 7。除 Landsat 6 卫星没有发射成功外，其余卫星均发射成功，卫星运行于太阳同步轨道，并搭载了多光谱扫描仪 (Landsat MSS) 和专题制图仪 (Landsat TM)，获取了大量数据，应用广泛。Landsat TM 的波段设置是应用驱动的，基于对水体的穿透能力、植被类型和生长状况差异、植物与土壤水分、云水冰特征差异、特定岩石类型水热蚀变带鉴别分析等应用和特征光谱基因分析进行设置。各波段范围设置及其可应用情况见表 1.1。

表 1.1　Landsat 4 和 Landsat 5 TM 各波段范围及其应用

波段序号	波段范围/μm	遥感特征及其应用
1	蓝光 (0.45~0.52)	该波段具有水体穿透能力，可应用于土地利用、土壤和植被特征分析。该波段下界处在清洁水体峰值透率以下，波段上界是健康绿色植物在蓝光处的叶绿素吸收的界限。当波长小于 450nm 时受到大气散射和吸收的影响显著
2	绿光 (0.52~0.60)	该波段是跨蓝光和红光这两个叶绿素吸收波段之间的区域，对健康植物的绿光反应有影响
3	红光 (0.63~0.69)	该波段是健康绿色植物的吸收波段，可应用于植被分类、土壤边界和地质界线提取
4	近红外 (0.76~0.90)	该波段对植物的生物量有很好的响应，可以应用于识别农作物，突出土壤/农作物、陆地/水体的对比度。该波段低端正好在 0.75μm 之上
5	中红外 (1.55~1.75)	该波段对植物中水分的含量很敏感，可应用于农作物干旱和植被生长状况调查。该波段是少数能区分云、雨和冰的波段之一
6	中红外 (2.08~2.35)	该波段是区分地质岩层的特征波段，可应用于鉴别岩石中的水热蚀变带分析
7	热红外 (10.40~12.50)	这个波段测度来自表面发射的热红外辐射能。表观温度是表面反射率和温度的函数，因此可应用于地热活动、地质调查中的热惯量制图、植被分类、植被胁迫分析和土壤水分研究；同时也能应用于特殊山区的坡向差异性分析

1970 年 4 月 24 日，我国成功发射了第一颗人造地球卫星——"东方红一号"，成为继苏联、美国、法国和日本之后第 5 个发射人造地球卫星的国家。此后 30 年中，我国自行研制和发射了一系列不同型号卫星和试验飞船，逐步迈进遥感的科技强国之列。

1.2.2　X 射线成像与应用

关于特殊电磁波段的成像，我们不得不提 X 射线成像。1895 年 11 月 8 日，伟大的德国物理学家伦琴 (图 1.6) 在调试一组阴极射线仪器时，惊奇地发现阴极射线 (电子束) 可穿透千页书、2~3cm 厚的木板、几厘米厚的硬橡皮、15mm 厚的铝板等，并且该仪器能够使远处的乳胶片感光。伦琴把这种射线命名为 X 射线，后人称之为伦琴射线。伦琴本人也因为这一重大贡献获得第一届诺贝尔物理学奖。X 射线成像开启了人体成像的先河，并被应用于人体损伤的医学诊断。图 1.7 为第一张 X 射线所拍摄的伦琴夫人的手，手骨和手指上的结婚戒指清晰可见。

 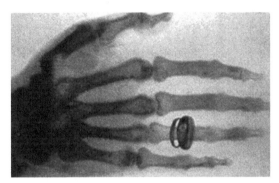

图 1.6　德国物理学家伦琴　　　　图 1.7　第一张 X 射线图像：伦琴夫人手的 X 光片

　　X 射线之所以能使人体在荧屏或胶片上形成影像，一方面是基于 X 射线的特性，即其穿透性、荧光效应和摄影效应；另一方面是基于人体组织有密度和厚度的差别。由于存在这种差别，当 X 射线透过人体各种不同组织结构时，它被吸收的程度不同，所以到达荧屏或胶片上的 X 射线量就有差异。

　　21 世纪 60~70 年代，美国物理学家科马克 (Cormack)、英国电子工程师亨斯菲尔德 (Hounsfield) 等研制的第一台电子计算机断层扫描成像 (computed tomography，CT) 仪器诞生，他们因此获得 1979 年诺贝尔生理学或医学奖。CT 成像自发明以来，通过不断改进和升级，已成为现代医学诊断的重要手段。例如，CT 是医生筛查肺结节、肿瘤等的主要方法。肺部疾病的临床诊断基本靠影像学。CT 影像作为肺部病毒感染临床诊断的重要依据，在早期快速识别可疑患者中发挥重要价值。图 1.8 为肺部感染患者的 CT 扫描图像的若干示例。

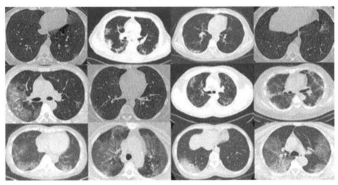

图 1.8　肺部感染患者的 CT 扫描图像示例
https://github.com/UCSD-AI4H/

　　X 射线成像的另一个应用是工业 CT，广泛应用于无损检测；其因具有穿透性成像特征，也可以应用于机场、海关等场所的安全检测。

1.2.3　γ 射线成像与应用

　　γ 射线在 20 世纪 70 年代首次被人类观测到，主要用途是天文观测和核医学成像。在核医学中，将放射性同位素注射到人体内，当这种物质衰变时就会产生 γ 射线。利用 γ 射线的成像原理的一种方式是正电子发射断层成像技术 (positron emission tomography, PET)。PET 的发明是医学图像发展历史上又一重大事件。

　　一般的医学图像反映的是人体的静止状态，PET 通过特定的显像剂，例如 ^{18}F-FDG(2-氟-18-2-脱氧-D-葡萄糖)，能反映人体生命过程，因而在研究人体生理、病理、肿瘤成因、代谢情况、药物动力学及脑科学中具有重要的价值。目前，已明确在恶性肿瘤细胞中的葡萄糖转运信使核糖核酸 (mRNA) 表达增高，引起葡萄糖转运蛋白增加。因而，肿瘤细胞内可积聚大量 ^{18}F-FDG，经 PET 显像可显示肿瘤的部位、形态、大小、数量及肿瘤内的放射性分布。结合 CT 提供的横断面解剖信息和 PET 提供的代谢信息，能够提高 FDG 活性定位到特定的正常或异常解剖位置的能力。例如，图 1.9 显示了一名 45 岁女性转移性鳞状细胞癌患者在右颈淋巴结活检发现肿瘤后，轴向口咽层面的 CT 图像 (图 1.9(a)) 和相应的融合 FDG PET–CT 图像 (图 1.9(b))，可以发现融合的 FDG PET–CT 图像非常有利于发现和定位原发肿瘤的位置。

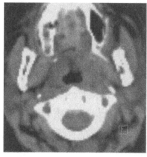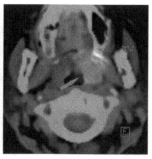

(a) 轴向口咽层面的CT图像显示扁桃体轻度不对称，无明确肿块　　(b) 相应的融合FDG PET–CT图像显示原发肿瘤所在的左侧扁桃体(箭头所示)存在强烈的高代谢

图 1.9　融合 FDG PET–CT 图像寻找原发肿瘤的例子

1.2.4　微波成像与应用

　　微波成像的典型应用是雷达，雷达的发明是无线电发展历史上的重要里程碑事件。雷达可以全天候、全天时、远距离对目标进行检测和定位，是军事侦察和遥感的重要手段。合成孔径雷达 (synthetic aperture radar, SAR) 是雷达技术应用最多的形式，它在径向距离上依靠几百兆赫兹的微波信号将距离单元缩小到亚米级；在方位上则依靠雷达平台运动，等效地在空间形成很长的线性阵列，并将各次回波存储的阵列进行处理，获得高的方位分辨率。雷达平台相对于固定地面运动形成合成孔径，实现 SAR 成像。反过来，若雷达平台固定，而目标运动，则以目标为基准，雷达在发射信号过程中，可视为等效反向运动而形成

阵列，这种成像形式称为逆合成孔径雷达 (inverse SAR, ISAR)。除此之外，极化是电磁波的本质属性之一，是除频率、幅度、相位之外的又一维重要信息。电磁波的极化对目标的介电常数、物理特性、几何形状和取向等比较敏感，因而极化测量可以大大提高成像雷达对目标各种信息的获取能力。合成孔径雷达在不同收发极化组合下，测量地物目标的极化散射特性，并用极化散射矩阵的形式进行记录，也可以成像，称为 PolSAR。用多方向飞行的全极化 SAR 图像可以提取特定三维目标的高度与位置信息，进而实现目标物的几何立体重构。例如，"高分三号"卫星是我国首颗分辨率达到 1m 的 C 频段多极化 SAR 卫星，也是我国首颗设计寿命为 8 年的低轨遥感卫星，可全天候、全天时监视监测全球海洋和陆地资源 (图 1.10)，能够高时效地实现不同应用模式下 1~500m 分辨率、10~650km 幅宽的微波遥感数据获取，为海洋环境监测与权益维护、灾害监测与评估、水利设施监测与水资源评价管理、气象研究等业务提供了全新技术手段。

图 1.10 "高分三号"卫星天津地区图像

1.2.5 无线电波成像与应用

无线电波是频率大约为 300GHz 以下，或波长大于 1mm 的电磁波，它是由振荡电路的交变电流产生的，可以通过天线发射和吸收。无线电波成像主要应用于医学和天文学领域。在医学成像应用中，极具代表性的是磁共振成像 (magnetic resonance imaging, MRI)。磁共振成像是断层成像的一种，它利用磁共振现象从人体中获得电磁信号，并重建出人体信息。磁共振成像技术与其他断层成像技术 (如 CT) 有一些共同点，比如它们都可以显示某种物理量 (如密度) 在空间中的分布；同时也有它自身的特色，例如可以得到任何方向的断层图像、三维体图像，甚至可以得到空间–波谱分布的四维图像。CT、PET、MRI 是医学成像诊断的三驾马车，在医学诊断领域发挥着重要的作用。

1.2.6 其他成像与应用

电磁波成像是主要的成像探测方式，在成像科学中占据主导地位。除此以外，声波和显微成像也是广为使用的成像方式。声波是由物体振动产生的信号，其传播需要依靠介质，而且在越致密的物质中传播速度越快；声波和电磁波都具有波的特性，能够发生波的反射现象、干涉现象、衍射现象等。人耳能听到的声音其频率大致在 50~10000Hz，超过 20000Hz 的声波，人耳就不能听见，称为超声波 (简称超声)。声波被广泛应用于超声波 (频率可达 百万赫兹) 定位、倒车雷达、超声波检测、医学 B 超等生活的各个方面。超声波成像通常 有两种方式：① 以振幅 (amplitude) 形式显示的一维超声成像 (简称 A 超)；② 以灰阶即 亮度 (brightness) 形式显示的二维成像 (简称 B 超)(图 1.11)。B 超在疾病诊断中发挥重要 作用，主要可以排查肝、胆、胰腺等人体器官是否存在病变、结石、息肉、肿瘤等；同时 B 超也广泛应用于妇科疾病诊断和胎儿成长情况检测。

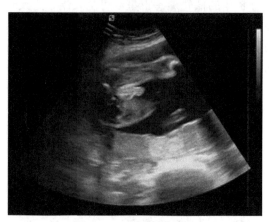

图 1.11　B 超图像示例

显微成像通常也称光学显微成像或光学显微术 (optical microscopy)，是显微镜与摄 像技术相结合的产物，是一种透过样品或从样品反射回来的可见光，通过一个或多个透镜 后，得到微小样品的放大图像的技术。显微图像可通过目镜直接观察，也可通过 CCD 相机 等形成数字图像进行显示和处理。在病理诊断和分析过程中，显微图像起着关键作用，可 被用于可视化组织基元形态、计算与病变相关的定量化指标、定位感兴趣区域 (region of interest, ROI) 以及辅助制定外科手术方案等。数字病理显微图像的制作首先需要进行组织 染色。为了突出组织切片中特定的细胞核和腺体特征，限定并检查组织，通常使用染色剂 来增强组织成分间的对比度，主要包括苏木精–伊红 (hematoxylin-eosin, H&E) 和免疫组 织化学 (immunohistochemistry, IHC)，如图 1.12 所示。

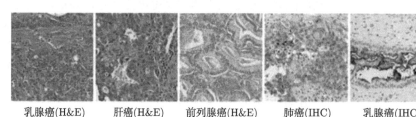

乳腺癌(H&E)　　肝癌(H&E)　　前列腺癌(H&E)　　肺癌(IHC)　　乳腺癌(IHC)　　子宫内膜癌(IHC)

图 1.12　H&E 和 IHC 染色的数字病理显微图像示例

2014 年的诺贝尔化学奖颁给了 3 位科学家：Eric Betzig、Stefan W. Hell 和 William E. Moerner，以表彰他们在超分辨荧光显微镜领域做出的贡献。超分辨荧光显微技术在生命科学领域具有重要意义。

1.2.7　计算机合成图像与应用

与利用光学原理和传感器的成像完全不同,计算机合成图像是采用计算机生成的图像。早期的方法是源于计算机图形学 (computer graphics)。最为人熟知的例子是一些数学分形 (fractal) 过程,具有自相似性质的不规则几何形态,可以通过计算机图形可视化的方法生成美不胜收的图案。如今,基于真实感图像渲染技术,人们可以生成几乎能以假乱真的图像和虚拟场景。此外,以生成对抗网络 (generative adversarial network,GAN) 等为代表的深度学习方法,可以生成与真实照片高度相似的图像,如合成人脸、虚拟视频动画等。这催生了深度造假 (deep fake) 技术,其由于容易篡改图像与视频内容等,引起了人们对人工智能伦理的担忧。

1.3　图像传感器技术

智能手机已在生活中高度普及,当我们拿起智能手机拍摄发生在身边的精彩瞬间,是否想过这些精彩的瞬间是如何形成美丽的图像画面的呢?其中贡献最大的莫过于图像传感器。数码相机的诞生就得益于两种图像传感器:电荷耦合器件 (charge-coupled device,CCD) 和标准的互补金属氧化物半导体 (complementary metal oxide semiconductor,CMOS)。

CCD 图像传感器是一种半导体器件,能够把光学影像转换为数字信号。CCD 上植入的微小光敏物质称作像素 (pixel)。一块 CCD 上包含的像素数越多,其提供的画面分辨率也就越高。CCD 的作用就像胶片一样,但它是把光信号转换成电荷信号。CCD 上有许多排列整齐的光电二极管,能感应光线,并将光信号转变成电信号,经外部采样放大及模/数转换电路转换成数字图像信号。

CMOS 图像传感器是一种典型的固体成像传感器,通常由像敏单元阵列、行驱动器、列驱动器、时序控制逻辑、AD 转换器、数据总线输出接口、控制接口等组成,这些器件通常集成在同一硅片上。其工作过程一般可分为复位、光电转换、积分、读出等。在 CMOS 图像传感器芯片上还可以集成其他数字信号处理电路,如模/数转换器、自动曝光量控制、非均匀补偿、白平衡处理、黑电平控制、γ 校正等,为了实现快速计算,甚至可以将具有编程功能的 DSP 器件与 CMOS 器件集成在一起,从而组成单片数字相机及图像处理系统。

CCD 和 CMOS 传感器具有相似的特性,在商用相机中得到了广泛的应用。目前大多数传感器使用 CMOS 单元,主要是出于制造上的考虑。传感器和光学元件通常集成在一起,为生物显微镜等应用制造更轻、更薄的相机。

图像传感器是为了实现特定设计目标,并考虑不同的应用,提供不同的灵敏度和质量水平。查阅制造商的信息,可以得到相关传感器的具体属性。设计每个光电二极管传感器时,需要针对给定的传感器尺寸和材料等指标选择半导体制造工艺,对单元进行了优化,以实现硅芯片面积与光强、颜色检测的动态响应之间的最佳平衡。

1.4 与图像处理紧密相关的学科方向

1.4.1 图像处理和计算机视觉

图像处理与分析涉及学科方向众多,甚至相互重叠。通常,图像处理与分析是计算机视觉中的一部分,可以有效运用模式识别与机器学习等技术实现各类图像处理、分析和识别等任务。而模式识别和机器学习是人工智能领域的重要分支。

什么是计算机视觉?目前并没有非常严格的界定和定义。简言之,计算机模拟人类等视觉感知、分析和理解,其研究目标是根据感测到的图像对实际物体和场景作出有意义的判定。通常,计算机视觉就是用各种成像系统代替视觉器官,感知和获取视觉信息,由计算机来代替大脑完成处理、识别和解译。例如,计算机视觉的一个重要应用领域就是无人驾驶汽车。需要指出的是,在计算机视觉系统中计算机起代替人脑的作用,但并不意味着计算机必须按人类视觉的方法完成视觉信息的处理,它可以并应该根据计算机系统的特点来进行视觉信息的处理。

对于计算机视觉的研究,不得不提计算神经科学创始人大卫·马尔 (David Marr)。20世纪 80 年代初,麻省理工学院 (MIT) 人工智能实验室出版了 David Marr 的著作 *Vision: A Computational Investigation into the Human Representation and Processing of Visual Information*,David Marr 提出一个观点:视觉是分层的,并认为视觉是个信息处理任务,应该从 3 个层次研究和理解,即计算理论、算法、实现算法的机制或硬件。

1. 计算理论 (computational theory)

计算理论需要明确视觉目的,或视觉的主要功能是什么。David Marr 的计算理论认为,图像是物理空间在视网膜上的投影,所以图像信息蕴含了物理空间的内在信息,因此,视觉计算理论和方法都应该从图像出发,充分挖掘图像所蕴含的对应物理空间的内在属性。换言之,David Marr 的视觉计算理论就是要 "挖掘关于成像物理场景的内在属性来完成相应的视觉问题计算"。因为从数学的观点看,图像仅仅是三维空间的投影,因此很多视觉问题具有 "歧义性",如典型的左右眼图像之间的对应问题。如果没有任何先验知识,图像点对应关系就不能确定。但是人类视觉系统确实能够有效利用一些先验知识或者长期形成的经验,来解释看到的场景和指导日常的行为。如桌子上放一只水杯的场景,人们会正确地解释为桌子上放了一只水杯,而不会把它们看作一个新物体。当然,人类也会经常出错,如大量错觉现象。从这个意义上来说,让计算机来模仿人类视觉是否一定是一条好的途径也是一个未知的命题。

2. 表达和算法 (representation and algorithm)

在这个层次主要回答:如何由输入求输出,输入和输出的表达 (数据结构) 是什么,为实现表达之间的变换应该采取什么样的算法。David Marr 计算理论中算法分为 3 个计算层次,首先从图像提取边缘信息 (如二阶导数的过零点),然后提取点状 (blob) 基元、线状 (edge) 基元和杆状 (bar) 基元,进而将这些初级草图 (raw primal sketch) 组合形成完整草图 (full primal sketch),上述过程为视觉计算理论的特征提取阶段。在此基础上,通过立体视觉和运动视觉等模块,将基元提升到 2.5 维表达,最后将 2.5 维表达提升到三维表达。

3. 硬件实现 (hardware implementation)

物理上如何实现这种表示和算法？David Marr 的成果在当时是开创性的，但它非常抽象。它没有包含任何可以在人工视觉系统中使用的数学建模的信息，也没有提到任何类型的学习过程。如果将计算机视觉理解的任务进行简化，并划分为低层视觉、中层视觉与高层视觉三个层次，则能更好地理解图像处理与计算机视觉的关系。

(1) **低层视觉 (low level vision)**。该层次几乎与图像处理重叠，图像滤波、图像恢复、图像增强等都属于低层处理的范畴，同时还包括各种点状结构、线状结构、伪随机结构等奇异性检测方法，以便从图像中提取角点 (corner)、边缘 (edge)、纹理 (texture)、运动 (motion) 和色彩 (color) 等场景的基本特征。此时图像处理类似一个以图像为输入和以图像为输出的变换过程。例如，输入的图像本身是一个二维信号 (灰度图像)，由一个图像函数来表示，其数值是亮度，亮度依赖于空间的坐标参数。如果要适合计算机处理，则需要将其数字化，然后表示为矩阵结构，其元素对应图像中相应坐标的亮度值。处理的过程就相当于对矩阵进行变换和对矩阵元素进行修改的过程，以生成一个新的矩阵。

(2) **中层视觉 (middle level vision)**。中层视觉的主要任务是恢复场景的深度、表面法线方向、轮廓等有关场景的 2.5 维图，实现的途径有立体视觉 (stereo vision)、运动估计、表面明暗恢复形状、表面轮廓线恢复形状、表面纹理恢复形状等。

(3) **高层视觉 (high level vision)**。高层视觉的任务是在以物体为中心的坐标系中，在 2.5 维图的基础上，恢复物体的完整三维图以及各物体之间的三维空间关系。对于图像输入而言，主要是图像理解与识别的过程，需要综合利用内容的先验知识 (priori knowledge)、目标属性以及场景空间关系等，达到对目标类型和场景关系等的认知和理解过程。

1.4.2　图像处理、模式识别与机器学习

在图像分析与识别中，例如人脸识别、手写体识别、车牌识别等，需要大量运用模式识别技术。要了解模式识别 (pattern recognition)，首先需要理解什么是模式 (pattern)。通常可认为模式是自然界和社会生活中相同或相似的事物或者现象。例如姚明在不同年龄段、不同场合所拍摄的脸部图像，虽然年龄跨度大、姿态不同，但是我们依然能够认出他。模式识别是指对表征事物或现象的模式进行处理和分析，以对事物或现象进行描述、辨认、分类和解释的过程。模式识别的目标是赋予计算机实现类似人类甚至超越人类的模式识别能力，虽然在大多数情况下，人类的模式识别能力远远超过计算机。

模式识别通常也称作模式分类。以图像模式为例，传统模式识别系统通常包含以下步骤。

(1) **图像预处理**：这一步骤可去除噪声、进行图像恢复与增强等。

(2) **特征提取**：从图像中提取一些有效的特征。比如在图像目标识别中，提取目标的边缘或轮廓、尺度不变特征变换 (scale-invariant feature transform, SIFT) 特征等。

(3) **特征选择**：对特征进行一定的加工，比如降维和升维。很多特征转换方法都是机器学习方法，常用的有主成分分析 (principal component analysis, PCA)、线性判别分析 (linear discriminant analysis, LDA) 等。

(4) **分类器设计**：对指定的任务，选择合适的特征后，我们需要选择和设计分类器，包括线性分类器和非线性分类器。通常，会按照一定的最优化准则，寻找最佳分类器。

(5) **系统评估**：评估设计完成的分类器的性能（即分类误差率是多少）。

图 1.13 给出一个模式识别系统设计的各个阶段。从反馈的虚线箭头可以看出，每一个阶段都可能不是独立的，而是相互关联的。为了提高模式识别性能，每一阶段都可能返回到前一阶段重新设计；一些阶段可以合并，例如特征选择和分类器设计可以处于同一个优化任务，或者统一构成一个联合优化问题，整体优化。

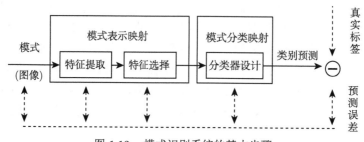

图 1.13   模式识别系统的基本步骤

当模式识别系统输入带标签的数据时，该系统通常也可以理解为一个机器学习系统，包含两个阶段：训练阶段和识别阶段。训练阶段，输入数据样本及其对应的真实类别标签，其过程是通过对输入数据进行特征表示映射 (从样本空间到表示空间的映射)，实现特征提取和特征选择；然后进行分类映射 (表示空间到标签预测空间的映射，或称为模式分类器)，预测类别与真实类别标签之间的最小化预测误差，学习得到最优的模式表示和分类器，见图 1.13 的实线部分和虚线部分。而在识别阶段，输入仅仅为待识别的样本，通过学习得到的特征表示和分类器对样本进行标签预测，将其归入特定的模式类，如图 1.13 的实线部分。

根据有没有利用人工标签 y、有标签数据 D 和没有标签数据 $\tilde{D}$ 特性，可以将模式分类 (或机器学习分类) 分为有监督分类 (supervised classification)、无监督分类 (unsupervised classification) 和半监督分类 (semi-supervised classification)。学习统计模型，该模型在没有标签 y 的相应值的情况下，仅仅根据多个输入数据样本 $X = \{x_i\}_{i=1}^{N}$ 来假设数据的分布，称为无监督学习。相反，如果给定训练数据对，则从概率角度看，有监督学习方法是对联合分布 $p(X, y)$ 或条件分布 $p(y|X)$ 建模。若 y 为连续变量，此类监督学习称为回归；若 y 为分类变量，此类监督学习称为分类 (图 1.14)。分类器模型分为线性分类器和非线性分类器。通常，线性分类器 (直线或高维空间的超平面) 适用于较为简单的分类任务，而更为复杂的分类任务其类别区域划分是非线性的。

传统的机器学习主要关注如何学习一个预测模型。一般需要首先将数据表示为一组特征 (feature)，可以是连续的数值、离散的符号或其他形式，然后将这些特征输入预测模型，并输出预测结果。这类机器学习可以看作浅层学习 (shallow learning)。浅层学习的一个重要特点是不涉及特征学习，其特征主要靠人工经验或特征转换方法来提取。

模式识别与机器学习是人工智能的一个重要分支，并逐渐成为推动人工智能发展的关键因素。

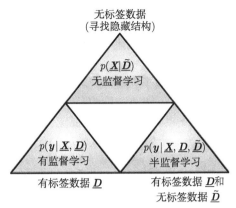

图 1.14　三种基本学习方法的图解：有监督学习、无监督学习和半监督学习

1.5　与数字图像处理相关的出版物

　　数字图像处理本质上是信号处理问题，可以看作是计算机视觉的一个分支，但是很多时候又需要应用模式识别、机器学习等人工智能技术。获取图像处理方向的信息来源非常丰富，包括书籍、期刊 (journal)、杂志 (magazine) 和会议 (conference)。

　　代表性的期刊包括电气与电子工程师协会 (Institute of Electrical and Electronics Engineers，IEEE) 出版的汇刊系列：*IEEE Transactions on Pattern Analysis and Machine Intelligence*(主要是模式识别与机器智能,但图像理解与识别方面的研究也很受青睐)、*IEEE Transactions on Image Processing*(侧重图像处理一般理论与方法)、*IEEE Transactions on Signal Processing*(侧重信号处理一般理论与方法)、*IEEE Transactions on Medical Imaging*(侧重医学成像与处理)、*IEEE Transactions on Geosciences and Remote Sensing*(侧重遥感图像处理与分析)、*IEEE Transactions on Visualization and Computer Graphics*(主要是可视化与图形学，但有部分与图像处理特别是图像合成相关)、*IEEE Transactions on Circuits and Systems for Video Technology*(侧重视频信号)、*IEEE Transactions on Multimedia*(侧重图像、视频等多媒体)、*IEEE Transactions on Information Forensics and Security*(侧重图像与多媒体等信息安全)。

　　爱思唯尔 (Elsevier) 也有很多与图像处理相关的刊物，包括 *Computer Vision and Image Understanding*、*Image and Vision Computing*、*Pattern Recognition*、*Pattern Recognition Letters* 等。

　　作为计算机科学中的一大研究方向，图像处理的最新研究进展和成果一般都在定期举办的计算机视觉、模式识别、机器学习甚至更广的人工智能会议论文集中。IEEE 每年都会举办规模空前的国际图像处理的年会 (IEEE International Conference on Image Processing, ICIP)，从 1994 年延续至今。图像处理、计算机视觉、模式识别等方面的新成果，通常以论文形式发在国际顶级的会议上，包括计算机视觉与模式识别大会 (IEEE Conference on Computer Vision and Pattern Recognition, CVPR)、计算机视觉国际大会 (International Conference on Computer Vision, ICCV)、欧洲计算机视觉大会 (European

Conference on Computer Vision, ECCV)，还有亚洲计算机视觉大会 (Asian Conference on Computer Vision, ACCV)、英国机器视觉大会 (British Machine Vision Conference, BMVC) 等。

中国也有涉及图像处理研究领域的学会、专委会、刊物和会议。例如，中国图象图形学学会 (China Society of Image and Graphics，CSIG) 和中国计算机学会 (China Computer Federation，CCF)，CCF 下设分支机构——计算机视觉专委会 (CCF CV)；聚焦图像处理的刊物有《中国图象图形学报》等，此外中国信息领域的代表性刊物《计算机学报》《软件学报》《电子学报》《自动化学报》也刊登图像处理与计算机视觉等方面的文章；中国模式识别与计算机视觉大会 (PRCV) 等每年几乎都能吸引超过千人的大会，也逐步引起世界学者的关注。

1.6　图像处理的编程工具与开源工程

1.6.1　MATLAB

MATLAB 是计算机视觉/图像处理研究者经常使用的科学计算解释性语言，语法形式类似 C 语言。其语法简单，阅读性强，加上它的解释性可以及时映射计算结果，对于算法仿真演示非常方便，因而深受初学者和研究者青睐。MATLAB 不仅提供数值分析、矩阵计算、科学数据可视化以及非线性动态系统的建模和仿真功能和函数集，同时也提供非常便利的工具箱 (Toolbox)。与图像处理、计算机视觉、人工智能等相关的工具箱包括 Image Processing Toolbox、Computer Vision System Toolbox、Signal Processing Toolbox、Neural Network Toolbox、Optimization Toolbox 等。对于图像处理初学者而言，可以使用冈萨雷斯（Gonzalez）所著的图像处理教材《数字图像处理》的配套工具包 (http://www.imageprocessingplace.com/DIPUM_Toolbox_2/DIPUM_Toolbox_2.htm)。

1.6.2　Scilab

Scilab 是由法国国家信息、自动化研究院的科学家们开发的 "开放源码" 软件。它与 MATLAB 类似，可以实现 MATLAB 上所有基本的功能，如科学计算、数学建模、信号处理、决策优化、线性与非线性控制等各个方面。由于 Scilab 的语法与 MATLAB 非常接近，因而熟悉 MATLAB 编程的人很快就能掌握 Scilab 的使用，图 1.15 给出其基础环境界面。同时，Scilab 提供的语言转换函数可以自动将用 MATLAB 语言编写的程序翻译为 Scilab 语言。目前，Scilab 可在 Linux、Windows 和 Mac OS 全 PC 平台运行。Scilab 软件可以直接从 Scilab 主页 (http://www.scilab.org) 下载或者从下载区 (http://www.scilab.org/download) 下载。Scilab 软件可用于 32 位和 64 位平台，其当前版本为 Scilab2023.1.0(2023 年 3 月)。需要注意的是，Scilab 早期版本及其代码均可免费获取，但从第 5 版开始，它就在 GPL 开发协议兼容的 CeCILL 下发布许可证。

在 MATLAB 中，整个工具箱是在 MATLAB 软件运行时安装的，但在 Scilab 中，用户从 Scilab 库安装工具箱。启动 Scilab 软件，可以看到一个窗口，如图 1.16 所示。点击

"帮助" 菜单使 "帮助" 浏览器等窗口打开, 该浏览器有两个选项卡, 即表格内容和搜索。目录包含有关命令和命令的信息按字母顺序排列的工具箱。

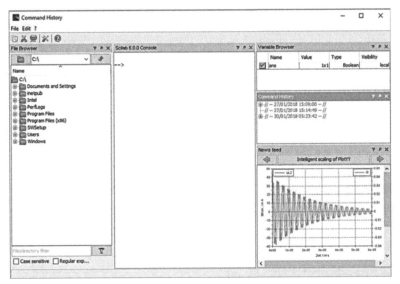

图 1.15 Scilab 的基础环境

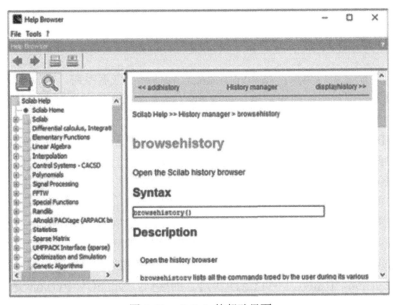

图 1.16 Scilab 的帮助界面

Scilab 中的图像处理工具箱, 无法执行与图像相关的代码或程序。首先, 通过在 Scilab 控制台中键入 "atomsGui" 来安装图像处理工具箱, 该控制台提供有关当前版本 Scilab 软件可用的各种工具箱的信息。图 1.17 显示了可用于 Scilab 的自动模块管理 (ATOMS) 的窗口界面。此窗口还提供有关工具箱的安装信息。对于图像处理工具箱, 单击 "Image Processing

ATOMS" 以获取安装工具箱并安装它。该工具箱由 Tan Chin Luh 研发，目前版本 4.1.2
（2019 年 11 月）。Thanki 等（2019）给出基于 Scilab 的图像处理算法介绍，感兴趣的读者
可以进一步阅读和实践。相关工具箱可从如下网址获取：http://atoms.scilab.org/toolboxes
/IPCV/4.1.2。

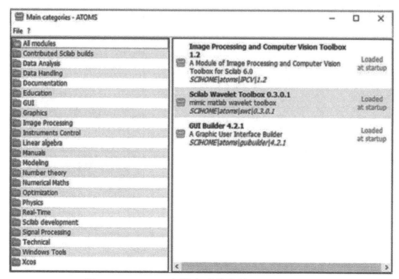

图 1.17   Scilab 中的自动模块管理 (ATOMS)

1.6.3   OpenCV 与其他

对于自己要研发可以集成并发布的图像处理软件产品或者系统，并深入了解其算法内
部结构，图像处理项目工程师通常建议采取 C、C++、Java 等高级语言自行开发。国际上
的研究者基于算法开源 (open source) 的教育和研究理念，开发了很多开源项目。

英特尔 (Intel) 的开源计算机视觉库 (OpenCV) 由国际计算机视觉爱好者共同开发与
维护，目前已经是 OpenCV 4.8.0 版本 (2023 年 7 月)，并且不断更新和完善。它由一系列
C 函数和少量 C++ 类构成，实现了图像处理和计算机视觉方面的很多通用算法。OpenCV
拥有包括 300 多个 C 函数的跨平台的中、高层 API，它不依赖于其他的外部库。OpenCV
具有模块化结构，该软件包包含几个共享库或静态库。提供图像处理模块，包括线性和非
线性图像滤波，几何图像变换 (调整尺寸、仿射和透视、通用的基于表的重新映射)，色彩空
间转换，直方图等；视频分析模块，包括运动估计、背景减除和对象跟踪算法等。OpenCV
同时提供了 Python、Ruby、MATLAB 等语言的接口，OpenCV-Python 是 OpenCV 的
Python 的 API 接口，它拥有 OpenCV C++ API 的功能，同时也拥有 Python 语言的特性，
可以做到跨平台使用。更多关于 OpenCV 的介绍和使用，可以参见 https://opencv.org/。

Python 是由荷兰国家数学与计算机科学研究中心的吉多·范罗苏姆 (Guido van
Rossum) 于 20 世纪 90 年代初设计的语言,高效的数据结构、动态类型以及解释型语言风格，
使它成为多数平台上写脚本和快速开发应用的编程语言。由于 Python 语言的简洁性、易读
性以及可扩展性，在科学计算中使用 Python 的研究者日益增多。很多大学开设了 Python

程序设计课程。例如卡内基梅隆大学的编程基础、麻省理工学院的计算机科学及编程导论就使用 Python 语言讲授。众多开源的科学计算软件包都提供了 Python 的调用接口，例如计算机视觉库 OpenCV、三维可视化库 VTK(Visualization Toolkit, https://vtk.org/)、医学图像处理库 ITK(Insight Toolkit，https://itk.org/)。在人工智能快速发展的今天，越来越多的公司和研究者注意到算法开源和算法可重复实验的重要性，我们可以在代码托管网站 GitHub 上，找到很多本领域论文的源程序。

扩展阅读

　　计算机图像处理是涉及信号处理、应用数学的学科，同时又与模式识别、机器学习等交叉。到目前为止，国内外已经出版了许多图像处理与分析方面的书籍。这些书籍各有侧重，对图像处理的基本方法论出发点不同。

　　(1) 离散方法。数字图像处理归根结底是二维离散信号处理，这种方式非常受图像处理工程师的青睐。

　　(2) 连续方法。由于大多数图像源于物理世界，因此通过连续方法对图像进行数学分析，阐述各类算法的本质也是经常采取的方法，特别是对一些数学工作者而言。

　　关于采取离散方法还是连续方法的讨论，可阅读 Castleman(2002) 的《数字图像处理》引论部分。他认为 "数字图像处理" 不是 "处理数字图像"，而是 "图像的数字处理"，或者说是图像的计算。因此，当涉及处理背后的数学机制时采取连续的方法更能揭示本质，而涉及对各个像素进行逻辑计算时采取离散方法更为符合数字图像的特性。以连续方法为主要基调的图像分析专著 *Image Processing and Analysis: Variational, PDE, Wavelet and Stochastic Methods* (Chan et al., 2005) 论述了当代图像分析和处理中的 4 个最强大的数学工具类：变分、偏微分方程、小波和随机方法，同时也探索了它们的内在联系和机制。Aubert 等 (2002) 从数学建模方法的视角考察了图像处理中的数学问题。

习题

　　1. 通过中国知网下载《用线积分表示函数及其在放射学中的一些应用》一文，了解 CT 成像的数学原理。

　　2. 利用中国知网，调查中国遥感技术发展的现状。

　　3. 列举若干并没有利用到电磁波段的成像方式。

　　4. 太赫兹成像也是电磁波谱成像的一种，但是本书并没有介绍，请调查太赫兹成像的波段。

　　5. 医学图像在病理诊断中发挥了重要的作用，请检索在医疗诊断中用到了哪些不同电磁特性的图像。

　　6. 阐述有监督、无监督和半监督分类的基本概念。

　　7. 在本章 1.5 节中随机地挑出 5 种期刊，给出它们的介绍和投稿主题的方向。

　　8. 利用 Internet，查询 CVPR、ICCV、ECCV、ICIP、BMVC、ACCV 等国际会议最近两年的投稿时间和主题。

　　9. 学习如何安装 MATLAB，并找到 Image Processing Toolbox，了解其基本功能。

　　10. 李小文院士是我国著名的遥感学家和地理学家，请了解其生平。

小故事   机遇总是垂青有准备的人——伦琴与 X 射线

1894 年，威廉·康拉德·伦琴 (Wilhelm Conrad Röntgen) 已经是德国维尔茨堡大学校长，但他始终认为自己与当时的物理学大家孔特教授等相比，缺少具有开创性和影响力的研究成果，所以经常在实验室废寝忘食地进行科学实验。1895 年 11 月 8 日傍晚，维尔茨堡大学校园里静悄悄的，伦琴依旧在实验室里研究着当时学术界的热点问题"阴极射线"。可能是受当时暗箱摄影的启发，同时也是摄影爱好者的伦琴在克鲁克斯高度真空管通高压电流时看到阴极射线，电子碰在管壁上发出蓝白色的荧光，同时玻璃管外也有荧光。伦琴认为或许这是一种肉眼看不见的未知射线。伦琴的夫人因为很久没有见到丈夫，放心不下，来到了实验室，伦琴抓起妻子的手，拍下了那幅此后经常在教科书和博物馆出现的照片——世界上第一张人类活体骨骼的照片，上面还套着一枚象征爱情的戒指。为了表明这是一种新的射线，伦琴采用表示未知数的 X 来命名。之后，他把这项成果发表在维尔茨堡物理医学学会的杂志上。伦琴在发现这种射线后，曾有一段回忆："起初，当我发现这个穿透性射线时，它是这样奇异而惊人，我必须一而再、再而三地做同一个实验，以便确定它的存在，除去实验室中这个奇怪现象之外，别的我什么也不知道。它是事实还是幻影？我在怀疑和希望之间被弄得筋疲力尽。"很多科学家主张将其命名为伦琴射线，伦琴自己坚决反对，但是这一名称直至今日仍在被广泛使用。伦琴没有为 X 射线的发现申请任何专利，他认为那是属于全人类的，理应让公众免费获得。1901 年，伦琴获得首届诺贝尔物理学奖，并把 5 万瑞典克朗的奖金捐给了维尔茨堡大学。

第 2 章　图像处理概要

在图像计算中，要了解模拟图像 (analog image) 和数字图像 (digital image) 两个基本的概念。模拟图像也称为连续图像，可以看作是双变量的函数，这样可以采取函数分析方法进行图像建模与分析。数字图像是具有离散值的二维矩阵，记录空间位置和强度量化的离散数值。

2.1　图像函数与图像形成

2.1.1　图像函数

我们处在一个多姿多彩的世界，所谓 "耳听为虚、眼见为实"，人们通过图像采集设备获取了人类视觉所感知的一系列数字图像、数字视频、遥感图像等，形成了一个数字图像的大数据世界。以电磁波辐射为基础，成像科学朝着高空间分辨率、高光谱分辨率和高时间分辨率等方向发展。利用各类波段成像技术和设备，人们可以获取超越人类感知波段 (可见光波段) 的图像信息 (Gonzalez et al., 2020)，包括：用于核医学和天文图像的 γ 射线成像，用于医学和工业成像的 X 射线成像，用于荧光显微、工业检测、天文学的紫外波段成像，用于微光、夜视的红外波段成像，用于雷达目标探测与遥感的微波波段成像，用于核磁共振的无线电波成像等。

常见的灰度图像是一个二维的光强函数 $f(x,y)$，其中 (x,y) 表示空间坐标，而在任意一对空间坐标 (x,y) 上的幅度值 f 称为该点图像的强度或灰度。彩色或者多光谱 (甚至高光谱) 图像可以表征为一个三变量的函数 $f(x,y,\lambda)$，其中 (x,y) 为空间维坐标变量，λ 为电磁光谱波长位置相关的变量。对于光谱视频，可以进一步引入时间维，描述为 $f(x,y,\lambda,t)$，它表示 t 时刻与场景中各个空间位置和该点材质性质 (反射、吸收、辐射) 等相关的电磁波辐射能量 (与波长相关)。更复杂的情形，例如动态医学图像体数据，可以表示为 $f(x,y,z,t)$，表示 t 时刻空间坐标 (x,y,z) 处与人体组织密度吸收相关的值。

对于多通道 (波段) 图像，一般通过向量值函数表示，如下：

$$f(x,y) = \begin{bmatrix} f_{\lambda_1}(x,y) \\ f_{\lambda_2}(x,y) \\ \vdots \\ f_{\lambda_N}(x,y) \end{bmatrix} \tag{2.1}$$

其中，$f_{\lambda_k}(x,y)$ 表示第 $k(k=1,2,\cdots,N)$ 波段的光强函数。

式 (2.1) 给出了图像的连续表现形式。在计算摄影学领域，通常采取 7 维全光函数 $f(x,y,z,\theta,\varphi,\lambda,t)$ 对光信号进行描述：某一时刻 t，在任意三维空间位置 (x,y,z) 处，沿

着方向 θ,φ 观察到频率为 λ、强度为 $|f(x,y,z,\theta,\varphi,\lambda,t)|$ 的光线。因此，可以借鉴计算摄影学，将上述不同领域的连续图像看作是全光函数的特殊表现形式。简单成像模型是 7 维全光函数一个二维投影子空间的采样。下面，我们以简单二维传感器阵列为例，描述二维图像获取过程，并加以简单讨论。

2.1.2 图像形成基本过程

数字图像的感知获取与具体的图像传感器相关，同时也和传感器所能感知的电磁波段相关。图 2.1 以一种二维传感器阵列为例，描述一个简单的图像获取过程。

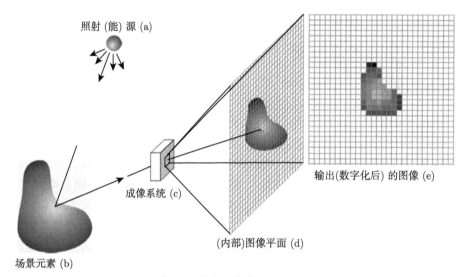

图 2.1   数字图像获取过程示例

不妨以二维函数 $f(x,y)$ 表示图像，在某空间坐标 (x,y) 处，f 的值或幅度是一个正的标量，其物理意义由图像源决定。来自场景的照射 (能) 源，传递至场景目标，经过反射到达成像系统。假设入射至场景元素 (图 2.1(b)) 的入射分量光强为 $0 < I(x,y) < \infty$，反射率为 $0 \leqslant r(x,y) \leqslant 1$，并假设光线在传输过程中没有衰减 (实际过程往往存在大气或者介质衰减)，则成像系统接收到的光强可简单表述为

$$f(x,y) = I(x,y) \cdot r(x,y) \tag{2.2}$$

其中，$I(x,y)$ 取决于照射源；$r(x,y)$ 取决于场景表面的材质，介于全吸收 $(r(x,y) = 0)$ 和全反射 $(r(x,y) = 1)$ 之间。

成像系统接收到的光强进一步投射到一个成像平面上。例如，如果成像系统前端是一个透镜，则透镜会把观察场景投射到一个聚焦平面上 (图 2.1(d))。与焦平面重合的传感器阵列产生与每个传感器接收光总量成正比的输出。数字或模拟电路扫描这些输出，并把它们转换为电信号，然后由成像系统其他部件进行数字化得到数字图像。

前面已经提到经典成像模型是 7 维全光函数一个二维投影子空间的采样。上述简单模型仅仅描述相机在二维空间 (x,y) 上的采样，而对其他维度并没有涉及。实际上的相机模

型可能非常复杂，例如成像系统的透镜组件可对不同角度 (θ, ϕ) 的光线进行积分，然后将三维信息投影至二维焦平面 (z)；具有一定光谱感知能力的传感器对连续光谱 (如 RGB 三个通道) 的响应曲线进行积分 (λ)；视频的每一帧是在曝光时间内对到达传感器的光通量 (t) 进行积分。同时，在光线传输过程和透镜、CCD 等组件，存在空间维的点扩散 (后续章节讨论) 等，复杂的相机成像系统是一个低维耦合离散采样器，空间–光谱–时间维的高分辨率成像是难以同时实现的。

2.2 图像数字化基本概念

对于图像处理系统而言，输入和显示的通常是便于人眼观察的图片。图片可以看作是平面上记录灰度或者颜色分布的函数。为此，如果将平面坐标设为 (x, y)、灰度设为 f，连续图像可以表示为一个函数 $f(x, y) : \mathbb{R}^2 \to \mathbb{R}$。当 (x, y) 和 f 采用连续数值表示时，其图片称为模拟图像。例如，模拟电视信号的影像、胶片洗印出的照片、纸张上描绘的艺术画、敦煌壁画等都属于模拟图像 (或连续图像)。

数字图像通常需要便于数字存储和计算机处理。模/数 (A/D) 转换可将连续图像变为数字图像；反过来，通过数/模 (D/A) 转换也可将数字图像还原为原始的连续图像。通常，模/数转换由电视数字转换器和图像扫描仪等图像输入装置完成。

图像的数字化，包括空间采样 (spatial sampling) 和幅值量化 (amplitude quantization) 两个阶段。采样是指将模拟图像 $f(x, y)$ 的定义域转换为离散数值的空间离散化的过程，而量化是针对 f 的幅值区间进行离散化得到灰度等级集合的过程。图 2.2 给出了图像数字化示意，左图为连续图像 $f(x, y) : \mathbb{R}^2 \to \mathbb{R}$，右图为数字图像 $g(i, j) \in C$，其中 C 为灰度等级集合，$i, j = 1, 2, \cdots, N$。

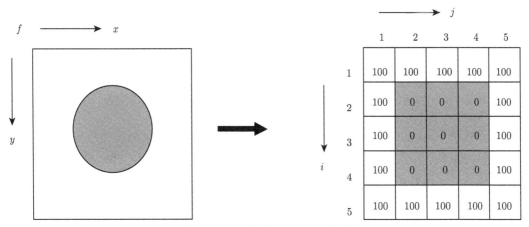

图 2.2　图像数字化过程的示意图

上述图像的数字化过程是针对灰度图像进行的，推广到彩色图像、多光谱图像等情形是类似的，仅需要逐通道处理。

2.3   图像的采样

2.3.1   采样

假设一维连续信号 $f(x):[a,b] \to [c,d]$ 的 f 表示信号值,其数值表示信号幅度。采样是从连续定义域 $[a,b]$ 中获取灰度值 f 样本的操作,如图 2.3 所示。

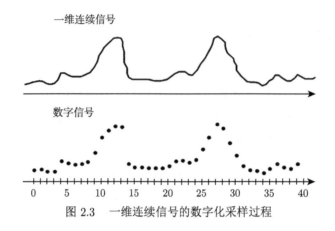

图 2.3   一维连续信号的数字化采样过程

推而广之,如图 2.4 所示,对于二维连续信号 (模拟图像)$f(x,y):\mathbb{R}^2 \to \mathbb{R}$,采样通常是提取模拟图像上假设放置在离散单元——等间隔格子 (称为正方形格子) 交点 (样本点,sample point) 上的灰度,或用格子区分开来的区域平均值或者最大值。该离散单元区域称为像素 (pixel),采样时提取的数值称为像素值。

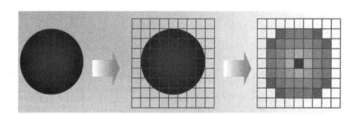

图 2.4   连续场景到数字图像的采样和灰度等级量化过程示意图

采样格子 (sampling grid) 的大小与水平和垂直方向的采样间隔相关,采样间隔越小,图像分辨率越高,图像越清晰。但是,图像的采样间隔不断变小时,所记录的二维矩阵尺寸逐渐增大,数据量急剧增加。

随之而来的一个问题是能否找到一个最小采样间隔,基于采样图像可以完全重建原始模拟图像。对于满足一定条件的连续图像,回答是肯定的。下面我们给出一个著名定理——香农采样定理。对于二维图像 $f(x,y)$,如果其傅里叶变换表示为 $F(u,v)$ (第 5 章详细介绍),可以得到如下结论。

香农采样定理:若 $f(x,y)$ 具有有限带宽,设其频谱宽度为 u_m,v_n,即当 $|u|>u_m,|v|>v_n$ 时,$F(u,v)=0$,当采样间隔满足奈奎斯特条件:$\Delta x \leqslant \dfrac{1}{2u_m}, \Delta y \leqslant \dfrac{1}{2u_n}$,则由采样值

$f(m\Delta x, n\Delta y)(m, n = 0, \pm 1, \pm 2, \cdots)$，可以精确地重建原始图像 $f(x, y)$，且

$$f(x, y) = \sum_{n=-\infty}^{+\infty} f(m\Delta x, n\Delta y)\text{sinc}\left[\frac{\pi}{\Delta x}(x - m\Delta x)\right]\text{sinc}\left[\frac{\pi}{\Delta y}(y - n\Delta y)\right] \quad (2.3)$$

因此，基于上述采样定理，将连续图像的空间域划分成离散单元只需要采样间隔小到一定的程度就可以。

式 (2.3) 中 $\text{sinc}\, x$ 的定义为

$$\text{sinc}\, x = \begin{cases} \dfrac{\sin x}{x}, & x \neq 0 \\ 1, & x = 0 \end{cases} \quad (2.4)$$

$\text{sinc}\, x$ 函数如图 2.5 所示，可以证明，该函数在 $x = 0$ 处是连续的，即 $\lim\limits_{x \to 0} \dfrac{\sin x}{x} = 1$。

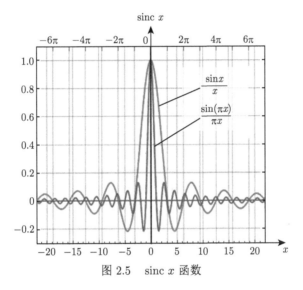

图 2.5 $\text{sinc}\, x$ 函数

从频谱分析的角度 (图 2.6) 看，如果 $F(u, v)$ 的非零支撑频谱区间为 $[-u_m, u_m] \times [-v_n, v_n]$，则可以通过一个理想低通滤波器 (low pass filter, LPF) 提取 $F_\text{p}(u, v)$ 频谱，通过傅里叶逆变换进行重建。

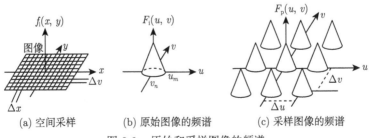

(a) 空间采样   (b) 原始图像的频谱   (c) 采样图像的频谱

图 2.6 原始和采样图像的频谱

2.3.2　频谱混叠

当采样间隔过大而不满足奈奎斯特条件时，即在欠采样的情况下，采样图像的频谱中原连续图像的频谱会与它的平移复制频谱重叠。$F(u,v)$ 的高频分量混入它的中频或低频部分，产生所谓的频谱 "混叠"。在这种情况下，由函数的采样值重建的图像将产生模糊失真。如图 2.7 所示，由于采样间隔不满足奈奎斯特条件，采样图像的频谱在阴影区及其附近产生混叠。

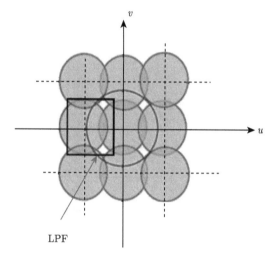

图 2.7　频谱混叠现象

这样，将出现两个糟糕的现象：当 LPF 采用图 2.7 中方框内的频谱进行重建时，由于丢失了高频信息，图像将会变得模糊；而当 LPF 提取如图 2.7 中圆内的频谱进行重建时，由于引入了邻近平移频谱，图像将产生莫尔条纹。

2.4　图像的量化

模拟图像经过采样后，在时间和空间上离散化为像素。但采样所得的像素值，即灰度值仍然是连续量。量化是将采样所得的连续像素值转换为离散整数值的过程。换言之，量化是图像幅度的数字化处理，即将连续信号的幅度用有限级的数码表示的过程。通常，这一过程采取分级量化的形式，分级量化的数值称为量化水平或者灰度水平。由于计算机通常采取二进制，灰度水平数 $Q = 2^n$ 时，叫作 n 比特 (bit) 分级量化。例如灰度水平数为 $256(Q = 2^8)$ 时，一个像素采取 8 比特分级量化，此时该像素称为 8 比特像素，其灰度范围为 $[0, 255]$。

图像量化是将采样像素的灰度值由实数向整数进行映射修正的过程，因此会产生舍入误差 (rounding error)，此时量化后的数值与原始灰度值之间的差称为分级量化误差 (quantization error)。分级量化对象的灰度范围 (动态量程，dynamical range) 确定的情况下，随着分级量化水平数的增加，分级量化水平间隔变小，使得分级量化误差变小。这样，由于量化引起的图像失真减少，图像灰度被更真实地呈现。

显然，图像量化方案设计应该考虑最小化量化失真。因此量化通常需要建立合适的度量准则，比如最小平方误差、人眼视觉感知特性的主观准则等。量化的准则不同，将导致不同的量化效果。在图像处理中，根据量化准则的不同，可以设计不同的量化器。

(1) 均匀量化和非均匀量化。这一类量化器是根据量化级步长是否均匀或者是否等间隔进行划分。均匀量化的步长保持一致，非均匀量化的步长是不一致的。一般而言，均匀量化比较简单而且容易实现，适用于数据分布相对均衡的情况；如果数据分布非均匀时，非均匀量化可以减少图像失真。例如，在图像的灰度级数密集的范围，可以采取较小的步长；而出现概率低的灰度等级可以采取较大的步长。图 2.8 是均匀量化的示意图。

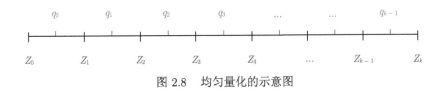

图 2.8　均匀量化的示意图

(2) 对称量化和非对称量化。量化器按照量化对称性进行分类。通常，对称量化比较常见，它包括两种典型形式：中央上升型和中央平稳型。

(3) 无记忆量化和有记忆量化。这种分类是根据是否利用采样点之间的关系来进行的。如果设计时不考虑采样点之间的相关性，独立地设计量化方法，则是无记忆量化器；而有记忆的量化器通常与当前采样点和之前采样点相关。

(4) 标量量化 (scalar quantization，SQ) 和向量量化 (vector quantization，VQ)。前者将数值逐个量化，而后者把一个以上的数值集中到一组，组成一个向量，然后按组进行量化编码，如 2 个数一组或者 N 个数一组一起进行量化。

2.4.1　标量量化的基本原理

标量量化一般定义为从实数集到一个有限子集的映射。通常其特点是每次只量化一个采样，而且按照同样的量化准则，前后采样间的量化互相独立。例如，假设抽样信号的范围是 0~5 V，要均匀量化分为 8 个等级，这样就有 8 个量化电平，分别是 0V，5/8V，10/8V，15/8V，$\cdots$，35/8V。然后对每一个采样按相同的规律量化，将它量化为离它最接近的电平。量化后，为了能在数字信号处理系统中处理二进制码，还必须经过编码操作，比如 0V 用 000 表示，5/8V 用 001 表示，$\cdots$，35/8 V 用 111 表示。这样每个量化值可以用 3 bit 来表示。

假设原始采样点的取值范围是 $[z_0, z_k)$，数据的概率密度函数是 $p(z)$，将 $[z_0, z_k)$ 分成 k 个区间：$[z_0, z_1), [z_1, z_2), \cdots, [z_i, z_{i+1}), \cdots, [z_{k-1}, z_k)$，希望给每一个区间 $[z_i, z_{i+1})$ 设定量化水平 $q_i, \forall i = 0, 1, \cdots, k-1$ 表示该区间的数值。

前面提到，量化器设计的任务可以描述为划分系列子区间和系列量化值，即选定 $k-1$ 个判决电平 $z_i (i = 0, 1, \cdots, k-1)$ 和 k 个 $q_i (i = 0, 1, \cdots, k-1)$，使得图像量化失真最小。也可以理解为一种最短描述长度，即如何以最少的编码比特数表示原始数据，使得信息损失最少。因此，一个关键问题是如何度量损失。

当量化器的输入 z 所处的范围是 $[z_i, z_{i+1})$，量化器的输出是 $q_i \in [z_i, z_{i+1})$，$\forall i = 0, 1, \cdots,$ $k-1$，量化器的误差为 $z - q_i$，k 个子区间的累积均方误差 (mean square error, MSE) 可以定义为

$$\varepsilon^2 = \sum_{i=0}^{k-1} \int_{z_i}^{z_{i+1}} (z - q_i)^2 p(z) \, \mathrm{d}z \tag{2.5}$$

对于给定的 k，最优的量化器应该使得目标损失函数 ε^2 达到最小，可以描述为

$$\min \varepsilon^2 (q_0, q_1, \cdots, q_{k-1}; z_1, z_2, \cdots, z_{k-1}) \tag{2.6}$$

上述最小化模型是假设子区间总数已确定的情形，若增加子区间，失真会减小，但此时所需编码的总比特数也将增加。针对数据概率密度函数的不同假设，我们可以设计均匀量化和非均匀量化。

1. 均匀量化

均匀量化是最简单常见的量化形式，属于线性量化。设图像采样值范围为 $[L_{\min}, L_{\max})$，将区间 $[L_{\min}, L_{\max})$ 等间隔地分割为 k 个子区间，一般 k 取 2 的整数次幂，$k = 2^m$。当 $m = 8$ 时，则 $k = 256$，表示 256 个灰度级。

令 $z_0 = L_{\min}, z_k = L_{\max}$，则将 $[z_0, z_k)$ 均匀分割为 k 个子区间时，每个子区间长度为

$$L = (z_k - z_0) / k \tag{2.7}$$

则各自区间的中心位置

$$q_i = (z_i + z_{i+1}) / 2, \quad i = 0, 1, \cdots, k-1 \tag{2.8}$$

可以作为量化值。

可以证明当图像采样值的概率密度函数 $p(z)$ 是均匀分布，即 $p(z)$ 是常数时，均匀量化是最优的，即 $p(z) = 1/(kL)$，此时 ε^2 达到最小且 $\varepsilon^2 = L^2/12$。

2. 非均匀量化

对均匀分布数据而言，均匀量化在最小二乘意义下是最优的，但当 $p(z)$ 是非均匀分布时，均匀量化引起的失真较大。

若灰度区间不是以等间隔分割，则称为非线性量化或非均匀量化。对灰度值出现频率高的范围，可以选择较窄的量化区间；对一些灰度值出现频率较低的范围，可以选择较宽的量化区间。例如，采样数据服从高斯分布时 (图 2.9)，由于均值附近聚集大部分数据，而高斯分布两边旁瓣随着距离变远其出现概率较小，因此理论上非均匀量化可以获得更小的图像量化误差。

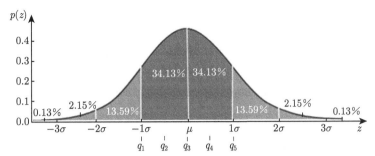

图 2.9 灰度分布为高斯分布时的非均匀量化示意图

2.4.2 Lloyd-Max 量化器 (最小均方误差量化器)

一种代表性的非均匀量化器是劳埃德 (Lloyd) 和马克斯 (Max) 提出的最小均方误差量化器, 其量化区间不等于常数。样本值可能在某个取值范围内较频繁出现, 而在另外一些范围内出现不多, 在样本值较频繁出现的范围内采用较小的量化区间, 量化得精细一点, 而在其他地方用较大的量化区间, 量化得粗糙一些。这样可以在不增加量化级数的条件下, 降低平均误差, 减少量化噪声。

上面提到最优的量化器应该使得目标损失函数 ε^2 达到最小, 其目标变量包括量化器的判决电平 $\{z_i\}$ 和量化器的输出电平 $\{q_i\}$。由多元函数求极小的原理, 应该使目标损失函数 ε^2 分别对判决电平 $\{z_i\}$ 和输出电平 $\{q_i\}$ 变量求偏导数, 并置其为 0。

由 $\dfrac{\partial \varepsilon^2}{\partial z_i} = 0$ 可得

$$\frac{\partial}{\partial z_i}\left\{\int_{z_i}^{z_{i+1}}\left(z-q_i\right)^2 p\left(z\right)\mathrm{d}z + \int_{z_{i-1}}^{z_i}\left(z-q_{i-1}\right)^2 p\left(z\right)\mathrm{d}z\right\}=0$$

$$\Rightarrow \left(z_i-q_{i-1}\right)^2 p\left(z_i\right) - \left(z_i-q_i\right)^2 p\left(z_i\right)=0 \tag{2.9}$$

由上式可得

$$\left(2z_i-q_{i-1}-q_i\right)\left(q_i-q_{i-1}\right)=0 \tag{2.10}$$

由于 q_i, q_{i-1} 不能重合, $q_i - q_{i-1} \neq 0$, 则有

$$z_i = \left(q_i+q_{i-1}\right)/2, \quad i=0,1,\cdots,k-1 \tag{2.11}$$

由 $\dfrac{\partial \varepsilon^2}{\partial q_i} = 0$ 可得

$$\frac{\partial}{\partial q_i}\left\{\int_{z_i}^{z_{i+1}}\left(z-q_i\right)^2 p\left(z\right)\mathrm{d}z\right\}=0 \Rightarrow \int_{z_i}^{z_{i+1}}\left(q_i-z\right)p\left(z\right)\mathrm{d}z=0$$

$$\Rightarrow q_i = \frac{\displaystyle\int_{z_i}^{z_{i+1}} z p\left(z\right)\mathrm{d}z}{\displaystyle\int_{z_i}^{z_{i+1}} p\left(z\right)\mathrm{d}z} \tag{2.12}$$

上式表明输出电平 q_i 是区间 $[z_i, z_{i+1})$ 上 $p(z)$ 曲线下面积的矩心,和面积 $\int_{z_i}^{z_{i+1}} p(z)\mathrm{d}z$ 成反比。这也解释了在数据频繁时出现区域细分割,而数据稀疏时出现区域粗分割的非均匀量化特性。

由于式 (2.12) 中 $p(z)$ 函数的形式复杂,式 (2.11) 和式 (2.12) 是非显式的,需要联立考虑,因此,一般采取迭代方法进行求解,例如牛顿法。

2.4.3 向量量化的基本原理

假设某一信源 (如语音、图像) 的样本序列共有 $N \times K$ 个样本值,将 N 个样本值组成向量,从而构成信源向量集合

$$\boldsymbol{F} = \{\boldsymbol{f}_1, \boldsymbol{f}_2, \cdots, \boldsymbol{f}_N\} \tag{2.13}$$

每个 $\boldsymbol{f}_i$ 是 K 维向量 $\boldsymbol{f}_i = [f_{i1}, f_{i2}, \cdots, f_{iK}]^{\mathrm{T}} \in \mathbb{R}^K$,则将 $\mathbb{R}^K$ 空间按照特定的规则划分为 J 个互补相交的子空间 $\boldsymbol{S}_1, \boldsymbol{S}_2, \cdots, \boldsymbol{S}_J$

$$\begin{cases} \mathbb{R}^K = \bigcup\limits_{j=1}^{J} \boldsymbol{S}_j \\ \boldsymbol{S}_i \bigcap \boldsymbol{S}_j = \varnothing \end{cases} \tag{2.14}$$

设子空间 $\boldsymbol{S}_i$ 的代表向量为

$$\boldsymbol{y}_i = [y_{i1}, y_{i2}, \cdots, y_{iK}]^{\mathrm{T}} \in \mathbb{R}^K, \quad i = 1, 2, \cdots, J \tag{2.15}$$

则所有子空间代表向量集为 $\boldsymbol{Y} = \{\boldsymbol{y}_1, \boldsymbol{y}_2, \cdots, \boldsymbol{y}_J\}$,就是量化器的输出空间,称为码书 (code book) 或码本,称码书中的每个向量为码字或码矢,J 为码书 $\boldsymbol{Y}$ 的长度。对于待量化的向量 $\boldsymbol{f}_i$,根据最近邻规则,我们可以寻找最为匹配的码字,即

$$d(\boldsymbol{f}_i, \boldsymbol{y}_j) = \min_{1 \leqslant m \leqslant J} \{d(\boldsymbol{f}_i, \boldsymbol{y}_m)\} \tag{2.16}$$

其中,$d(\boldsymbol{f}, \boldsymbol{y})$ 表示向量之间的距离,可取欧氏距离 $d(\boldsymbol{f}, \boldsymbol{y}) = \|\boldsymbol{f} - \boldsymbol{y}\|_2$。

上述公式将向量 $\boldsymbol{f}_i$ 分别与码书 $\boldsymbol{Y}$ 中的每一个码字 $\boldsymbol{y}_m, m = 1, 2, \cdots, J$ 计算距离,距离排序后最小的码字是 $\boldsymbol{y}_j$,则可判定向量 $\boldsymbol{f}_i$ 属于子空间 $\boldsymbol{S}_i$,这样可将向量 $\boldsymbol{f}_i$ 映射为码字 $\boldsymbol{y}_j$,形式上可表达为

$$\boldsymbol{y}_j = Q(\boldsymbol{f}_i) \tag{2.17}$$

其中,Q 为量化符号。

实际量化编码时,只需在发送端输出代表向量 $\boldsymbol{y}_j$ 的下标

$$j = \arg\min_{1 \leqslant m \leqslant J} \{d(\boldsymbol{f}_i, \boldsymbol{y}_m)\} \tag{2.18}$$

即可。所以编码过程就是将输入向量映射到代表向量的下标集,而译码过程则是在接收端根据收到的索引 j 在码书 $\boldsymbol{Y}$ 中查找,得到对应的码字 $\boldsymbol{y}_j$,过程参见图 2.10。

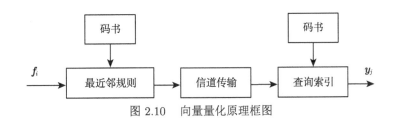

图 2.10　向量量化原理框图

根据向量量化的原理，向量量化输出的是定长码，即具有固定长度的码，该量化具有压缩比大、解码简单和失真较小等优点，成为一种高效的有损数据压缩技术，其基本思想是将若干个标量数据组构成一个向量，然后在向量空间以整体量化，从而压缩了数据而不损失多少信息。向量化是信息论在信源编码理论方面的发展，但是需要解决以下关键问题：

(1) 如何构造合适的码书 Y？码书实际上由子空间的代表向量组成，码书的长度为子空间的个数 J，码书控制着量化失真量的大小。向量量化中码书的码字越多，失真就越小。只要适当选取码字数量，就能将失真量控制在容许的范围内。因此，码书设计是向量量化的关键环节之一。

(2) 如何选择合适的码书长度？一般而言，码书长度 J 远小于总的输入信号样本数 N，可以形成数据压缩能力。但是当码书长度选取过小时，会引起较大的图像量化失真。

(3) 如何设计快速向量量化算法？从原理上看，向量量化的计算复杂度较高，因为对于每一个输入向量，都要和 J 个码字逐一比较，搜索出最邻近码字。因此，设计出码字快速搜索和匹配的算法是需要解决的问题。

对于上述问题，Linde、Buzo 与 Gray 在 1980 年推出了经典的码书设计算法，称为LBG 算法。其思想是对于一个训练序列，先找出其中心，再用分裂法产生一个初始码书，最后把训练序列按码书中的元素分组，找出每组的中心，得到新的码书，转而把新码书作为初始码书再进行上述过程，直到满意为止。设计矢量量化器的主要任务是设计码书，在给定码书大小的情况下，由最佳划分和最佳码书得到向量量化器的设计算法。LBG 算法既可用于已知信源分布特性的情况，又可用于未知信源分布特性的情况。详细的算法可以参见文献 (Lloyd，1982)。

2.5　数字图像表示与常用概念

2.5.1　数字图像基本类型

经过采样和量化，可以得到数字图像。通常，数字灰度图像用数字矩阵或二维数组表示，矩阵中的行和列对应元素称为像素 (pixel，来自术语 "picture element")，其值对应该像素值。数字图像由有限元素组成，每个元素都有特定的位置和灰度值。如果将 $f(m\Delta x, n\Delta y)(m, n = 0, \pm 1, \pm 2, \cdots)$ 按照二维数组 (矩阵) 形式进行存储，可以得到一幅计算机可处理的数字图像。为表示方便，往往忽略采样间隔 Δx 和 Δy，采用索引形式，则一幅数字灰度图像的基本形式为

$$\boldsymbol{f} = [f(m,n)]_{M\times N} = \begin{bmatrix} f(0,0) & f(0,1) & \cdots & f(0,N-1) \\ f(1,0) & f(1,1) & \cdots & f(1,N-1) \\ \vdots & \vdots & & \vdots \\ f(M-1,0) & f(M-1,1) & \cdots & f(M-1,N-1) \end{bmatrix} \quad (2.19)$$

其中，$f(m,n)$ 为像素索引坐标 (m,n) 处像素值，图像像素宽度为 M，高度为 N。当以 8 比特表达一个图像的像素值精度时，$0 \leqslant f_i(m,n) \leqslant 255$。

在数字图像处理中，通常不使用直角坐标系的坐标约定，而采取矩阵组织形式的坐标系，左上角的第一个元素 $f(0,0)$ 为第一个像素，右下角的最后一个元素 $f(M-1,N-1)$ 为最后一个像素；像素 (m,n) 的像素值代表矩阵第 m 行、第 n 列上的元素。之所以采取这种约定，是因为方便进行矩阵运算，同时也和计算机的屏幕坐标系一致。图 2.11 给出一幅水果图像及其在坐标 (58,41) 和坐标 (72,49) 之间图像的像素值。

$x=$	58	59	60	61	62	63	64	65	66	67	68	69	70	71	72
$y=$															
41	210	209	204	202	197	247	143	71	64	80	84	54	54	57	58
42	206	196	203	197	195	210	207	56	63	58	53	53	61	62	51
43	201	207	192	201	198	213	156	69	65	57	55	52	53	60	50
44	216	206	211	193	202	207	208	57	69	60	55	77	49	62	61
45	221	206	211	194	196	197	220	56	63	60	55	46	97	58	106
46	209	214	224	199	194	193	204	173	64	60	59	51	62	56	48
47	204	212	213	208	191	190	191	214	60	62	66	76	51	49	55
48	214	215	215	207	208	180	172	188	69	72	55	49	56	52	56
49	209	205	214	205	204	196	187	196	86	62	66	87	57	60	48

图 2.11   数字图像中像素值存储为矩阵的示意

1) 数字二值图像

如果 $g(m,n) \in C = \{0,1\}$，$0 \leqslant m \leqslant M-1; 0 \leqslant n \leqslant N-1$，则称图像 $\boldsymbol{G} = [g(m,n)]_{M\times N}$ 为二值图像。这是一类特殊的图像，此时像素值的量化比特数为 1，图像像素取值要么为 0 (黑色)，要么为 1 (白色)。如图 2.12(a) 所示。

2) 数字灰度图像

一幅数字灰度图像可以表示为 $\boldsymbol{G} = [g(m,n)]_{M\times N}$，$0 \leqslant m \leqslant M-1; 0 \leqslant n \leqslant N-1$，其像素 $g(m,n) \in C = \{0,1,\cdots,2^B-1\}$，此时 B 表示像素的量化比特数，通常取 $B=8$，灰度的等级 $C = \{0,1,\cdots,255\}$，0 表示最小灰度等级 (最黑)，255 表示最大灰度等级 (最亮)。如图 2.12(b) 所示。

3) 数字彩色图像

一幅彩色图像具有三个通道,分别是红色、绿色和蓝色通道,表示为 $\boldsymbol{G}_{\mathrm{R}}=[g_{\mathrm{R}}(m,n)]_{M\times N}$, $\boldsymbol{G}_{\mathrm{G}}=[g_{\mathrm{G}}(m,n)]_{M\times N}$, $\boldsymbol{G}_{\mathrm{B}}=[g_{\mathrm{B}}(m,n)]_{M\times N}$,其中各个通道均为一幅灰度图像。数字彩色图像如图 2.12(c) 所示。

 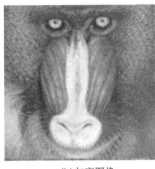 

(a)二值图像　　　　　(b)灰度图像　　　　　(c)彩色图像

图 2.12　三种类型的图像例子

4) 多光谱和高光谱图像

多光谱和高光谱图像可以看作是普通彩色图像的广义形式,均属于多通道 (multi-channel) 图像。特别是高光谱图像,蕴含了丰富的空间、辐射和光谱三重信息。其主要特点是 "图谱合一" 立方体数据,即将传统的图像信息和光谱信息融为一体,在获取观测场景空间图像的同时,得到每个像素的连续光谱信息,它由图像的两个空间方向维和光谱维三个维度组成。这样,每一个高光谱像元将对应一条 "连续" 的光谱曲线,它记录了与场景中各个空间位置和该点材质性质等相关的电磁波辐射能量。

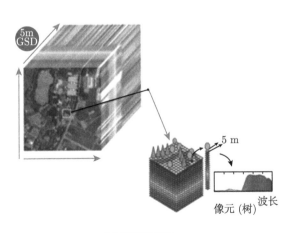

(a) 高光谱图像　　　　　　　　　(b) 多光谱图像

图 2.13　高光谱与多光谱图像的比较

多波段图像中的一个像素 (在遥感中通常称为像元) 通过向量表示如下:

$$\boldsymbol{g}\,(m,n) = \begin{bmatrix} g_1(m,n) \\ g_2(m,n) \\ \vdots \\ g_K(m,n) \end{bmatrix} \tag{2.20}$$

其中, $[g_k(m,n)]_{M \times N}$ 表示第 $k(k=1,2,\cdots,K)$ 个波段的图像。图 2.13 分别给出了高光谱与多光谱图像的示意图,可见高光谱图像光谱曲线相对连续,而多光谱图像的波段较少,并不能形成连续光谱曲线。通过对传感器获取的辐射能量进行采样和量化等,可以得到各个波段的数字遥感光谱图像。各波段数字光谱图像采用数字矩阵或二维数组,矩阵中的行和列对应元素称为某波段的像元 (像素),其值对应该波段的像元值 (数值,digital number,DN);不同波段相同行和列位置的像元值可以形成一个向量,称为一个光谱像元。光谱像元本质上反映了该位置的物质信息。

2.5.2 数字图像的分辨率

分辨率是数字图像非常重要的物理概念,通常分辨率包括空间分辨率、光谱分辨率、辐射分辨率、时间分辨率等。

空间分辨率:从物理本质上讲,空间分辨率是指分辨两个相邻目标最小距离的尺度,或指图像中一个像素点所代表的目标实际尺寸的大小。对同一成像区域,所形成的数字图像像素个数越多,空间分辨率越高。在卫星遥感中,图像空间分辨率可达 0.5~30 m 不等。

光谱分辨率:光谱分辨率是指传感器能感应到的电磁频谱带宽,即特定中心波长左右两边的间隔大小。成像电磁波段内的光谱波段数或通道数越多,则对应光谱分辨率越高。例如高光谱图像的光谱分辨率可达纳米 (nm) 级。

辐射分辨率:辐射分辨率对应为模/数转换时的量化等级,因此辐射分辨率越高可以理解为量化等级越高或者有更多的比特 (bit) 数。在遥感中,辐射分辨率定义为探测器记录地面反射、发射或后向散射的辐射通量对信号强度的敏感性,表征恰好可分辨的信号水平,高辐射分辨率增加了所记录遥感辐射通量的精细表征,减少了因量化引起的失真。

时间分辨率:时间分辨率是针对与时间相关的动态图像 (或视频) 而言,取决于时间的采样间隔。通常我们会有帧频 (frame frequency) 的概念,即一秒多少帧。

从成像科学的角度看,人们总是希望获得高分辨率的图像,但是高的分辨率可能会带来极大的数据冗余,给后续图像存储、处理和分析带来不便。

2.5.3 数字图像的拓扑距离

作为连续图像的离散形式,数字图像通常采取矩阵形式进行组织,矩阵的元素是整数,对应亮度范围的量化级别。通常,我们需要衡量数字图像中两个像素之间的远近关系,此时需要定义像素之间的距离。

1) 欧氏距离

一种常见的距离是采取经典几何学中的欧氏距离。对于一个像素 (m,n) 和另一个像素 (k,l)，其欧氏距离定义为

$$D_E((m,n),(k,l)) = \sqrt{(m-k)^2 + (n-l)^2} \tag{2.21}$$

欧氏距离是非常直观和容易理解的距离，但是平方根的计算较为费时且不一定是整数。

另一种定义距离的方式是在栅格平面上，考虑从一个像素移动到另一个像素所必须经历的最少像素个数 (或者一定的步数)。根据移动是否允许对角线方向移动，可以定义如下两种常见的距离形式。

2) 街区距离

如果在栅格平面上的移动只允许在水平方向和垂直方向进行，则可以定义街区距离 (city block distance) 为

$$D_C((m,n),(k,l)) = |m-k| + |n-l| \tag{2.22}$$

3) 棋盘距离

如果在栅格平面上的移动允许在对角线方向进行，则栅格平面上的最短移动距离为棋盘距离 (chessboard distance)，定义为

$$D_S((m,n),(k,l)) = \max(|m-k|, |n-l|) \tag{2.23}$$

显然，我们可以证明

$$D_E((m,n),(k,l)) \geqslant D_C((m,n),(k,l)) \geqslant D_S((m,n),(k,l)) \tag{2.24}$$

2.5.4 数字图像的距离、邻域与连通集

当我们定义了像素之间的距离，则可以进一步分析图像像素之间的邻接性，并建立邻域系统。例如，图像像素之间邻域类型有 4 邻域和 8 邻域。4 邻域一共 4 个点，即上下左右，如图 2.14(a) 所示。8 邻域的点一共有 8 个，包括对角线位置的点，如图 2.14(b) 所示。

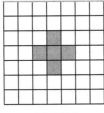 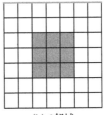

(a) 4邻域　　　　　　　　　　(b) 8邻域

图 2.14　图像 4 邻域和 8 邻域示意

(1) 以像素 $p = (m, n)$ 为中心的 4 邻域可以用 $N_4(p)$ 表示，邻接像素集合满足

$$N_4(p) = \{(m-1, n), (m, n-1), (m, n+1), (m+1, n)\}$$

该邻域中的元素 $q \in N_4(p)$，称为像素 p 的邻居，显然其街区距离 $D_C(p, q) = 1$，即 $N_4(p) = \{q \mid D_C(p, q) = 1\}$。

(2) 8 邻域可以用 $N_8(p)$ 表示，其邻接像素集合满足

$$N_8(p) = N_4(p) \cup \{(m-1, n-1), (m-1, n+1), (m+1, n-1), (m+1, n+1)\}$$

或者可以用棋盘距离描述为集合形式，即 $N_8(p) = \{q \mid D_S(p, q) = 1\}$。

由一些彼此邻接的像素组成的重要集合，称为 "区域"。通常，区域具有特定一致性的特征 (如灰度、颜色等)。在集合论中，区域可以简单理解为 "连通集"。对于连通集，我们可以描述为具有如下性质的区域：

从像素 p 到像素 q 的路径为一个点序列 $x_1, x_2, \cdots, x_n$，x_{i+1} 是 x_i 的邻接点，$i = 1, 2, \cdots, n-1$，那么区域满足：任意两个像素之间都存在完全属于该集合的路径。

如果一幅图像中的两个像素之间存在一条路径，则这两个像素是连通的，因此区域是彼此连通的集合。"连通" 关系是自反的、对称的且具有传递性，因此可以看作是集合的一个等价类。例如传递性：

如果 A 与 B 连通，B 与 C 连通，则 A 与 C 连通。

假设 $\{R_i\}$ 是 "连通" 关系产生的区域，并且其内部像素与图像边界 (首行、首列、末行和末列) 不接触；并且假设图像全区域 Ω 中有 N 个连通区域 R_i 的并集构成 R，即 $R = \bigcup\limits_{i=1}^{N} R_i$。这样，可以定义 $R^C = R \backslash R_i$，R^C 为除去 R_i 之外包含边界且连通的补集合。如果 R_i 为包含目标的集合，则 R^C 称为背景。如果连通区域中存在一些孤立的像素，这些像素与任意 $\{R_i\}$ 不连通，则这些像素称为 "孔"。如果区域中没有 "孔"，我们称之为 "简单连通"，有孔的区域称为 "复杂连通"。

寻找和标记图像中连通的区域是图像分析中的一个重要问题，称为连通分析。例如对于二值图像，连通区域标记是二值图像分析的基础，它通过对二值图像中白色像素 (目标) 的标记，让每个单独的连通区域形成一个被标识的块，我们就可以进一步获取这些块的轮廓、外接矩形、质心、不变矩等几何参数。

2.6 数字图像的统计性质

图像处理中，我们经常要用到图像的若干统计量，比如均值 (一阶矩)、方差 (二阶矩) 等。这些统计量都可以蕴含在数字图像的直方图 (histogram) 中。一幅图像的直方图，是图像中灰度等级上出现像素的个数或者频率。对于一幅有 L 个灰度等级的图像而言，我们可以定义一个一维数组 $H = [H[0], H[1], \cdots, H[k], \cdots, H[L-1]]$，其元素 $H[k]$ 记录第 $k+1$ 个灰度等级上像素的个数。如图 2.15 所示。

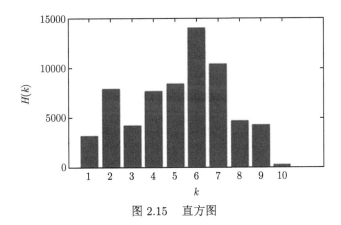

图 2.15　直方图

由直方图，我们可以得到如下性质：

(1) 如果 H 为直方图，令图像的像素个数合计为 $\#N$，则 $\displaystyle\sum_{k=0}^{L-1} H[k] = \#N$；

(2) 令 $P[k] = H[k]/\#N$，则 $0 \leqslant P[k] \leqslant 1, \displaystyle\sum_{k=0}^{1} P[k] = 1$，称为归一化直方图；

(3) 令 $C[k] = \displaystyle\sum_{i=1}^{k} P[i]$，则 $C[k] \geqslant C[k-1]$ 是单调递增的，称为累积直方图。

例如，图 2.15 给出了一幅直方图，其归一化直方图如图 2.16(a) 所示，而累积直方图如图 2.16(b) 所示。

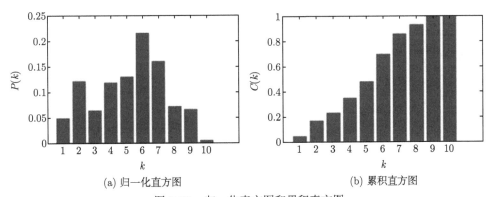

(a) 归一化直方图　　　　　　　(b) 累积直方图

图 2.16　归一化直方图和累积直方图

直方图描述了图像的全局统计信息。利用直方图，我们可以分析图像获取时的光照条件，也可以进行图像的光照均衡化和对比度增强等。直方图不具备几何结构性，因此内容完全不同的两幅图像可能直方图是一样的。例如图 2.17(a)、(b) 分别给出了一个唯一灰度等级和两个灰度等级图像的直方图，可以反映图像灰度等级上像素出现的频率；图 2.17(c)、(d) 给出了一个非常有趣的例子，图 2.17(d) 看上去是一幅噪声图像，但实际上是由图 2.17(c) 经过像素随机打乱产生的，其内容和结构已经完全不同，但其直方图却是相同的，这是因为直方图与像素灰度出现的位置无关。

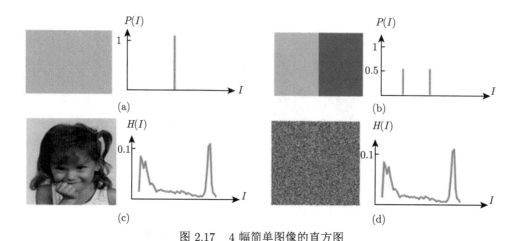

图 2.17　4 幅简单图像的直方图

由图像直方图可以计算图像的均值和方差等统计量，对一幅图像 $[f(m,n)]_{M\times N}$，其均值

$$E[f] = \frac{1}{M\times N}f(m,n) = \frac{1}{M\times N}\sum_{k=0}^{L-1}kH[k] = \sum_{k=0}^{L-1}kP[k] \qquad (2.25)$$

标准方差可以按如下方法计算：

$$\sigma[f] = \sqrt{E\{f - E(f)\}^2} = \sqrt{E(f^2) - E^2(f)} \qquad (2.26)$$

其中，$E(f^2) = \sum_{k=0}^{L-1}k^2P[k]$。

从图像的直方图还可以计算一个衡量图像不确定性的度量——图像熵 (image entropy)，其定义为

$$\mathrm{Entropy}(f) = -\sum_{k=0}^{L-1}P[k]\ln P[k] \qquad (2.27)$$

在信息论中，信息熵这个词是香农从热力学中借用过来的。热力学中的热熵是表示分子状态混乱程度的物理量。香农用信息熵的概念来描述信源的不确定度。图像各等级的像素值出现的概率越趋于均匀分布，则不确定越大，熵也越大。可以证明，当图像直方图满足均匀分布时，图像熵最大。在图像压缩时，图像熵越大，所需的编码长度越长，越难压缩。图 2.18 给出了两幅不同复杂度的图像的直方图及其熵值，图 2.18(a) 表示一幅标准 Lena 图像，经计算其熵为 7.4635；图 2.18(b) 为一幅纯灰图像，其熵为 0。

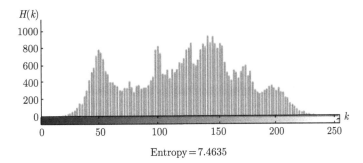

(a)一幅标准Lena图像及其熵值

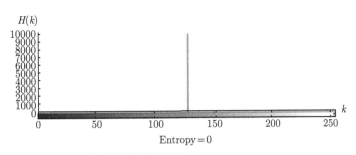

(b)一幅纯灰图像及其熵值

图 2.18　两幅不同复杂度的图像的直方图及其熵值

2.7　数字图像的视觉表现性质

图像是人类视觉信息的主要来源。设计图像处理算法和系统需要考虑人类视觉系统 (human visual system，HVS) 的感知原理；而人类视觉是一个与心理学认知相关的复杂系统，其感知会受到图像的对比度、边缘 (物体边界)、形状和纹理等的影响。人眼对输入信号刺激强度的感知响应是非线性的，心理实验表明这种关系是对数关系。

1. 对比度 (contrast)

通常对比度体现图像的局部变化、背景与目标之间的反差，但目前并没有严格的定义。早期图像对比度是图像中明暗区域最亮像素和最暗像素之间不同亮度层级的度量，即指一幅图像灰度反差的大小。Peli 于 1990 年提出，与内容的空域频率和空域分布均无关的图像的对比度，被定义成一幅图像内像素值的标准方差，认为方差越大则对比度越高。另一个简单定义对比度的方法是图像中最亮像素值与最暗像素值之差：

$$C = \max\{f(m,n)\} - \min\{f(m,n)\} \tag{2.28}$$

然而上述对比度定义是全局意义上的，并不能体现人类视觉的对比度感知特性。为此，迈克耳孙 (Michelson) 将对比度定义为图像中最亮像素值与最暗像素值之差同最亮像素值与最暗像素值之和的比值

$$C_{\mathrm{M}} = \frac{\max\{f(m,n)\} - \min\{f(m,n)\}}{\max\{f(m,n)\} + \min\{f(m,n)\}} \tag{2.29}$$

韦伯定律 (感觉阈值定律) 认为，在同种刺激下，人眼所能感受到刺激的动态范围正比于标准刺激的强度，$K = \Delta I / I$，其中，K 为给定刺激下的常数，I 为刺激，ΔI 为能感受到的刺激的动态范围。应用于图像，其局部感知的韦伯对比度定义为局部区域物体的亮度与背景亮度的相对差

$$C_{\mathrm{W}} = \left| \frac{f_{\mathrm{o}} - f_{\mathrm{B}}}{f_{\mathrm{B}}} \right| \tag{2.30}$$

其中，f_{o} 为物体的亮度；f_{B} 为背景亮度。

韦伯对比度能体现人眼的视觉感知特性，符合主观一致性。以图 2.19 为例，左边为一个亮度值为 0.3 的方形块放置在亮度为 0.1 的背景中，右边为一个亮度为 0.7 的方形块放置在亮度为 0.5 的背景中。大多数人会认为左图的对比度更高；经计算左图的对比度 $|0.3 - 0.1| / 0.1 = 2$，而右图的对比度 $|0.7 - 0.5| / 0.5 = 0.4$，注意最亮像素值与最暗像素值之差是相同的 ($|0.3 - 0.1| = |0.7 - 0.5| = 0.2$)。说明综合考虑了局部背景亮度的对比，韦伯对比度较好地体现了图像的对比度，也和人眼的视觉一致。

图 2.19   韦伯对比度与感知特性一致性示例

2. 敏锐度 (acuity)

视觉敏锐度是人眼分辨物体细节的能力。在数量上等于眼睛刚好可以辨认的最大视角 (分) 的倒数：观察者与他能够刚好区分 (just noticeable distinguish) 的两个点目标的视角；此时如果两个点目标再靠近的话，人眼觉察为一个点目标。一个简单例子是，视觉敏锐度可以与视力相关，其随着离光轴距离的增加而降低。因此，视觉敏锐度与人眼的分辨率有关。视觉试验表明，在距离 60W 灯泡 400mm 光照环境处，人眼对照明度 500 流明 (lm)、250mm 处的两个点目标的最大分辨距离约为 0.16mm。

HVS 的视觉分辨率是受限的，因此当我们设计人眼观察的图像处理算法时，提供超过 HVS 分辨率的图像信息是没有意义的。

3. 边缘 (edge)

目标物体的边缘信息是 HVS 对目标识别与场景理解的重要线索和证据。图像中不仅存在直线状目标 (如桥梁)、开放曲线状目标 (如行道线)，还有封闭型曲线状目标 (如细胞) 等。目标的边缘将形成目标的形状信息。例如，对于封闭型曲线状目标而言，可以提取封闭边界，对目标进行周长和面积等几何测量；对于道路等场景，可以提取行道线。

4. 纹理 (texture)

纹理是物体表面的一种基本属性，是人们描述和区分物体的重要视觉特征线索。作为 HVS 对自然界物体表面现象的一种重要感知，图像纹理用于描述图像的局部特性，但目前尚无统一的纹理定义。一般而言，纹理是图像灰度局部变化的重复模式。纹理的微小结构称为纹理基元，纹理可以看作是将若干结构的基元按照某种确定性规律或者统计规律排列而成。纹理图像的描述通常用光滑性、颗粒性、周期性、方向性、粗糙性等特性加以刻画，其中在 HVS 感知中起主导作用的是纹理的周期性、方向性和粗糙性。

周期性纹理由许多纹理基元组成，外在表现为局部的序列性，并在更大区域内不断重复出现。

5. 色彩 (color)

相比图像的亮度，HVS 对色彩的感知更为敏感。通常红、绿、蓝 (RGB) 三原色混合的颜色空间模型并不能体现 HVS 的感知特点。为此，图像处理中设计了色调–饱和度–亮度 (hue-saturation-intensity，HSI) 的颜色模型。通过将 RGB 空间转换到 HSI 空间，可以得到色调、饱和度和亮度分量，其中色调分量记录了与波长相关的色彩 (比如赤、橙、黄、绿、青、蓝、紫)，饱和度分量表示色彩的深浅，亮度分量主要蕴含图像的几何结构。色调和饱和度与人类的色彩感知较为接近。在彩色图像恢复和增强等任务中，如何减少色彩失真并实现图像重建和细节增强是一个关键问题。

扩展阅读

2.3 节介绍的香农采样 (又称奈奎斯特采样)，是信息论特别是通信与信号处理中的一个重要结论。克劳德·埃尔伍德·香农 (Claude Elwood Shannon，1916 年 4 月 30 日—2001 年 2 月 24 日) 是美国数学家，信息论的创始人。香农于 1940 年在普林斯顿高等研究院 (Institute for Advanced Study) 工作期间开始思考信息论与有效通信系统的问题，并于 1948 年 6 月和 10 月在《贝尔系统技术杂志》(*The Bell System Technical Journal*) 上连载发表了具有深远影响的论文《通信的数学原理》(*A Mathematical Theory of Communication*)。1949 年，香农又在该杂志上发表了另一著名论文《噪声下的通信》(*Communication in the Presence of Noise*)。在这两篇论文中，香农阐明了通信的基本问题，给出了通信系统的模型，提出了信息量的数学表达式，并解决了信道容量、信源统计特性、信源编码、信道编码等一系列基本技术问题。两篇论文成为信息论的奠基性著作。1949 年香农还发表了另外一篇重要论文《保密系统的通信理论》(*Communication Theory of Secrecy Systems*)，也是保密通信理论的奠基性著作。

习题

1. 一幅 300 个波段的高光谱图像，空间大小是 1024×1024，每个像素采取 12bit 表示，试计算存储这幅图像需要多少兆字节 (MB)。

2. 描述和区分空间分辨率、光谱分辨率、辐射分辨率和时间分辨率的概念。

3. 试证明：当图像直方图满足均匀分布时，图像的熵最大。

4. 解释数字图像的欧氏距离、街区距离、棋盘距离，并通过一个例子画图计算两个像素之间几种距离的连接路径，给出计算结果。

5. Lena, Barbara, Boat, Cameraman 是数字图像处理中的标准测试图像，请编写程序显示 4 幅灰度图像的直方图，并由直方图计算平均值和方差。

6. 假设一个一维连续信号，其形式为标准高斯函数，尝试推导 Lloyd-Max 量化器的解决方案。

7. 你是如何理解图像的纹理的？能否用一个统计特征刻画图像纹理的复杂程度？

8. 利用智能手机拍摄一段视频，估算一下该视频的时间分辨率。

9. 试详细推导 Lloyd-Max 量化器，并用 Python 语言编写程序，给出实验报告。

小故事　比特、熵与信息论之父——克劳德·埃尔伍德·香农

克劳德·埃尔伍德·香农 (Claude Elwood Shannon) 是一位兴趣涉猎广泛、善于思考和动手发明的数学家，也是为信息通信做出划时代贡献的科学家。

1938 年，22 岁的香农在麻省理工学院完成硕士论文《继电器与开关电路的符号分析》(*A Symbolic Analysis of Relay and Switching Circuits*)，提出了电话交换电路与布尔代数的关系，即"开""关"电路和"1""0"之间的关系，因此可以运用布尔代数分析并优化开关电路。在论文《理论遗传学的代数学》(*An Algebra for Theoretical Genetics*) 中他提到或许人类的 DNA 编码与布尔代数之间有相似之处。香农于 1940 年在 MIT 获得数学博士学位，同年进入普林斯顿高等研究院工作，其间开始思考信息

论与有效通信系统的问题。经过 8 年的努力，香农于 1948 年 6 月和 10 月在《贝尔系统技术杂志》(*The Bell System Technical Journal*) 上连载发表了具有深远影响的论文《通信的数学原理》。文章系统论述了信息的定义，怎样用 bit(比特) 数量化信息，怎样更好地对信息进行编码。在这些研究中，概率理论是香农使用的重要工具。香农同时提出了信息熵"entropy"的概念，他证明熵与信息内容的不确定性程度有等价关系。他曾经在采访中提到"胡言乱语比任何伟大的作品包含更多的信息熵"。1949 年，香农又在该杂志上发表了另一著名论文《噪声下的通信》。香农探讨了信道容量、信源统计特性、信源编码、信道编码等一系列基本技术问题，两篇论文成为信息论的奠基性著作。在物理世界，质量可以通过"克"、能量可以通过"焦耳"等度量，因为香农的工作，诸如电话、电报、文字、声音、图片等海量信息可以通过"比特"来度量。众所周知，物理学中的最大速度是光速，而香农提出信道的香农极限 (或称香农容量)——会随机发生误码的信道上进行无差错传输的最大传输速率，可以理解为信息世界的最大传输速度。香农是和同时代英国科学家图灵比肩的科学家，如果图灵被称为"计算机科学之父"，那么香农无愧于"信息论之父"的称号。在通信领域，为纪念信息论创始人香农而设置的"香农奖"，也被称为"信息领域的诺贝尔奖"。

第 3 章 二维信号线性系统与图像处理应用

本章从信号与系统的角度考察图像处理算法和系统。我们需要借助一些数学手段深入理解图像处理系统的本质，揭示系统的输入与输出之间的关系。线性系统理论是图像处理系统建模的常见手段，卷积运算是空间滤波的基本表达形式。

本章简要概括线性系统理论的基本概念，以及分析图像处理系统特性的基本数学工具。

3.1 信号与系统

考察二维离散信号序列

$$f(n_1, n_2), \quad -\infty < n_1, n_2 < +\infty, n_1, n_2 = 0, \pm 1, \pm 2, \cdots \tag{3.1}$$

对于二维图像而言，可以看作是上述无限信号的一部分。图像处理的基本任务通常是对上述信号进行处理，得到处理结果 $g(n_1, n_2)$。此时，一种常见的建模手段是将处理系统看作是典型的二维离散信号处理系统，如图 3.1 所示。

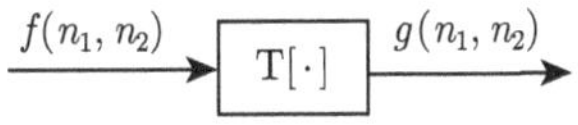

图 3.1　离散信号处理系统

其中，T[·] 表示离散信号处理系统，其输入为二维离散图像或信号 $f(n_1, n_2)$，经系统变换或处理得到输出图像

$$g(n_1, n_2) = T[f(n_1, n_2)] \tag{3.2}$$

在图像处理中，特别关注该系统的下列性质：

(1) **系统是否具有稳定性？**

(2) **系统是否具有记忆？**

(3) **系统是因果还是非因果的？**

(4) **系统是线性还是非线性的？**

(5) **系统是否平移不变？**

为了回答上述问题，本节简要回顾信号与系统的基本知识，这些对于学过数字信号处理的读者而言并不陌生。

3.2 常用的二维离散信号序列

对于离散信号系统而言，我们通常需要分析其对刺激的响应程度。为此，一些常见的信号经常被用来测试系统的特性。

(1) 二维单位脉冲信号。最简单的信号是原点的单位脉冲信号，定义为

$$\delta\left(n_1, n_2\right) = \begin{cases} 1, & n_1 = n_2 = 0 \\ 0, & \text{其他} \end{cases} \tag{3.3}$$

显然，对于单位脉冲信号，平移后将得到平移处的单位脉冲信号，即

$$\delta\left(n_1 - m, n_2 - n\right) = \begin{cases} 1, & n_1 = m; n_2 = n \\ 0, & \text{其他} \end{cases} \tag{3.4}$$

容易证明单位脉冲信号是可分离信号，即

$$\delta\left(n_1, n_2\right) = \delta\left(n_1\right)\delta\left(n_2\right) \tag{3.5}$$

其中，$\delta\left(n\right)$ 为一维单位脉冲信号，又称为 Kronecker 函数：

$$\delta\left(n\right) = \begin{cases} 1, & n = 0 \\ 0, & \text{其他} \end{cases} \tag{3.6}$$

单位脉冲信号在离散信号与离散系统的分析和综合中有着重要的作用。单位脉冲信号的一个重要性质是具有信号的筛选能力。例如，对于一维信号 $\{f\left(n\right), n = 0, \pm 1, \cdots\}$，如果取某个信号点 $f\left(n\right)$，可得

$$f\left(n\right) = \sum_k f\left(k\right) \cdot \delta\left(k - n\right) \tag{3.7}$$

同样，对于二维信号 $\{f\left(n_1, n_2\right), -\infty < n_1, n_2 < +\infty, n_1, n_2 = 0, \pm 1, \pm 2, \cdots\}$ 序列，任意点的信号满足

$$f\left(n_1, n_2\right) = \sum_{k_1 = -\infty}^{+\infty} \sum_{k_2 = -\infty}^{+\infty} f\left(k_1, k_2\right)\delta\left(n_1 - k_1, n_2 - k_2\right) \tag{3.8}$$

(2) 二维单位阶跃信号。定义为

$$u\left(n_1, n_2\right) = \begin{cases} 1, & n_1 \geqslant 0; n_2 \geqslant 0 \\ 0, & \text{其他} \end{cases} \tag{3.9}$$

上式表现为第一象限的单位脉冲信号的集合。同样，二维单位阶跃信号也是可分离的，即

$$u\left(n_1, n_2\right) = u\left(n_1\right)u\left(n_2\right) \tag{3.10}$$

其中

$$u(n_1) = \begin{cases} 1, & n_1 \geqslant 0 \\ 0, & \text{其他} \end{cases}, \quad u(n_2) = \begin{cases} 1, & n_2 \geqslant 0 \\ 0, & \text{其他} \end{cases} \tag{3.11}$$

(3) 二维复指数信号。定义为 $f(n_1, n_2) = e^{j\omega_1 n_1} e^{j\omega_2 n_2}$，其中 ω_1, ω_2 称为圆频率，单位为 rad。则由欧拉公式，可得

$$f(n_1, n_2) = e^{j\omega_1 n_1} e^{j\omega_2 n_2} = \cos(\omega_1 n_1 + \omega_2 n_2) + j\sin(\omega_1 n_1 + \omega_2 n_2) \tag{3.12}$$

复指数信号有信号的 "建筑块" (building blocks) 的美誉，具有一些较好的性质，例如 $|e^{j\omega_1 n_1} e^{j\omega_2 n_2}| = |e^{j\omega_1 n_1}| = |e^{j\omega_2 n_2}| = 1$，复指数信号是关于 ω_1, ω_2 的周期信号。复指数信号在数字信号处理中有着重要的作用，也称为调谐信号。

3.3　系统若干重要性质

给定离散信号处理系统 $\mathrm{T}[\cdot]$，我们需要分析系统特性。为此，首先引入如下几个重要的定义。

定义 3.1 (稳定性)　如果输入图像是有界的，输出图像也是有界的，则称系统 $g(n_1, n_2) = \mathrm{T}[f(n_1, n_2)]$ 是稳定的。即存在非负实数 $A \geqslant 0$，$B \geqslant 0$，使得 $|f(n_1, n_2)| \leqslant A$，$|g(n_1, n_2)| \leqslant B$。

稳定性对于图像处理算法而言是非常重要的，我们总是希望系统是稳定的，即稳定的输入加上轻微的扰动后，系统的输出不会出现显著变化。

定义 3.2 (因果性)　如果一个系统对任意时刻 (或位置) 的输出只与现在和过去的时刻 (或位置) 的输入有关，而和将来的时刻 (或位置) 无关，则称它具有因果性。

定义 3.3 (线性)　如果一个系统 $\mathrm{T}[\cdot]$ 满足下式，则称它是线性的：

$$\mathrm{T}[\alpha f_1(n_1, n_2) + \beta f_2(n_1, n_2)] = \alpha \mathrm{T}[f_1(n_1, n_2)] + \beta \mathrm{T}[f_2(n_1, n_2)] \tag{3.13}$$

由上述定义，线性系统的本质是两个信号的加权和作为输入，产生的输出是每个信号对应输出的加权和。任何不满足此约束的系统都是非线性的。非线性系统广泛存在，但是其复杂程度较高。如果我们不需要复杂的非线性系统对当前任务进行建模，或者仅有轻微的非线性，则通常采取线性系统。如果系统本身是非线性的，采取线性系统建模时，得到的结果是不精确的。

基于定义 3.3，如果系统 $\mathrm{T}[\cdot]$ 是线性的，有两个简单的推论：

若 $\beta = 0$，则有

$$\mathrm{T}[\alpha f_1(n_1, n_2)] = \alpha \mathrm{T}[f_1(n_1, n_2)] \tag{3.14}$$

若 $\alpha = -\beta$，$f_1(n_1, n_2) = f_2(n_1, n_2)$，则可知 $\mathrm{T}[0] = 0$。

第二个简单推论表明，线性系统的零输入必然是零输出。利用这个推论可以检验一些图像处理系统是否满足线性性质，无须直接应用定义 3.3。

例 3.1   一个灰度变换 $g(n_1, n_2) = \mathrm{T}[f(n_1, n_2)] = 255 - f(n_1, n_2)$，该变换是线性系统还是非线性系统，是平移不变系统还是平移可变系统？

显然，由 $\mathrm{T}[f(n_1, n_2)] = 255 - f(n_1, n_2)$，我们有 $\mathrm{T}[0] = 255 \neq 0$，该系统是非线性系统。又因为 $\mathrm{T}[f(n_1 - k_1, n_2 - k_2)] = 255 - f(n_1 - k_1, n_2 - k_2)$，该系统是平移可变系统。

这个例子在图像处理中称为图像灰度反转，实现图像像素值的黑白反转变换。需要特别注意，例子中的 $\mathrm{T}[0] = 0$ 是线性系统的必要条件，但不是充分条件。另外，平移可变性与系统的线性或非线性没有必然联系，非线性系统也可能具有平移不变性。

定义 3.4（平移不变）   如果 $g(n_1, n_2) = \mathrm{T}[f(n_1, n_2)]$，则 $g(n_1 - k, n_2 - l) = \mathrm{T}[f(n_1 - k, n_2 - l)]$，称一个系统 $\mathrm{T}[\cdot]$ 是平移不变的，即系统对延迟输入图像 (信号) 得到等量的延迟输出。

定义 3.5（线性平移不变系统）   一个系统 $\mathrm{T}[\cdot]$ 既是平移不变的，也是线性的，称该系统是线性平移不变系统，简称 LSI (linear shift invariant) 系统。

对于平移不变系统，平移输入信号仅仅使得输出信号移动同样的空间距离。在图像处理与模式识别中，平移不变性是算法设计中所期望满足的重要性质之一，另外两个本章没有介绍的重要性质是旋转不变性和尺度不变性。例如在图像的低层视觉预处理中，我们希望边缘定位和检测的正确性；而在模式识别中，我们希望图像空间的移动不会影响识别的正确性，即提取的特征具有平移不变性。

3.4   LSI 系统与卷积

3.4.1   卷积的导出

利用上述简单信号，我们可以分析离散 LSI 系统的基本性质，包括系统的脉冲响应和频率响应。对于一个 LSI 系统 $\mathrm{T}[\cdot]$，输入二维单位脉冲信号 $\delta(n_1, n_2)$，则输出信号 $h(n_1, n_2)$ 为

$$\mathrm{T}[\delta(n_1, n_2)] = h(n_1, n_2) \tag{3.15}$$

称 $h(n_1, n_2)$ 为 LSI 系统 $\mathrm{T}[\cdot]$ 的脉冲响应 (impulse response)，如图 3.2 所示。

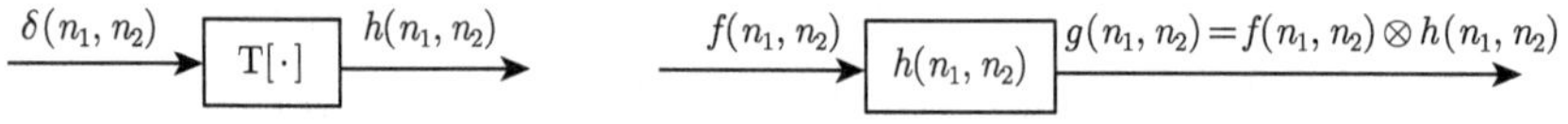

(a) 脉冲响应   (b) LSI 系统的等效表示

图 3.2   LSI 系统

对于二维 LSI 系统而言，脉冲响应可以表征系统的输入输出特性，且输出仅仅与输入信号和脉冲响应有关，这个性质由命题 3.1 揭示。

命题 3.1   若 LSI 系统 $\mathrm{T}[\cdot]$ 的脉冲响应为 $h(n_1, n_2)$，输入为 $f(n_1, n_2)$，$-\infty < n_1, n_2 < +\infty$，$n_1, n_2 = 0, \pm 1, \pm 2, \cdots$，则其输出 $g(n_1, n_2)$ 满足

$$g(n_1, n_2) = \mathrm{T}[f(n_1, n_2)] = \sum_{k_1 = -\infty}^{+\infty} \sum_{k_2 = -\infty}^{+\infty} f(k_1, k_2) h(n_1 - k_1, n_2 - k_2) \tag{3.16}$$

证明：对于信号 $f(n_1, n_2)$，由式 (3.16)，可表达为

$$f(n_1, n_2) = \sum_{k_1=-\infty}^{+\infty} \sum_{k_2=-\infty}^{+\infty} f(k_1, k_2) \delta(n_1 - k_1, n_2 - k_2)$$

则

$$\begin{aligned}
g(n_1, n_2) &= \mathrm{T}[f(n_1, n_2)] \\
&= \mathrm{T}\left[\sum_{k_1=-\infty}^{+\infty} \sum_{k_2=-\infty}^{+\infty} f(k_1, k_2) \delta(n_1 - k_1, n_2 - k_2)\right] \\
&\overset{\text{线性性质}}{=\!=\!=} \sum_{k_1=-\infty}^{+\infty} \sum_{k_2=-\infty}^{+\infty} \underbrace{f(k_1, k_2)}_{\text{权}} \mathrm{T}[\delta(n_1 - k_1, n_2 - k_2)] \\
&\overset{\text{平移不变}}{=\!=\!=} \sum_{k_1=-\infty}^{+\infty} \sum_{k_2=-\infty}^{+\infty} \underbrace{f(k_1, k_2)}_{\text{权}} h(n_1 - k_1, n_2 - k_2)
\end{aligned} \tag{3.17}$$

从命题 3.1 看出，脉冲响应 $h(n_1, n_2)$ 可以完全表征 2D-LSI 系统 $\mathrm{T}[\cdot]$。式 (3.17) 在信号处理中称为离散卷积。我们将在 3.4.2 节给出其相关性质。

基于命题 3.1，我们可以分析 2D-LSI 系统的稳定性条件。我们不加证明地给出 2D-LSI 系统的稳定性判据。

命题 3.2 一个 2D-LSI 系统稳定的充要条件是

$$\sum_{k_1=-\infty}^{+\infty} \sum_{k_2=-\infty}^{+\infty} |h(n_1 - k_1, n_2 - k_2)| < \infty \tag{3.18}$$

证明：(留作习题 1)

3.4.2 卷积及其性质

定义 3.6 2D 信号 $f(n_1, n_2)$ 和 2D 信号 $h(n_1, n_2)$，$-\infty < n_1, n_2 < +\infty, n_1, n_2 = 0, \pm 1, \pm 2, \cdots$ 的卷积定义为

$$f(n_1, n_2) \otimes h(n_1, n_2) = \sum_{k_1=-\infty}^{+\infty} \sum_{k_2=-\infty}^{+\infty} f(k_1, k_2) h(n_1 - k_1, n_2 - k_2) \tag{3.19}$$

或简记为 $f \otimes h$，其中 h 称为卷积核。

对于上式，令 $k_1' = n_1 - k_1, k_2' = n_2 - k_2$，则 $k_1 = n_1 - k_1', k_2 = n_2 - k_2'$，这样

$$f(n_1, n_2) \otimes h(n_1, n_2)$$

$$= \sum_{k_1=-\infty}^{+\infty} \sum_{k_2=-\infty}^{+\infty} f(k_1, k_2) h(n_1 - k_1, n_2 - k_2) = \sum_{k_1'=-\infty}^{+\infty} \sum_{k_2'=-\infty}^{+\infty} f(n_1 - k_1', n_2 - k_2') h(k_1', k_2')$$

$$= \sum_{k_1=-\infty}^{+\infty} \sum_{k_2=-\infty}^{+\infty} f(n_1 - k_1, n_2 - k_2) h(k_1, k_2)$$

$$= h(n_1, n_2) \otimes f(n_1, n_2) \tag{3.20}$$

这个性质表明卷积具有交换律。

性质 1　交换律

$$f \otimes h = h \otimes f \tag{3.21}$$

交换律表明可将卷积核看作一个图像，而将图像看作卷积核，其结果与图像和卷积核的卷积结果是一样的。在图像处理中，卷积是一种非常重要的运算，它源自数学上的卷积算子，还具有如下重要性质。

性质 2　分配律

$$f \otimes (h_1 + h_2) = f \otimes h_1 + f \otimes h_2 \tag{3.22}$$

性质 3　结合律

$$(f \otimes h_1) \otimes h_2 = f \otimes (h_1 \otimes h_2) \tag{3.23}$$

结合律表明图像先与一个核卷积得到的结果，再卷积另一个核，结果等价于图像与两个核卷积后的复合核进行卷积。除交换律和结合律之外，卷积最重要的性质是线性平移不变。下面不加证明地给出相关性质。

性质 4　卷积是线性算子

$$(\alpha f) \otimes h = \alpha (f \otimes h) \tag{3.24}$$

$$(f_1 + f_2) \otimes h = f_1 \otimes h + f_2 \otimes h \tag{3.25}$$

性质 5　卷积是移不变的

$$f(n_1 - i, n_2 - j) \otimes h = (f \otimes h)(n_1 - i, n_2 - j) \tag{3.26}$$

在上述性质中，性质 4 和性质 5 结合在一起，说明卷积是线性移不变的。事实上，对于卷积，我们有一个非常重要的定理。

定理 3.1　当且仅当该系统可以写成卷积系统，则系统是线性移不变系统。

证明：命题 3.1 表明 LSI 系统可以写成卷积形式。性质 3 和性质 4 表明，卷积是线性移不变的。

上述定理表明 LSI 系统与卷积系统等价。因此卷积继承 LSI 系统的所有性质，例如因果性、稳定性和有界性等。

利用 2D-LSI 系统的输入输出关系的卷积描述，我们还可以考察系统在复指数信号 $\mathrm{e}^{\mathrm{j}\omega_1 n_1}\mathrm{e}^{\mathrm{j}\omega_2 n_2}$ 下的输出。

$$g\left(n_1, n_2\right) = \mathrm{T}\left[\mathrm{e}^{\mathrm{j}\omega_1 n_1}\mathrm{e}^{\mathrm{j}\omega_2 n_2}\right] = \sum_{k_1=-\infty}^{+\infty}\sum_{k_2=-\infty}^{+\infty}\mathrm{e}^{\mathrm{j}\omega_1(n_1-k_1)}\mathrm{e}^{\mathrm{j}\omega_2(n_2-k_2)}h\left(k_1, k_2\right)$$

$$= \mathrm{e}^{\mathrm{j}\omega_1 n_1}\mathrm{e}^{\mathrm{j}\omega_2 n_2}\sum_{k_1=-\infty}^{+\infty}\sum_{k_2=-\infty}^{+\infty}\mathrm{e}^{-\mathrm{j}\omega_1 k_1}\mathrm{e}^{-\mathrm{j}\omega_2 k_2}h\left(k_1, k_2\right)$$

令 $H\left(\omega_1, \omega_2\right) = \displaystyle\sum_{k_1=-\infty}^{+\infty}\sum_{k_2=-\infty}^{+\infty}\mathrm{e}^{-\mathrm{j}\omega_1 k_1}\mathrm{e}^{-\mathrm{j}\omega_2 k_2}h\left(k_1, k_2\right)$，则

$$g\left(n_1, n_2\right) = \mathrm{T}\left[\mathrm{e}^{\mathrm{j}\omega_1 n_1}\mathrm{e}^{\mathrm{j}\omega_2 n_2}\right] = \mathrm{e}^{\mathrm{j}\omega_1 n_1}\mathrm{e}^{\mathrm{j}\omega_2 n_2}H\left(\omega_1, \omega_2\right) \tag{3.27}$$

其中 $H\left(\omega_1, \omega_2\right)$ 称为 LSI 系统的频率响应 (frequency response)。观察 $H\left(\omega_1, \omega_2\right)$ 的表达形式，我们在后续章节中会谈到这其实是冲激响应的傅里叶变换，其中复指数信号 $\mathrm{e}^{\mathrm{j}\omega_1 n_1}\mathrm{e}^{\mathrm{j}\omega_2 n_2}$ 称为二维傅里叶基。

3.4.3　有限卷积

3.4.2 节中所给出的 LSI 系统和卷积是针对无限长度二维信号定义的，对于一幅 $M \times N$ 的图像 $f\left(n_1, n_2\right), n_1 = 0, 1, \cdots, M, n_2 = 0, 1, \cdots, N$，长度是有限的。

定义 3.7 (二维有限卷积)　给定一幅图像 $\boldsymbol{F} = [f\left(n_1, n_2\right)]_{M \times N}$ 和一个二维卷积核 h，R_h 为卷积核的支撑区间，则其二维离散卷积定义为

$$f\left(n_1, n_2\right) \otimes h\left(n_1, n_2\right) = \sum_{(k_1, k_2) \in R_h} f\left(k_1, k_2\right)h\left(n_1-k_1, n_2-k_2\right) \tag{3.28}$$

例如若 $R_h = [0, R] \times [0, R]$，则

$$f\left(n_1, n_2\right) \otimes h\left(n_1, n_2\right) = \sum_{k_1=0}^{R}\sum_{k_2=0}^{R} f\left(k_1, k_2\right)h\left(n_1-k_1, n_2-k_2\right) \tag{3.29}$$

对于有限卷积，由于图像和卷积核只在有限区域内有值，因此求和运算只需在与支撑区间重叠的区域上进行。当卷积核元素存储在一个二维数组 (或模板) 中时，将卷积模板旋转 $180°$，并将原点平移至坐标 (n_1, n_2)，然后将记录图像的数组与记录卷积核元素的数组逐个元素相乘，并将得到的积求和即可得到输出值。

显然，由于在图像的边界处，即首行首列和末行末列缺乏完整的邻接像素，卷积运算会遇到图像的边界问题 (boundary problem)，因此在边界处需要特殊处理。在计算离散卷积时，对于图像边界处的像素有四种可选的办法：

(1) 通过重复图像边界上的行和列，对输入图像进行扩充，使得卷积在边界处可以计算。

(2) 通过卷绕输入图像使其为周期信号，这种方法称为周期延拓。具体而言，对于 $\boldsymbol{F} = [f(n_1, n_2)]_{M \times N}$，对其作周期延拓得到周期的 2D 信号，记为 $f_e(n_1, n_2)$，其元素满足

$$f_e(n_1, n_2) = f(n_1', n_2), \quad \text{当 } n_1 = n_1' \mod M \tag{3.30}$$

$$f_e(n_1, n_2) = f(n_1, n_2'), \quad \text{当 } n_2 = n_2' \mod N \tag{3.31}$$

(3) 在输入图像外部进行零填充 (zero padding) 或者常数填充。

(4) 对图像边界附近的像素不进行处理，直接在内部进行计算。

以上 (1) 和 (3) 是经常采取的方法。在量化图像时最好使重要信息不要落到距离边界小于卷积核一半宽的区域内，这样选择何种卷积都不影响计算。

3.4.4 有限卷积的矩阵形式

将离散卷积表达为矩阵形式，可以通过线性代数对离散信号处理系统建模，具有表达简洁的优点。

1. 一维有限卷积的矩阵形式

在考虑二维卷积的矩阵表达时，首先考察一维卷积的矩阵表达形式。对于两个长度分别为 m 和 n 的离散序列 $\{f(i)\}$ 和 $\{h(i)\}$，其一维离散卷积定义为

$$g(i) = \sum_j f(j) h(i-j) \tag{3.32}$$

上式的结果将得到一个长度为 $N = m + n - 1$ 的输出序列。将有限一维离散卷积表达为矩阵形式，首先将信号序列零填充为一个无限长序列的周期：

$$f_e(i) = \begin{cases} f(i), & 1 \leqslant i \leqslant m \\ 0, & m < i \leqslant N \end{cases} \tag{3.33}$$

同时通过对 $h(i)$ 作特定的构造和延拓得到 $h_e(i)$。这样，式 (3.32) 可以表达为矩阵与向量形式：

$$\begin{bmatrix} g_e(1) \\ g_e(2) \\ \vdots \\ g_e(N) \end{bmatrix} = \underbrace{\begin{bmatrix} h_e(1) & h_e(N) & \cdots & h_e(2) \\ h_e(2) & h_e(1) & \cdots & h_e(3) \\ \vdots & \vdots & & \vdots \\ h_e(N) & h_e(N-1) & \cdots & h_e(1) \end{bmatrix}}_{\boldsymbol{H}_e} \begin{bmatrix} f_e(1) \\ f_e(2) \\ \vdots \\ f_e(N) \end{bmatrix} \tag{3.34}$$

记 $\boldsymbol{f}_e = [f_e(1), f_e(2), \cdots, f_e(N)]^{\mathrm{T}}$，$\boldsymbol{g}_e = [g_e(1), g_e(2), \cdots, g_e(N)]^{\mathrm{T}}$，$\boldsymbol{H}_e$ 表示式 (3.34) 中间的 $N \times N$ 大小的矩阵，则式 (3.34) 可以写成更简洁的形式

$$\boldsymbol{g}_e = \boldsymbol{H}_e \boldsymbol{f}_e \tag{3.35}$$

其中向量 g 中包含实际的卷积结果。

分析矩阵 H_e 的形式，我们看到该矩阵具有特殊的结构，即每一行都由上一行向右循环移位得到。这种结构的矩阵称为**循环矩阵**。

2. 二维有限卷积的矩阵形式

按照上述思路，对于图像的二维卷积，同样可以构造矩阵与向量形式，但是过程稍显复杂。不妨设输入图像为 $F = [f(n_1, n_2)]_{A \times B}$，卷积核矩阵 $K = [h(n_1, n_2)]_{C \times D}$。

首先，我们将其零填充扩展至 $M \times N$(其中 $M \geqslant A + C - 1, N \geqslant B + D - 1$) 的矩阵，扩展后的新矩阵为 F_e 和 B_e。在以下的讨论中，假设 $M = N$。

其次，我们用按行堆叠的方式从矩阵 F_e 构造一个 $N^2 \times 1$ 维的列向量 f_e，即将 F_e 的第一行转置，使之成为 f_e 最上面的 N 个元素，然后将剩下的各行转置，依次堆叠在它的下面。

然后，将矩阵 K_e 的每一行都用一维卷积的矩阵形式构造一个 $N \times N$ 的循环矩阵，合计产生 N 个这样的矩阵 $H_i (1 \leqslant i \leqslant N)$，则可以构造一个 $N^2 \times N^2$ 大小、具有特殊结构的分块矩阵

$$H_{\mathrm{B}} = \begin{bmatrix} [H_1] & [H_N] & \cdots & [H_2] \\ [H_2] & [H_1] & \cdots & [H_3] \\ \vdots & \vdots & & \vdots \\ [H_N] & [H_{N-1}] & \cdots & [H_1] \end{bmatrix} \tag{3.36}$$

这个分块矩阵的特性是以循环矩阵为元素，其中每一个块都是一个较小的循环矩阵，数学上称为具有分块循环矩阵 (BCCB)。

利用分块循环矩阵的概念，则可将二维卷积写成简单的矩阵与向量形式：

$$g_e = H_{\mathrm{B}} f_e$$

其中 g_e 为经过填充、用行堆叠列向量形式构成的输出图像。

不难发现，H_{B} 中合计有 N^4 个元素的矩阵。对于数字图像处理而言，这是一个超大规模数组，因此卷积运算写成矩阵形式，并不是为了高效计算，而是利用成熟的线性代数理论进行理论分析、模型提出和算法设计。我们在图像恢复等反问题中经常看到矩阵与向量的表示形式。为了描述方便，对于卷积的矩阵形式，省略 g_e、H_{B} 和 f_e 等符号的下标，简单记作

$$g = Hf \tag{3.37}$$

此时，我们默认对图像进行了二维延拓，而 H 为分块循环矩阵。

例 3.2   设一个图像 $F = \begin{bmatrix} 1 & 2 \\ 3 & 4 \end{bmatrix}$，卷积核为 $K = \begin{bmatrix} -1 & 1 \\ -2 & 2 \end{bmatrix}$，试按照矩阵与向量形式的步骤写出 $F \otimes K$ 的结果。

求解包括四步，过程如下：

第一步：首先构造零填充后的矩阵 $\boldsymbol{F}_e = \begin{bmatrix} 1 & 2 & 0 \\ 3 & 4 & 0 \\ 0 & 0 & 0 \end{bmatrix}$, $\boldsymbol{K}_e = \begin{bmatrix} -1 & 1 & 0 \\ -2 & 2 & 0 \\ 0 & 0 & 0 \end{bmatrix}$, 并得到

堆叠的一维输入信号 $\boldsymbol{f}_e = \begin{bmatrix} 1 & 2 & 0 & 3 & 4 & 0 & 0 & 0 & 0 \end{bmatrix}^{\mathrm{T}}$。

第二步：构造分块循环矩阵

$$
\boldsymbol{H}_{\mathrm{B}} = \begin{bmatrix}
\begin{bmatrix} -1 & 0 & 1 \\ 1 & -1 & 0 \\ 0 & 1 & -1 \end{bmatrix} & \begin{bmatrix} 0 & 0 & 0 \\ 0 & 0 & 0 \\ 0 & 0 & 0 \end{bmatrix} & \begin{bmatrix} -2 & 0 & 2 \\ 2 & -2 & 0 \\ 0 & 2 & -2 \end{bmatrix} \\[18pt]
\begin{bmatrix} -2 & 0 & 2 \\ 2 & -2 & 0 \\ 0 & 2 & -2 \end{bmatrix} & \begin{bmatrix} -1 & 0 & 1 \\ 1 & -1 & 0 \\ 0 & 1 & -1 \end{bmatrix} & \begin{bmatrix} 0 & 0 & 0 \\ 0 & 0 & 0 \\ 0 & 0 & 0 \end{bmatrix} \\[18pt]
\begin{bmatrix} 0 & 0 & 0 \\ 0 & 0 & 0 \\ 0 & 0 & 0 \end{bmatrix} & \begin{bmatrix} -2 & 0 & 2 \\ 2 & -2 & 0 \\ 0 & 2 & -2 \end{bmatrix} & \begin{bmatrix} -1 & 0 & 1 \\ 1 & -1 & 0 \\ 0 & 1 & -1 \end{bmatrix}
\end{bmatrix}
$$

第三步：计算矩阵与向量乘 $\boldsymbol{g}_e = \boldsymbol{H}_{\mathrm{B}} \boldsymbol{f}_e$, 可得

$$
\boldsymbol{g}_e = \begin{bmatrix} -1 & -1 & 2 & -5 & -3 & 8 & -6 & -2 & 8 \end{bmatrix}^{\mathrm{T}}
$$

第四步：输出结果转化为图像矩阵形式

$$
\boldsymbol{F} \otimes \boldsymbol{K} = \begin{bmatrix} -1 & -1 & 2 \\ -5 & -3 & 8 \\ -6 & -2 & 8 \end{bmatrix}
$$

3.4.5　可分离卷积及其快速运算

在图像处理中，空域卷积的运算具有较高的计算复杂度。有一类卷积，其因具有特殊的可分离结构，可以加速卷积的运算。

定义 3.8 (可分离卷积)　若卷积核 $\boldsymbol{H}$ 可以分离为两个较小核的卷积, 即 $\boldsymbol{H} = \boldsymbol{H}_1 \otimes \boldsymbol{H}_2$, 则称 $\boldsymbol{H}$ 是可分离的。

当卷积核可分离时，由性质 3, $\boldsymbol{I} \otimes \boldsymbol{H} = \boldsymbol{I} \otimes (\boldsymbol{H}_1 \otimes \boldsymbol{H}_2) = (\boldsymbol{I} \otimes \boldsymbol{H}_1) \otimes \boldsymbol{H}_2$, 这意味着首先可以和 $\boldsymbol{H}_1$ 卷积，然后再和 $\boldsymbol{H}_2$ 卷积。

由于两个较小的分离核往往对应不同的一维方向，例如水平方向和垂直方向，因此二维卷积可以转化为水平和垂直方向的一维卷积，从而降低计算复杂度。

计算复杂度分析：

(1) 设一幅大小为 $M \times N$ 的图像 $\boldsymbol{I}$, 一个 $(2R+1) \times (2R+1)$ 的卷积核 $\boldsymbol{H}$, 由卷积公式，对于一个像素，计算复杂度为 $O[(2R+1) \times (2R+1)] = O(R^2)(R > 2)$, 整幅图像的计算复杂度为 $O(MNR^2)$;

(2) 如果采取分离实现，则执行方向 $\boldsymbol{H}_1$ 的一维卷积，其复杂度是 $O\left[(2R+1)\right]$，然后执行另一方向 $\boldsymbol{H}_2$ 的一维卷积，其计算复杂度是 $O\left[(2R+1)\right]$，整幅图像的计算复杂度为 $O[MN(2R+1)] + O[MN(2R+1)] = O(MNR)$，算法复杂度与像素个数呈线性关系。

例 3.3　Box 滤波器是可分离的。令

$$\boldsymbol{H}_1 = \frac{1}{5}[1,1,1,1,1], \quad \boldsymbol{H}_2 = \frac{1}{3}[1,1,1]$$

则

$$\boldsymbol{H}_1^{\mathrm{T}} \cdot \boldsymbol{H}_2 = \frac{1}{5}\begin{bmatrix} 1 \\ 1 \\ 1 \\ 1 \\ 1 \end{bmatrix} \cdot \frac{1}{3}[1,1,1] = \frac{1}{15}\begin{bmatrix} 1 & 1 & 1 & 1 & 1 \\ 1 & 1 & 1 & 1 & 1 \\ 1 & 1 & 1 & 1 & 1 \end{bmatrix}$$

上式说明均值滤波是可分离的，即可以分别通过水平方向和垂直方向的一维卷积实现二维卷积。对于任何的 Box 滤波器都是可分离的，其原理示意图见图 3.3。

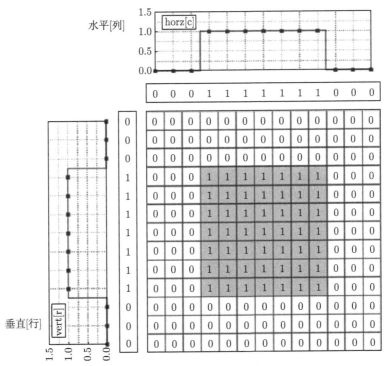

图 3.3　Box 可分离滤波示意图

3.5　连续信号与系统建模

前文概括了离散信号与离散线性系统理论。我们同样可以在连续框架下对连续图像和图像处理系统进行建模，其系统的线性、平移不变性、稳定性等概念可以在连续函数意义

下进行推广。

引入二维单位冲激函数 $\delta(x, y)$，该函数建立在积分的定义上，即

$$\int_{-\infty}^{+\infty} \int_{-\infty}^{+\infty} \delta(x, y) \mathrm{d}x \mathrm{d}y = 1$$

且 $x \neq 0, y \neq 0$ 时，$\delta(x, y) = 0$，当 $x = 0, y = 0$ 时，有一个无穷大的冲激 $\delta(0, 0) = +\infty$，$\delta(x, y)$ 也称为 Dirac 函数。在一维情形下，单位冲激函数为 $\delta(x)$。

二维单位冲激函数的一个性质是可分离的，即

$$\delta(x, y) = \delta(x)\delta(y)$$

对于空间坐标的尺度变换，二维单位冲激函数具有另一个独特的性质：

$$\delta(ax, by) = \delta(ax)\delta(by) = \frac{1}{|a||b|}\delta(x)\delta(y) = \frac{1}{|a||b|}\delta(x, y)$$

上式表明空间维坐标轴的尺度变换导致了函数值坐标轴的尺度变换。

对于连续图像 $f(x, y)$，我们用 x 和 y 表示两个独立的变量。同样，单位冲激函数 $\delta(x, y)$ 对于连续函数具有筛选性质，它可孤立函数上的单个点，即

$$f(x_0, y_0) = \int_{-\infty}^{+\infty} \int_{-\infty}^{+\infty} f(x, y)\delta(x - x_0, y - y_0) \mathrm{d}x \mathrm{d}y \tag{3.38}$$

对于一个连续信号系统 $\mathrm{T}[\cdot]$ 而言，当输入为 $\delta(x, y)$，其输出 $\mathrm{T}[\delta(x, y)] = h(x, y)$，则 $h(x, y)$ 称为连续信号系统的冲激响应。如图 3.4 所示。

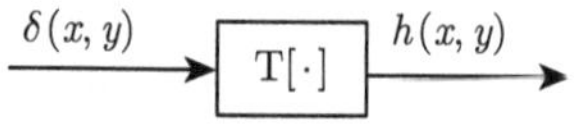

$$\xrightarrow{\delta(x, y)} \boxed{\mathrm{T}[\cdot]} \xrightarrow{h(x, y)}$$

图 3.4   冲激响应示意图

连续线性平移不变系统同样可以描述为积分形式的卷积运算：

$$g(x, y) = f(x, y) \otimes h(x, y) = \int_{-\infty}^{+\infty} \int_{-\infty}^{+\infty} f(u, v)h(x - u, y - v) \mathrm{d}u \mathrm{d}v \tag{3.39}$$

其中，$h(x, y)$ 为卷积核函数。值得注意的是，$h(0 - u, 0 - v)$ 是 $h(u, v)$ 绕其原点旋转 $180°$，而 $h(x - u, y - v)$ 是将旋转后的 h 平移至 (x, y)。随后这两个函数相乘，再进行二重积分。

对于一维连续函数 $f(x)$ 情形，其与一维卷积核函数 $h(x)$ 的连续卷积定义为

$$g(x) = f(x) \otimes h(x) = \int_{-\infty}^{+\infty} f(u)h(x - u) \mathrm{d}u \tag{3.40}$$

在式中取 $h(x, y) = \delta(x, y)$ 时，容易证明

$$f(x, y) \otimes \delta(x, y) = \int_{-\infty}^{+\infty} \int_{-\infty}^{+\infty} f(u, v)\delta(x - u, y - v) \mathrm{d}u \mathrm{d}v = f(x, y)$$

这个结论意味着单位冲激函数在卷积操作下的结果与原函数相同。

利用连续函数的卷积定义，读者可以证明连续卷积满足交换律、分配律和结合律。另外一个重要性质是卷积导函数的性质，即

$$\frac{\partial}{\partial x}\left[f(x,y)\otimes h(x,y)\right]=\left[\frac{\partial}{\partial x}f(x,y)\right]\otimes h(x,y)=f(x,y)\otimes\left[\frac{\partial}{\partial x}h(x,y)\right]$$

$$\frac{\partial}{\partial y}\left[f(x,y)\otimes h(x,y)\right]=\left[\frac{\partial}{\partial y}f(x,y)\right]\otimes h(x,y)=f(x,y)\otimes\left[\frac{\partial}{\partial y}h(x,y)\right]$$

利用上述等式，可得

$$\nabla\left[f(x,y)\otimes h(x,y)\right]=\left[\nabla f(x,y)\right]\otimes h(x,y)=f(x,y)\otimes\left[\nabla h(x,y)\right] \tag{3.41}$$

其中，∇ 表示梯度算子：

$$\nabla f(x,y)=\left[\frac{\partial}{\partial x}f(x,y),\frac{\partial}{\partial y}f(x,y)\right]^{\mathrm{T}} \tag{3.42}$$

进一步对于拉普拉斯算子 ∇^2，即 $\nabla^2=\dfrac{\partial^2}{\partial^2 x}+\dfrac{\partial^2}{\partial^2 y}$，同样有

$$\nabla^2\left[f(x,y)\otimes h(x,y)\right]=\left[\nabla^2 f(x,y)\right]\otimes h(x,y)=f(x,y)\otimes\left[\nabla^2 h(x,y)\right] \tag{3.43}$$

式 (3.43) 的这个性质非常重要，表明对卷积结果求导数 (或梯度) 和拉普拉斯算子，均可以通过等价的方式进行计算，即可以首先对卷积核函数求导 (或梯度) 或者拉普拉斯算子，然后与图像进行卷积。这种策略一方面为计算卷积提供了一个等效的方法，另一方面可以用来设计等效的滤波器。

3.6　LSI 系统的图像处理应用

LSI 系统在信号与图像处理中占有非常重要的地位，可以应用于多个重要领域。

1) 卷积平滑滤波

在图像处理中一大类空间域平滑滤波算法，例如均值滤波、高斯滤波等都可以写成卷积形式，因此可以利用 LSI 系统的性质进行分析。

2) 卷积边缘检测与增强

图像边缘检测与增强是低层视觉的重要问题。LSI 系统的一个应用是设计边缘检测算子或者卷积模板。我们可以基于函数的微分运算，设计边缘检测算子，包括一阶微分算子和二阶微分算子。这些算子与图像的作用可以表达为卷积运算。

LSI 系统的另一个应用是设计边缘增强算法。图像处理中，边缘增强滤波器具有两方面的影响。首先，它会增加边缘渐变部分的坡度；其次，在边缘渐变部分的两头，它会产生 "过冲" 或 "加边振铃" (ringing)。下面给出一个边缘增强的例子。

考察一个冲激响应

$$h(x) = 2\delta(x) - \exp\left(-x^2/2\sigma^2\right)$$

对连续函数 $f(x)$ 进行卷积，$g(x) = f(x) \otimes h(x)$，并注意到

$$g(x) = 2f(x) \otimes \delta(x) - f(x) \otimes \exp\left(-x^2/2\sigma^2\right) = 2f(x) - f(x) \otimes \exp\left(-x^2/2\sigma^2\right)$$

即输出是两倍输入减去原函数与高斯函数的卷积。其中，高斯卷积得到的是平滑滤波结果，将模糊边缘；但是两倍原函数减去平滑结果，将得到增强的边缘。

3) 图像去卷积

对于很多光学系统而言，经常存在光学退化过程，所获得的图像不可避免存在模糊现象。因此图像去模糊是图像复原中需要解决的重要问题。光学系统的模糊效应经常采取 LSI 系统进行建模，模糊效应通常用卷积刻画。简单的方式是设计一个卷积去除另一卷积的影响，称为去卷积技术。更复杂的模型是通过 LSI 系统描述退化过程，建立数据似然项，再联合图像先验，建立图像去卷积的贝叶斯方法；或者在最优化框架下，建立卷积方程的数据保真项。

扩展阅读

卷积 (又名褶积) 和去卷积 (又名反褶积) 是一种积分变换的数学方法，在许多方面得到了广泛应用。用卷积解决试井解释中的问题，早就取得了很好成果；von Schroeter、Hollaender 和 Gringarten 等解决了去卷积计算方法中的稳定性问题，使得去卷积方法很快引起了试井界的广泛注意。有专家认为，去卷积的应用是试井解释、地震分析方法发展史上的又一次重大飞跃。他们预言，随着新工具和新技术的发展和应用，以及与其他专业研究成果的更紧密结合，试井在油气藏描述中的作用和重要性必将不断增大。地震勘探中，在地表激发点激发的地震子波 (seismic wavelet) 向地下传播，当遇到地下波阻抗界面时，一部分能量就会作为反射地震波向上反射回地表，被地面的传感器接收，随着地震波不断向下传播、反射、接收，就会记录一系列时间延迟的地震波 (大地滤波后的地震子波)，称为地震记录 (杨毅明，2012)。

卷积在工程和数学上都有很多应用。统计学中，加权的滑动平均是一种卷积。概率论中，两个统计独立变量 X 与 Y 之和的概率密度函数是 X 与 Y 的概率密度函数的卷积。声学中，回声可以用源声与一个反映各种反射效应的函数的卷积表示。电子工程与信号处理中，任意一个线性系统的输出都可以通过将输入信号与系统函数 (系统的冲激响应) 做卷积获得。物理学中，任何一个线性系统 (符合叠加原理) 都存在卷积 (陈后金，2015)。

卷积不仅是分析数学中一种重要的运算，同时也是信号和图像分析中的常见操作。以灰度图像为例：从一个小小的权重矩阵，也就是卷积核 (kernel) 开始，让它逐步在二维输入数据上 "扫描"。卷积核 "滑动" 的同时，计算权重矩阵和扫描所得的数据矩阵的乘积，然后把结果汇总成一个输出像素。在深度学习中，卷积神经网络 (convolutional neural network, CNN) 是指至少在网络的某一层中使用卷积运算的神经网络。需要注意的是，深度学习里面所谓的卷积运算，其实是互相关 (cross-correlation) 运算：在图像矩阵中，从左到右，由

上到下，取与滤波器同等大小的一部分，每一部分中的值与滤波器中的值对应相乘后求和，最后的结果组成一个矩阵，其中没有对核进行反转。在深度学习中，采取的卷积形式众多，包括：

(1) 卷积与互相关 (信号处理)；

(2) 深度学习中的卷积 (单通道/多通道)；

(3) 3D 卷积；

(4) 1×1 卷积；

(5) 卷积运算 (convolution arithmetic)；

(6) 转置卷积 (反卷积, transposed convolution)；

(7) 扩张卷积 (空洞卷积)；

(8) 可分离卷积 (空间可分离卷积，深度卷积)；

(9) 扁平卷积 (flattened convolution)；

(10) 分组卷积 (grouped convolution)；

(11) 随机分组卷积 (shuffled grouped convolution)；

(12) 逐点分组卷积 (pointwise grouped convolution)。

关于卷积与深度学习之间的更多知识可以参阅相关文献。

习题

1. 证明命题 3.2。

2. 证明无限卷积满足结合律。

3. 设一个图像 $\boldsymbol{F} = \begin{bmatrix} 1 & 2 \\ 3 & 4 \end{bmatrix}$，卷积核 $\boldsymbol{K} = \begin{bmatrix} -1 & 1 \\ -1 & 1 \end{bmatrix}$，试按照矩阵与向量形式的步骤写出 $\boldsymbol{F} \otimes \boldsymbol{K}$ 的结果。

4. 通过实验讨论图像处理中卷积运算会遇到图像边界问题 (boundary problem) 的哪些影响，并比较不同处理方法产生的影响。

5. 令 $\nabla^2 = \dfrac{\partial^2}{\partial^2 x} + \dfrac{\partial^2}{\partial^2 y}$ 表示拉普拉斯算子，证明下面的连续卷积公式成立：

$$\nabla^2 \left[f(x,y) \otimes h(x,y) \right] = \left[\nabla^2 f(x,y) \right] \otimes h(x,y) = f(x,y) \otimes \left[\nabla^2 h(x,y) \right]$$

6. 给定一幅 $M \times N$ 的图像 $\boldsymbol{F} = [f(n_1, n_2)]_{M \times N}$ 和一个二维卷积核 h，R_h 为卷积核的支撑区间，$R_h = [0, R] \times [0, R]$，分析二维离散卷积

$$f(n_1, n_2) \otimes h(n_1, n_2) = \sum_{(k_1, k_2) \in R_h} f(k_1, k_2) h(n_1 - k_1, n_2 - k_2)$$

的计算复杂度。

7. 高斯函数 $g_\sigma(s)$ 是一个广泛应用的函数，试分析当参数 $\sigma \to 0$ 时 $\lim\limits_{\sigma \to 0} g_\sigma(s)$ 将逼近为何种函数；高斯函数作为卷积核，可产生高斯模糊，分析随着参数 σ 的变化，模糊程度的变化。

8. 一个灰度变换 $g(n_1, n_2) = \mathrm{T}\left[f(n_1, n_2)\right] = \alpha f(n_1, n_2) + \beta$，试分析不同 α 和 β 时该变换是线性系统还是非线性系统，是平移不变系统还是平移可变系统。

小故事 数学王子——高斯

在图像处理中，高斯函数、高斯噪声、高斯滤波、高斯过程、高斯过程回归等是经常出现的概念，这些都归结于具有"数学王子"美誉的一位德国数学家——卡尔·弗里德里希·高斯（Carl Fridericus Gauss，1777—1855 年），他和阿基米德、牛顿、欧拉并列为世界四大数学家。虽然高斯并不是信号和图像处理专家，但他创立的很多数学工具，被广泛应用于信号和图像处理。

高斯是数学天才，19 岁时就得到了一个数学史上非常重要的成果——《正十七边形尺规作图之理论与方法》。他 24 岁出版《算术研究》，奠定了近代数论的基础；30 岁出版《曲面的一般研究》，全面系统地阐述了空间曲面的微积分几何学。高斯同时也是物理学家、天文学家、几何学家、大地测量学家，他发明了日观测仪和磁强计，构造了世界第一台电报机。高斯非常注重工程应用，曾主持汉诺威公国的大地测量工作，他通过以最小二乘法为基础的测量平方差的方法和求解线性方程组的方法，显著地提高了测量的精度。高斯一生成就极为丰硕，以其名字"高斯"命名的成果达 100 多个。虽然高斯天赋异禀，但是他所取得的成就与勤奋密不可分。高斯小时候家里很穷，且他父亲不认为学问有用，常会要求他吃完饭后就上床睡觉，以节省燃油，而高斯则会将芜菁的内部挖空并塞入棉布卷，当成灯来使用，以继续读书。

第 4 章　图像增强与滤波

本章主要介绍图像的点运算、代数与逻辑运算、几何运算、空间邻域运算等基本概念。在点运算中，重点介绍基本的灰度变换，来对图像进行对比度增强。然后，重点介绍了图像邻域运算与系列空域滤波算法。除了经典图像处理教材介绍的中值、均值和高斯滤波，本章还介绍了三个边缘保持滤波算法：双边滤波、非局部均值滤波和引导滤波。

4.1　图像预处理的基本任务

在讨论图像基本运算、增强和滤波算法之前，我们先了解一下图像预处理的基本任务。通常，图像预处理的目的是对图像的质量进行改善，包括图像对比度增强、图像复原 (噪声去除、去模糊) 等。

1) 图像增强

图像增强的基本目标是对图像进行处理，以便我们能够更清晰地查看和评估图像中包含的视觉信息。因此，图像增强是相当主观的，它强烈地依赖于用户希望从图像中提取的特定信息。图像增强的主要条件是要提取、强调或还原的信息必须存在于图像中，因为从根本上说，不能凭空造出一些东西，所需信息也不能完全被图像中的噪声所淹没。一般地，希望图像增强后比原始图像更适合特定的图像处理和分析任务。但实际上，图像增强的性能评价是主观的，如何设计其客观评价指标依然有待研究。

2) 图像平滑滤波 (去噪)

图像去噪属于图像复原的一项技术，试图去除因退化引起的噪声。图像去噪通常称为图像处理中的反问题 (inverse problem)，可以基于特定的优化准则进行 (我们将在后续章节详细专题介绍)。图像去噪相比图像增强而言，并非强调主观愉悦或者视觉增强，而更关注图像原始信息的恢复，因此图像去噪的性能评价有一些客观指标，特别是在仿真实验中，我们可以通过原始清晰图像和去噪图像的差异进行评价。平滑滤波是图像去噪的一种基本方法。

4.2　图像的基本运算概要

在图像处理中，其基本的任务是将输入图像处理为所希望达到的目标图像。基础性算法包括四类运算：点运算、代数运算、几何运算、空间邻域运算等。

1) 点运算

点运算是数字图像处理和显示软件中的基础功能。对于一幅输入图像，点运算 (point operator) 的机制是将输入图像的像素独立处理或者修改，因此输出图像的像素值仅仅与输入图像对应位置的像素值有关。点运算可以看作是 "像素到像素" 的特定的灰度变换，因此它可以改变灰度级上出现的像素个数，即点运算可以改变图像的直方图。

点运算的重要应用是对比度增强 (或者称为对比度拉伸、灰度变换)。在一些数字图像中，感兴趣的特征仅仅占据整个灰度级很小的部分，通过点运算可以扩展对比度使之占据可显示灰度级的更大部分，从而实现对比度增强。

2) 代数运算

这类运算是对两幅输入图像进行像素与像素的加、减、乘、除计算。对于相加、相乘的情形，参与运算的图像可以是多幅。当参与运算的输入图像之一是常数图像时，代数运算就转化为简单的点运算。

图像代数运算虽然简单，但是也有一定的用途。例如，图像相加可以对统一场景的多幅图像求平均值，有效地降低加性噪声 (additive noise) 的影响。图像相减可以去除一些不需要的加性图案，也可以检测视频中的运动。图像乘和除应用较少，但是也有一定的应用。例如，用一幅掩码图像 (mask image) 乘以某一图像突出感兴趣的区域，而遮住图像中人们不感兴趣的区域。图像的相除可以应用于多光谱图像中求波段相似比。

3) 几何运算

几何运算是改变图像中各个物体之间空间关系的运算，一般需要进行图像像素坐标的变换和灰度的插值两个操作。坐标的空间变换可以是刚体变换 (rigid transformation)、相似变换 (similarity transformation)、仿射变换 (affine transformation)、单应性 (homography) 变换，也可以是弹性变换。灰度插值经过空间变换后，需要计算新的采样栅格上的像素值。

几何运算主要用于图像的几何校正和图像变形，这在遥感、测绘与制图学、电影特效和虚拟现实中都有重要应用。

4) 空间邻域运算

空间邻域运算是输出图像中的每个像素值由对应的输入像素及其邻域内邻居像素共同决定的图像运算。区别于点运算，邻域运算通常是上下文像素相关的。

空间邻域运算是图像空域处理的重要操作，主要作用是图像滤波，分为空域线性滤波和非线性滤波两大类。其在图像滤波与增强 (平滑、锐化)、边缘检测、描述 (细化)、形状检测等处理中都起重要作用。

4.3　图像代数与逻辑运算

给定一幅 $M \times N$ 大小的图像 $I_{\mathrm{A}} = [I_{\mathrm{A}}(i,j)]_{M \times N}$，另一幅图像 $I_{\mathrm{B}} = [I_{\mathrm{B}}(i,j)]_{M \times N}$，则图像间的加法可以定义为

$$I_{\mathrm{out}} = I_{\mathrm{A}} + I_{\mathrm{B}} \tag{4.1}$$

其对应的像素值关系为：$I_{\mathrm{out}}(i,j) = I_{\mathrm{A}}(i,j) + I_{\mathrm{B}}(i,j)$。

同样，图像间的减法可以定义为

$$I_{\mathrm{out}} = I_{\mathrm{A}} - I_{\mathrm{B}} \tag{4.2}$$

看上去这种运算似乎太简单，它有什么图像处理效果呢？事实上，图像的加法能将两幅图像的内容叠加在一起。例如，一些可见的水印就是基于这样的原理生成或者进一步改进的。又如简单情形 $I_{\text{out}} = I_A + c$，表示每个像素均加上一个常数，则将调整图像的整体亮度，或整体变亮或整体变暗。

图像的减法看上去也非常简单，但它在图像的变化检测中也能发挥作用。例如在视频序列中，可以通过相邻帧之间的图像差提取帧间运动或者变化，这可以看作是简单的运动目标检测或者遥感图像之间的变化检测方法，如图 4.1 所示。

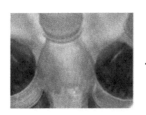 −  =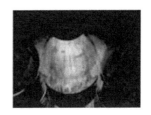

图 4.1　图像减法应用实例

图像也可以执行简单的逻辑运算，例如非 (NOT)、或 (OR) 和与 (AND) 的运算，这在 MATLAB 中均有相应的系统调用函数，一般而言是对二值图像进行操作。

NOT(黑白反转)：将图像进行黑白反转的操作。输入图像的像素 $I_{\text{in}}(i, j)$，被反转操作后输出图像的像素值为

$$I_{\text{out}}(i, j) = \text{MAX} - I_{\text{in}}(i, j) \tag{4.3}$$

其中，MAX 是图像中最大的像素值。

OR (逻辑或)：主要作用于二值图像，可以检测视频帧之间的目标运动。对灰度图像，二值图像可以通过阈值 (thresholding) 运算获得。

AND (逻辑与)：通常用来检测图像之间的差异，显著突出目标区域，或者生成图像的比特平面。

4.4　图像点运算：基本灰度级变换

图像的点运算是图像处理的常见操作。给定一幅输入图像 $I_{\text{in}}(i, j)$，记 $M(\cdot)$ 为图像的一个点运算，作用于输入图像后得到的图像为

$$I_{\text{out}}(i, j) = M(I_{\text{in}}(i, j)) \tag{4.4}$$

点运算的作用对象与像素的邻居、像素的空间位置等没有关系，是上下文无关的，仅仅与像素值有关。$M(\cdot)$ 的形式可表达为

$$v_{\text{new}} = M(v_{\text{old}}) \tag{4.5}$$

即一个灰度值 v_{old} 经过点运算的映射后，变成新的灰度值 v_{new}。

常见的点运算包括线性拉伸、分片线性拉伸和非线性拉伸等灰度级变换 (gray-scale trans-formation)，可以通过线性或分片函数变换、对数运算、指数运算、幂 (伽马) 运算等实现。这些操作都可能增强对比度，改善图像视觉效果。图 4.2 给出了常见的图像拉伸函数。

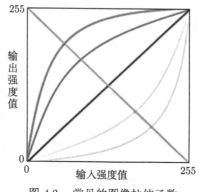

图 4.2   常见的图像拉伸函数

4.4.1　线性拉伸

最简单的线性拉伸采取如下线性函数变换形式：

$$M(v) = \alpha v + \beta \tag{4.6}$$

其中，$\alpha \neq 0$，β 为调节参数。图像灰度的线性拉伸，可以实现图像对比度调整。具体而言，线性拉伸可以改变图像灰度的分布区间。我们看如图 4.3 所示的算例。

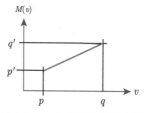

图 4.3   一个线性拉伸的例子

设输入图像的灰度区间是 $[p, q]$，我们通过形如式 (4.6) 的线性函数变换到灰度区间 $[p', q']$，则该变换的调节参数为

$$\alpha = \frac{q' - p'}{q - p}, \quad \beta = p' - \alpha p \tag{4.7}$$

显然，当参数 $\alpha > 1$ 时，输出图像的灰度区间得到拉伸；$\beta > 0$ 时，图像的整体变亮。

4.4.2　黑白反转映射

前面所提到的黑白反转 NOT 运算，在函数形式上也是一个线性映射。设输入图像的灰度等级范围 $[0, L-1]$ 的图像反转可由一个反比变换获得，表达式是

$$M(v) = L - 1 - v \tag{4.8}$$

用这种形式反转图像,可产生对等图像,这种处理可增强嵌入图像暗色区域中的白色或灰色细节。特别是当图像中黑色像素的面积占主导地位时,通过反转可以突出感兴趣的白色或者较亮的目标。图 4.4(a) 是一幅包含脑肿瘤的图像,经过黑白反转后肿瘤物更为突出。

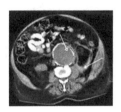 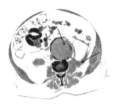

(a) 原图像　　　　　(b) 黑白反转结果

图 4.4　一幅脑肿瘤图像及黑白反转结果

4.4.3　分片线性拉伸

如果图像的灰度等级大部分聚集在区间 $[\mu_1, \mu_2]$,我们可以通过如下分片线性函数将图像映射到一个比较宽的区间,实现对比度增强。如拉伸至 $[0, 255]$ 的灰度区间的函数如图 4.5 所示。

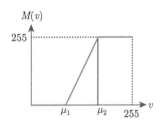

图 4.5　一个分片线性拉伸函数

此时

$$M\left(v\right) = \begin{cases} 0, & v \in [0, \mu_1) \\ 255\dfrac{v - \mu_1}{\mu_2 - \mu_1}, & v \in [\mu_1, \mu_2] \\ 255, & v \in (\mu_2, 255] \end{cases} \tag{4.9}$$

这样,灰度等级 μ_1 之下的像素将整体变为最暗 (灰度为 0),μ_2 之上的像素将整体变为最亮 (灰度 255),灰度等级在中间 $[\mu_1, \mu_2]$ 的像素得到线性拉伸。那么如何确定输入图像的参数区间 $[\mu_1, \mu_2]$ 呢?我们可以通过分析图像的累积直方图得到;还有一种方式是通过人机交互的方式,设置不同的节点参数 μ_1 和 μ_2,拖拽分片线性函数,观察图像的对比度表现。图 4.6 给出了一个分片线性拉伸的示例,我们看到整体偏暗的图像得到较好的对比度增强。

图 4.6   分片线性拉伸示例

4.4.4   非线性拉伸

如果输入图像灰度区间本身就在 $[0, 255]$ 之间，需要将其灰度级 (256 级) 映射到完整的范围，同时保持灰度等级顺序，那么可以设计一个非递减单调的非线性映射函数实现对比度增强。图 4.7 给出了一个非线性拉伸映射的图形，可对不同灰度区间亮度进行压缩与扩张。

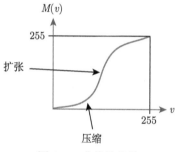

图 4.7   非线性拉伸

4.4.5   对数变换

可以通过对图像进行对数变换调整其动态范围，实现图像灰度的扩张和压缩：

$$M\left(v\right) = c \ln\left[1 + \left(\mathrm{e}^{\sigma} - 1\right) v\right] \tag{4.10}$$

其中，伸缩参数 σ 控制对数函数的输入范围，参数 c 将图像缩放到灰度范围 0~255。加 1 的作用是防止对数函数中出现 $v = 0$ 的情况。动态范围压缩级别由参数 σ 控制。如图 4.8 所示，由于对数函数在原点附近接近线性，对于包含较低范围的输入值的图像，实现扩张；而包含广泛像素值的较亮的像素值实现较大的压缩。

如何确定参数 c 呢? 可根据最大允许输出值来计算。对于 8bit 图像，最大灰度为 255；而若输入图像的最大灰度为 $v_{\max} = \max\left(u_{\mathrm{in}}\left(i, j\right)\right)$，则可用下式来计算：

$$c = \frac{255}{\log_{10}\left(1 + v_{\max}\right)} \tag{4.11}$$

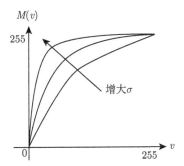

图 4.8　不同参数的对数变换函数

对数变换的效果是增大图像中暗区域的动态范围，并减小亮区域的动态范围 (图 4.8)。因此，对数变换将较低强度值或较暗区域映射为较大数量的灰度值，并将较高强度值或较亮区域压缩为较小范围的灰度值。图 4.9 显示了在明亮的背景 (左) 前典型的拍摄效果，其中胶片或相机光圈的动态范围太小，无法捕捉整个场景。通过对数变换，在压缩背景像素范围的同时，将像素值扩张到更大的范围并显示更多的细节，从而使图像的前景更加明亮 (右)。

图 4.9　对数变换示例

4.4.6　指数变换

指数变换是对数变换的逆函数。例如，映射函数定义为以 e 为基底、输入像素值为幂的函数形式

$$M\left(v\right) = \mathrm{e}^{v} \tag{4.12}$$

其中，$v = u_{\mathrm{in}}(i,j)$ 是输入的像素值。

此变换增强图像高值区域 (亮) 的细节，减小低值区域 (暗) 的动态范围，这与对数变换的效果相反。基底的选择取决于所需的动态范围压缩级别。一般来说，1 以上的底数适合照相图像增强。因此，我们将指数变换表示法推广为变量基底，并按以前的方式缩放到适当的输出范围

$$M\left(v\right) = c\left[(1+\alpha)^{v} - 1\right] \tag{4.13}$$

其中，$1+\alpha$ 是变换的基底，参数 c 将输出缩放到合适的图像灰度。当输入像素值 $v=0$ 时，减 1 的作用使得输出像素值将变为 0；如果没有减 1，则输出像素值为 c。动态范围压缩和扩张的级别由指数函数曲线部分控制，这由参数 α 决定。如图 4.10 所示，因为指数函数在原点附近接近线性，对于包含较低像素值范围的图像，采取较大的灰度压缩；而包含较宽范围高亮度区域则采取较小的压缩。图 4.11 给出一个指数增强的示例。

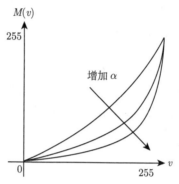

图 4.10   不同参数的指数变换函数

图 4.11   指数变换图像增强示例

4.4.7   幂律变换

另一种替代对数变换或者指数变换的亮度变换是幂律变换，将输入像素值提升至固定的幂次

$$M(v) = c \cdot v^{\gamma} \tag{4.14}$$

如图 4.12 所示，当参数 $\gamma > 1$ 时，将以牺牲低值像素为代价，增强高亮度区域像素的对比度；当参数 $\gamma < 1$ 时，作用相反。这样幂次变换当 $\gamma < 1$ 拥有与对数变换类似的性质，而 $\gamma > 1$ 时与指数变换类似。参数 c 执行灰度范围伸缩，与前面的变换类似。

幂律变换的一个常见应用是 γ 校正 (gamma correction)，又叫 γ 非线性化 (gamma nonlinearity)、γ 编码 (gamma encoding)，是针对影片或是影像系统里光线亮度 (luminance) 或是三刺激值 (tristimulus values) 的非线性运算。γ 校正通常是对那些呈现非线性输出特

性的电脑显示器 (包括用于图像获取、打印和显示等的装置) 进行的图像校正。简单地，可取 $\gamma \approx 0.4$(与显示器类型、制造商有关)，在这种情况下，γ 校正很简单，只需要在将图像输入显示器前进行预处理，即进行 $M(v) = v^{0.4}$ 的变换。

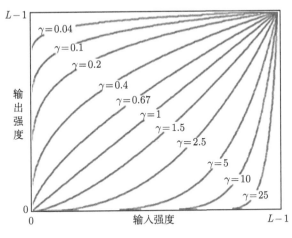

图 4.12 不同幂律变换函数

如果需要精确显示图像，γ 校正非常重要。不合适的图像校正会使得图像偏白或偏暗。对于不同显示器，均有不同的 γ 值或者平均值，因此，需要选择 γ 校正的合适变换参数。如图 4.13 中，给出了不同幂律变换图像增强的示例，说明了不同 γ 值对图像增强的影响。

图 4.13 不同幂律变换图像增强示例

4.5   图像点运算：基于直方图的变换

4.5.1   基本原理

前面我们已经提到，图像的直方图是一个关于图像灰度级别的离散函数，描述的是图像中具有该灰度级的像素个数。直方图归一化后，该函数在所有灰度级上的离散和为 1。此时，该离散函数可以看成是图像中具有相同灰度值的像素出现的概率密度函数 (probability density function, PDF)。同时，一个像素的灰度值就是随机试验过程中的一个随机变量。

利用图像的直方图，设计灰度级变换，可以实现图像的对比度增强。**我们需要回答两个问题：**

(1) 如何根据图像的直方图，判断图像对比度的好坏？

(2) 如何根据图像已有的直方图，设计灰度级变换，实现直方图的修改，使得处理后的图像具有期望的直方图？

对于问题 (1)，大量自然图像的统计表明，对比度"差"的图像往往具有"窄"的直方图；而"好"的图像往往具有"宽"的直方图，并且趋于平坦。

对于问题 (2)，假设图像的灰度值变量为 v，变换后新图像的灰度值变量为 s。根据上述统计经验，我们希望找到一个变换

$$s = M(v) \tag{4.15}$$

使得"窄"的图像直方图 $p_v(v)$ 变换成"宽"的直方图 $p_s(s)$。

由于 $p_v(v)$ 是随机变量 v 的概率密度函数，输入图像的灰度值在 $[v, v+\mathrm{d}v]$ 上的像素个数为 $p_v(v)\,\mathrm{d}v$；又因为变换使得原区间 $[v, v+\mathrm{d}v]$ 变换到新区间 $[s, s+\mathrm{d}s]$，而且像素总数在该区间保持不变；而在增强后的图像中，灰度值在区间 $[s, s+\mathrm{d}s]$ 上的像素个数是 $p_s(s)\,\mathrm{d}s$，于是有

$$p_s(s)\,\mathrm{d}s = p_v(v)\,\mathrm{d}v \tag{4.16}$$

根据上述等式，若给定函数 $p_s(s)$，就可以定义变量为 v 的变换 $s = M(v)$。

对上式两边求积分，可得

$$\int_0^s p_s(y)\,\mathrm{d}y = \int_0^v p_v(x)\,\mathrm{d}x \tag{4.17}$$

这里为避免混淆，采取 x 和 y 代替上述积分变量。上式决定了 s 与 v 之间的变换关系。令

$$G(s) = \int_0^s p_s(y)\,\mathrm{d}y, \quad T(v) = \int_0^v p_v(x)\,\mathrm{d}x$$

则

$$G(s) = T(v) \tag{4.18}$$

上述式子的物理意义分别表示输出图像和输入图像的累积分布函数，是单调递增函数，如果是严格单调的，则由反函数定理可得

$$s = M(v) = G^{-1}(T(v)) \tag{4.19}$$

4.5.2　连续直方图均衡

直方图均衡化是对图像进行预处理，使得图像直方图中所有灰度级尽量拥有相同的像素个数。换言之，直方图均衡化是使得输出图像的直方图接近均匀分布。若灰度等级范围是 $[0, L-1]$，则 $p_s(s) = \dfrac{1}{L-1}$。由式 (4.17)，有

$$\int_0^s \frac{1}{L-1}\mathrm{d}y = \int_0^v p_v(x)\,\mathrm{d}x \Rightarrow s = (L-1)\int_0^v p_v(x)\,\mathrm{d}x \tag{4.20}$$

例 4.1　假设输入图像的概率密度函数 $p_v(v) = \dfrac{2v}{(L-1)^2}, 0 \leqslant v \leqslant L-1$，求直方图均衡化的变换公式 $s = M(v)$。

求解过程如下：由式 (4.20)，有

$$s = M(v) = (L-1)\int_0^v p_v(x)\,\mathrm{d}x = (L-1)\int_0^v \frac{2x}{(L-1)^2}\mathrm{d}x = \frac{2}{(L-1)}\int_0^v x\,\mathrm{d}x = \frac{v^2}{L-1} \tag{4.21}$$

4.5.3　连续直方图规定化

对于一些特殊的应用，指定输出图像 PDF 满足均匀分布的直方图均衡并不一定能取得较好的增强结果。有时我们希望输出图像具有指定分布的直方图形状。这种方法称为直方图匹配或者直方图规定化。前面 4.5.1 节给出了在连续函数下的一般性原理。这里，我们通过具体的算例说明。

例 4.2　给定一幅图像，其 PDF 为

$$p_v(v) = A\mathrm{e}^{-v}, \quad 0 \leqslant v \leqslant b \tag{4.22}$$

其中，v 为灰度级变量且 $v \in [0, b]$；A 为归一化因子。求一个变换 $s = M(v)$，使得变换图像的 PDF 为 $p_s(s) = Bs\mathrm{e}^{-s^2}$，其中 s 为变换后图像的灰度级且 $s \in [0, b]$。

求解过程如下：

令 $G(s) = \displaystyle\int_0^s p_s(y)\,\mathrm{d}y$，$T(v) = \displaystyle\int_0^v p_v(x)\,\mathrm{d}x$，则由 $G(s) = T(v)$ 的条件，我们有

$$B\int_0^s y\mathrm{e}^{-y^2}\mathrm{d}y = A\int_0^v \mathrm{e}^{-x}\mathrm{d}x \tag{4.23}$$

上式左边为

$$\int_0^s y\mathrm{e}^{-y^2}\mathrm{d}y = \frac{1}{2}\int_0^s \mathrm{e}^{-y^2}\mathrm{d}y^2 = -\frac{1}{2}\mathrm{e}^{-y^2}\Big|_0^s = \frac{1-\mathrm{e}^{-s^2}}{2} \tag{4.24}$$

右边为

$$\int_0^v \mathrm{e}^{-x}\mathrm{d}x = -\mathrm{e}^{-x}\Big|_0^v = 1-\mathrm{e}^{-v} \tag{4.25}$$

由 $s = M(v) = G^{-1}(T(v))$，可得

$$\frac{1 - \mathrm{e}^{-s^2}}{2} = \frac{A}{B}(1 - \mathrm{e}^{-v}) \Rightarrow s = \sqrt{-\ln\left[1 - \frac{2A}{B}(1 - \mathrm{e}^{-v})\right]} \qquad (4.26)$$

4.5.4 基于离散直方图的变换

我们基于连续性方法在 4.5.1~4.5.3 节给出了直方图处理技术的一般性原理，包括直方图均衡化和直方图规定化。可以看到，直方图均衡化是直方图规定化的一个特例，即要求输出图像服从均匀分布。概括而言，是计算如下连续映射：

$$s = M(v) = G^{-1}(T(v)) \qquad (4.27)$$

其中

$$z = \underbrace{T(v)}_{\text{输入图像的累积分布函数}} = \int_0^v \underbrace{p_v(x)}_{\text{输入图像的 PDF}} \mathrm{d}x \qquad (4.28)$$

$$\underbrace{G(s)}_{\text{输入图像的累积分布函数}} = \int_0^s \underbrace{p_s(y)}_{\text{输入图像的 PDF}} \mathrm{d}y \Rightarrow \text{求 } s = G^{-1}(z) \qquad (4.29)$$

在离散形式下，假设图像大小 $M \times N$，L 是图像的灰度级数。

1. 离散直方图均衡化

首先，计算对应的输入图像的累积直方图

$$z_k = T(v_k) = \frac{1}{MN}\sum_{i=0}^{k} n_i, \quad k = 0, 1, \cdots, L-1 \qquad (4.30)$$

其中，n_i 为具有灰度级 v_i 的像素个数，此时 $p_v(i) = \frac{1}{MN}n_i$ 表示灰度级 v_i 的概率。

离散直方图均衡化的变换公式为

$$s_k = (L-1)\frac{1}{MN}\sum_{i=0}^{k} n_i = (L-1)z_k \qquad (4.31)$$

考虑到输出结果是数字图像，则对输入图像像素值为 v_k 的像素四舍五入可得

$$t_k = \mathrm{int}[(L-1)z_k + 0.5] \qquad (4.32)$$

离散直方图均衡化算法可描述为：

(1) 统计图像中灰度级为 v_k 的像素个数 n_k；

(2) 计算直方图中应变量的值：$p_v(k) = n_k/n$；

(3) 计算累积直方图中因变量的值：$z_k = \sum\limits_{i=0}^{k} p_v(i)$；

(4) 取整 $t_k = \text{int}[(L-1) \times z_k + 0.5]$；

(5) 确定映射对应的关系：$v_k \to t_k$；

(6) 对图像进行增强变换。

例 4.3 给定一幅图像，其灰度级 v_k 的取值范围为 $[0, 1, \cdots, 7]$，原始图像各灰度级像素 n_k 如表 4.1 所示。

表 4.1 原始图像各灰度级像素个数统计表

1	列出原始图像灰度级 v_k	0	1	2	3	4	5	6	7
2	统计原始图像各灰度级 n_k	790	1023	850	656	329	245	122	81

计算直方图均衡化的结果，并画出增强前后直方图。若该图中一个局部块的灰度矩阵为

0	3	7
3	2	4
1	6	5

请给出直方图均衡化后的矩阵。

求解过程如表 4.2 所示。

表 4.2 离散直方图均衡化的算例求解过程表

序号	运算	步骤与结果							
1	列出原始图像灰度级 v_k	0	1	2	3	4	5	6	7
2	统计原始图像各灰度级 n_k	790	1023	850	656	329	245	122	81
3	计算原始直方图 $p_v(k)$	0.19	0.25	0.21	0.16	0.08	0.06	0.03	0.02
4	计算累积直方图 $z_k = T(v_k) = \dfrac{1}{MN}\sum\limits_{i=0}^{k} n_i$	0.19	0.44	0.65	0.81	0.89	0.95	0.98	1.00
5	新灰度值 $t_k = \text{int}[(L-1) \times z_k + 0.5]$	1	3	5	6	6	7	7	7
6	确定映射对应关系 $v_k \to t_k$	0→1	1→3	2→5	3,4→6		5,6,7→7		
7	统计新图像各灰度级 n_k		790		1023	850	985	448	
8	计算新的直方图 $p_s(k)$		0.19		0.25	0.21	0.24	0.11	

由表 4.2 第 3 行和第 8 行，增强前后直方图对比如图 4.14 所示。

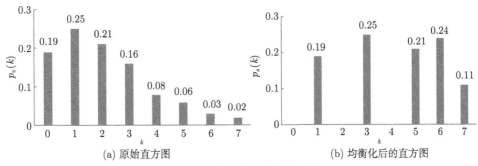

(a) 原始直方图   (b) 均衡化后的直方图

图 4.14 增强前后直方图对比

由表 4.2 第 1 行和第 6 行，增强前后的图像块灰度矩阵如下所示：

0	3	7
3	2	4
1	6	5

原始灰度矩阵

1	6	7
6	5	6
3	7	7

增强后灰度矩阵

2. 离散直方图规定化

如果需要直方图规定化，则在上一步的基础上，继续如下操作。

计算输出图像所规定的累积直方图

$$G(s_q) = \frac{1}{MN} \sum_{i=0}^{q} p_s(y_i) \tag{4.33}$$

其中，$p_s(y_i)$ 是规定直方图的第 i 个值。对于每一个 q，满足

$$G(s_q) = T(v_k) = z_k \tag{4.34}$$

理论上，可以利用反变换找到期望的 s_q：

$$s_q = G^{-1}(z_k) \tag{4.35}$$

即对每一个 z 值，给出一个 s 值，形成一个 z 到 s 的映射。

由于是离散形式，在实际中我们并不需要计算 G 的反变换。这是因为数字图像的灰度级总是正整数 (如一个像素以 8bit 表示，灰度值从 0 到 255)，可以通过 $G(s_q) \approx T(v_k)$ 最近整数查询的方式，寻求一个整数 k(输入灰度值) 对应的整数 q(输出灰度值) 的映射。当满足给定 v_k 的 s_q 多于一个时，通常选择最小的值。

例 4.4 (直方图均衡化算例)   对例 4.3 所给的图像进行直方图规定化处理，原始和规定直方图如表 4.3、表 4.4 所示。

表 4.3   原始直方图

图像灰度级 v_k	0	1	2	3	4	5	6	7
原始直方图	0.19	0.25	0.21	0.16	0.08	0.06	0.03	0.02

表 4.4   规定直方图

图像灰度级 j	0	1	2	3	4	5	6	7
规定直方图	0	0	0	0	0.2	0.3	0.3	0.2

求解过程如表 4.5 所示。

表 4.5　直方图规定化算例求解过程表

步骤	计算方法	计算结果							
1	列出图像灰度级 k,q	0	1	2	3	4	5	6	7
2	计算原始直方图 $p_v(k)$	0.19	0.25	0.21	0.16	0.08	0.06	0.03	0.02
3	列出规定直方图 $p_s(q)$	0	0	0	0	0.2	0.3	0.3	0.2
4	计算原始累积直方图 $z_k=T(v_k)$	0.19	0.44	0.65	0.81	0.89	0.95	0.98	1.00
5	计算规定累积直方图 $G(s_q)$	0	0	0	0	0.20	0.50	0.80	1.0
6	按照 $T(v_k)\approx G(s_q)$ 找到 k 对应的 q	4	5	6	6	7	7	7	7
7	确定变换关系 $v_k \to s_q$	$0\to4$	$1\to5$	$2,3\to6$			$4,5,6,7\to7$		
8	求变换后的匹配直方图 $p_s(y_q)$	0	0	0	0	0.19	0.25	0.37	0.19

讨论:

(1) **为什么离散直方图均衡化通常不会产生完全平坦直方图的图像?** 因为直方图是连续 PDF 的近似,然而在实际中,灰度级却是离散的。在连续情况下,任意区间间隔 $[v, v+\mathrm{d}v]$ 中都有无穷个数。而在数字图像中,每个灰度值区间范围内仅有有限个像素,处理后不产生新的灰度级,所以在实际直方图均衡化时很少能够得到完全平坦 (概率均匀分布) 的直方图。在离散情况下,通常不能证明离散的直方图均衡化能得到均匀的直方图。尽管如此,均衡化有助于图像直方图的延展,均衡化后图像的灰度级范围更宽,有效地增强了图像的对比度。同时,上述方法完全是 "自动" 的,仅利用输入图像的直方图信息,无需更多的参数。

(2) **能否找到一种修正方法,使得增强图像具有完全平坦的直方图?** 回答是肯定的,可以采取随机添加式直方图修正法。举一个简单的例子,设原图中有 n_1 个像素的灰度值为 v_1,n_2 个像素的灰度值为 v_2。进行图像增强的目的是拉伸直方图,使得增强图像中的灰度值为 s_1, s_2, s_3,并且像素的个数均为 $(n_1+n_2)/3$,变换时假定 $v_i \to s_i$。事实上,图像变换后,我们发现灰度值为 s_1, s_2, s_3 的像素的个数分别是 $\overline{n}_1 > (n_1+n_2)/3$,$\overline{n}_2 < (n_1+n_2)/3$,$\overline{n}_3 < (n_1+n_2)/3$。此时我们可以随机抽取 $(n_1+n_2)/3 - \overline{n}_3$ 个灰度值为 s_2 的像素,使其变成灰度值为 s_3 的像素。接着,我们随机抽取 $\overline{n}_1 - (n_1+n_2)/3$ 个灰度值为 s_1 的像素,使其变换成灰度值为 s_2 的像素。经过上述处理,增强图像具有完全平坦的直方图。

(3) 同理,由于离散近似,**直方图规定化通常也不能使得增强后的图像符合规定直方图,但更为趋于规定直方图。**

4.6　空间邻域运算: 滤波

前面我们谈到,图像增强的主要目的是以某种方式对图像进行处理,使其在视觉上更容易被接受或取悦人的视觉感受。照片的一些美化应用中,最受欢迎的增强和复原技术还包括去除噪声、锐化图像边缘和 "软聚焦" (soft focus,模糊) 等。图像的增强也可以通过空间域滤波来实现。之所以采取术语 "空间域" 的提法,是因为这一类算法也可以在频域中实现。为强调区别,我们一般将直接在像素域中进行的算法称为 "空间域" 方法;若图像先经过傅里叶变换,然后对频率域的傅里叶系数进行处理,最后逆变换到空间域,则称为 "频率域" 方法。因此,空间域的滤波过程是在图像本身的像素及其邻居像素上处理的。

另一个概念是滤波过程通常采取的方法,称为 "滤波器" (filters),滤波器作用于图像,并以某种特定方式改变像素的值,分为线性和非线性滤波器两种类型。

不管使用哪种滤波器，所有的空域滤波方法都以同样的**空间邻域运算**工作。**需要强调的是，空间邻域运算与点运算是完全不同的。**在点运算中，目标像素的处理仅仅取决于自身像素值；而在空间邻域运算中，图像中的每个像素 (在给定时刻被考虑的像素被称为目标像素) 被依次寻址。然后，将目标像素的值替换为仅依赖于目标像素周围指定邻域的新像素值，如图 4.15 所示。

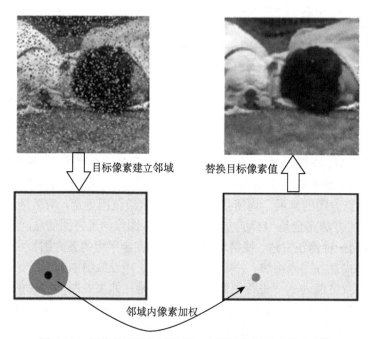

目标像素建立邻域 替换目标像素值

邻域内像素加权

图 4.15　图像的空间邻域运算，实现图像平滑或噪声去除

给定一幅输入图像 $I = [I(i,j)]_{W \times H}$，对目标像素 $I(i,j)$，建立邻域像素集合

$$\{I(m,n) \,|\, (m,n) \in N(i,j)\} \tag{4.36}$$

记 $M(\cdot)$ 为图像的一个空间邻域运算，作用于输入图像后得到的图像 $I = \lfloor I(i,j) \rfloor_{W \times H}$ 为

$$\bar{I}(i,j) = M(\{I(m,n) \,|\, (m,n) \in N(i,j)\}) \tag{4.37}$$

4.6.1　图像平滑的非线性滤波

1. 最大值和最小值滤波

最大值和最小值滤波是非常简单的滤波方法。对目标像素 (i,j)，定义目标像素的一个滤波窗口，即邻域 $N(i,j)$，则最大值滤波器 (MAX) 和最小值滤波器 (MIN) 分别表示为

$$\bar{I}(i,j) = \text{Max}\{I(m,n)|(m,n) \in N(i,j)\} \tag{4.38}$$

$$\bar{I}(i,j) = \text{Min}\{I(m,n)|(m,n) \in N(i,j)\} \tag{4.39}$$

经过最大值滤波器处理，其目标像素值将被替换为其邻域内像素的最大值；而经过最小值滤波器处理，目标像素值替换为邻域内像素的最小值。引入简单的记法，最大值和最小值滤波器分别简记为 $I' = \mathrm{Max}(I)$，$I' = \mathrm{Min}(I)$。

如图 4.16 所示，我们以 3×3 的窗口滑动滤波器，按照逐行扫描的方式对图像进行滤波，当到如图中框内的目标像素 (即邻域中心像素) 时，对邻域内像素进行从小到大排序，目标像素替换为最大或最小值。图 4.16 示例中 $\mathrm{Max} = 250, \mathrm{Min} = 10$。

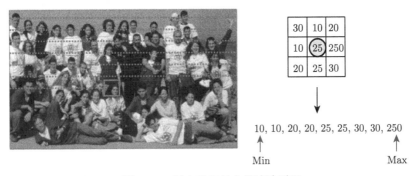

图 4.16　最大值和最小值滤波原理

1) 腐蚀与膨胀作用

读者可能会对 MAX 和 MIN 滤波器的处理效果感兴趣。图 4.17 和图 4.18 给出两个例子，一幅包含黑色字符和黑色边框的图像，经过 3×3 窗口的最小值滤波处理 2 次，黑色字符和边框都变粗；而经过最大值滤波，效果相反，即变细。

(a) 原始图像　　　　　(b) 处理结果

图 4.17　最小值滤波器处理效果

(a) 原始图像　　　　　(b) 处理结果

图 4.18　最大值滤波器处理效果

事实上，MIN 和 MAX 滤波器可以认为是图像处理中的最简单的形态学滤波器 (morphological filter)，MIN 滤波器表现为一个膨胀 (dilation) 运算，MAX 滤波器表现为腐蚀 (erosion) 运算。

2) 去除椒盐噪声

因 MAX 和 MIN 滤波器分别具有腐蚀和膨胀的作用，它们另一个应用是去除图像的椒盐噪声 (salt and pepper noise)。具体而言，MAX 滤波器能较好地消除孤立的黑色颗粒 (或黑胡椒) 噪声；而 MIN 滤波器比较适合于消除孤立的白色颗粒 (或白盐) 噪声。

设一幅图像 I (图 4.19(a))，经过椒盐噪声污染，噪声污染图像记为 I_n (图 4.19(b))，其生成模型是

$$I_n(i,j) = \begin{cases} I(i,j), & \text{其概率为 } p \\ 255, & \text{其概率为 } (1-p)/2 \\ 0, & \text{其概率为 } (1-p)/2 \end{cases} \tag{4.40}$$

(a)原始图像

(b)椒盐噪声污染图像

图 4.19   原始图像与椒盐噪声污染图像

实验中对 2×2 邻域 $N(i,j) = \{(i,j),(i,j+1),(i+1,j),(i+1,j+1)\}$，分别运行最小值和最大值滤波器，得到图 4.20 的结果。

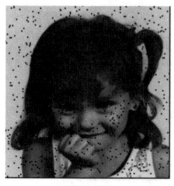

(a)Min(I_n)

(b)Max(I_n)

图 4.20   最小值和最大值滤波器去除椒盐噪声的效果

我们看到经过一次滤波作用，$\text{Min}(I_n)$ 基本去除了孤立的白盐噪声，但是黑胡椒噪声的颗粒变大；而 $\text{Max}(I_n)$ 基本消除了黑胡椒噪声，但是白盐颗粒变大。为此，MAX 和 MIN 滤波器可以组合，有机结合两者的互补优势，达到消除椒盐噪声的目的。

由图 4.21 可见，经过系列组合，运行 $\text{Max}(\text{Min}(\text{Min}(\text{Max}(I_n))))$ 滤波可以取得较好地去除椒盐噪声的效果。

3) 算法特点与复杂度

MAX 和 MIN 滤波器是非线性滤波器。对于一幅 $n \times n$ 大小的图像，假设滤波器窗口大小为 $k \times k$，若不做特殊处理，其算法复杂度为 $O(k^2 n^2)$。然而，MAX 和 MIN 滤波器均具有可分离性质，其算法复杂度可以降至 $O(kn^2)$，即关于像素个数是线性复杂度。实际上，在众多数据结构和算法分析中，关于最小值和最大值有具体的快速算法可以利用。

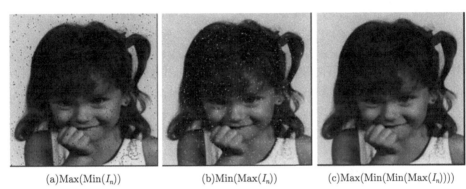

(a)Max(Min(I_n))   (b)Min(Max(I_n))   (c)Max(Min(Min(Max(I_n))))

图 4.21　最小值和最大值滤波器的组合形式去除椒盐噪声的效果

2. 中值滤波

中值滤波器也是一种常见的去除椒盐噪声的滤波器。对任意目标像素 (i,j)，定义目标像素的一个滤波窗口，即邻域 $N(i,j)$，中值滤波为邻域集合像素值的中间值

$$\bar{I}(i,j) = \text{Median}\left(\{I(m,n)\,|\,(m,n) \in N(i,j)\}\right) \tag{4.41}$$

通常，中值滤波需要将邻域中的像素进行有序的排列，然后找到中间值。图 4.22 给出了一个目标像素窗口对像素值为 25 的目标像素进行处理的过程。

图 4.22　中值滤波的基本原理示意图

注意，此时中值滤波需要区分邻域像素个数 $k = \#N(i,j)$。当 k 是奇数时，具有唯一的中间值；当 k 是偶数时，则有两个中间值，分别对应排序数组 $k/2$ 和 $(k-1)/2$，此时可定义两个位置的中间值的平均值或者任意取一个。

图 4.23 给出了采取 3×3 邻域中值滤波去除椒盐噪声的效果，说明中值滤波既能平滑噪声区域，同时也能较好地保持目标的边缘结构。我们将在 4.6.2 节介绍均值滤波方法，会

发现对于具有零均值噪声的均匀邻域进行平均化时，去均值是对目标像素的较好估计，但当邻域跨越两块区域的边界时，由于两块不同区域的样本参与计算，边缘会发生模糊。因此，均值滤波在保持目标边缘结构方面不如中值滤波。

(a)椒盐噪声污染图像　　　　　　　　(b)处理效果

图 4.23　采取 3×3 邻域中值滤波去除椒盐噪声

算法特点与复杂度。中值滤波器是非线性滤波器。因为必须对邻域像素进行排序，快速排序算法是必须的。对于一幅 $n \times n$ 大小的图像，假设滤波器窗口大小为 $k \times k$，如果不作快速排序处理，其算法复杂度为 $O\left(k^2 n^2\right)$；如果采取快速全排序算法，算法复杂度可以降低至 $O\left(n^2 k \log k\right)$。考虑到中值滤波仅仅需要找到中间值，无须使用全排序，因此可以使用传统快速的排序算法，进一步降低算法复杂度。相应算法在众多数据结构与算法的教材中都可以找到，这个留给读者作为习题进行思考。

4.6.2　图像平滑的线性滤波

1. 均值滤波

一幅图像通常既包含潜在的理想结构如边缘，也包含一些随机噪声或人为干扰，前者是需要检测与描述的，而后者是我们希望去除的。一个图像的均匀目标区域像素点的简单模型为

$$I\left(i, j\right) = \bar{I}\left(i, j\right) + n \tag{4.42}$$

其中，$\bar{I}$ 是理想灰度图像；$n \sim N\left(0, \sigma^2\right)$ 是均值为 0、标准差为 σ^2 的高斯噪声。

通过邻域平均的方法，可以去除区域内在正常亮度值上下浮动的噪声。对任意目标像素 (i, j)，定义目标像素的一个滤波窗口，即邻域 $N(i, j)$，均值滤波的结果为邻域集合像素值的平均值

$$\bar{I}(i, j) = \mathrm{mean}\{I(m, n) | (m, n) \in N(i, j)\}$$
$$= \frac{1}{|N|} \sum_{(m, n) \in N(i, j)} I(m, n) \tag{4.43}$$

其中，$|N|$ 表示邻域中像素的个数。图 4.24 给出了不同的均值滤波效果。均值滤波在像素的一个矩形邻域内进行等量加权，实现图像平滑，这种方法也称盒滤波 (box filter)。

图 4.24 不同均值滤波的图像去噪效果

最优化观点。均值滤波方法虽然简单，但其背后却蕴含着一种最小化均方误差 (MMSE)(或 ℓ_2 范数) 优化的机制，可以证明均值滤波实际上是如下问题的解：

$$\text{mean}\{I(m,n)\} = \arg\min_a \sum_{(m,n)\in N(i,j)} (I(m,n) - a)^2 \tag{4.44}$$

这个结论的证明是非常简单的，仅仅需要利用多元函数求极值就可解决。

回头再看中值滤波，从最优化的观点看，等价于绝对值差之和 (sum of absolute differences, SAD) 或差的 ℓ_1 范数的最小化问题的解，即

$$\text{Median}\{I(m,n)\} = \arg\min_a \sum_{(m,n)\in N(i,j)} |I(m,n) - a| \tag{4.45}$$

相比最小化 MMSE，最小化 SAD 似乎并不那么简单，因为从微积分的角度看，绝对值函数不是可微的。如果读者学过凸分析中的次微分 (subdifferential) 或者稀疏优化，则这个问题是很容易理解的。没有此概念的话，也可以简单去证明。这里，我们给出一个思路：目标函数是分段线性的，因此除了 $I(m,n) = a$ 点之外是可微的。目标函数的斜率是多少呢？某个像素点 $I(m,n) \neq a$ 时，这个目标函数的斜率是映射 $a \mapsto |a - u(m,n)|$ 的斜率之和，某点的斜率要么是 $+1$(当 $a > u(m,n)$)，要么是 -1 (当 $a < u(m,n)$)。因此，如果同样多的 $u(m,n)$ 小于或大于 a，则斜率为零 (当邻域内像素个数 $|N(i,j)|$ 是偶数)。如果 $|N(i,j)|$ 是奇数，那么左边函数的斜率是 -1，右边函数的斜率是 $+1$，因此只有中间值才是目标函数的最小值。

2. 高斯滤波

上述均值滤波采取的是等量加权机制，一种常见的非等量加权的线性滤波方法是高斯滤波。对于图像来说，高斯滤波器是利用高斯核的一个二维的卷积算子去进行图像模糊 (去除噪声)：

$$\bar{I}(i,j) = \sum_{(m,n)\in N(i,j)} I(m,n)G_\sigma(m-i, n-j) \tag{4.46}$$

其中

$$G_\sigma(x,y) = \frac{1}{2\pi\sigma^2} \exp\left(-\frac{x^2 + y^2}{2\sigma^2}\right) \tag{4.47}$$

　　高斯函数具有多个重要性质，使得它在早期图像处理中特别有用。这些性质表明，高斯平滑滤波器无论在空间域还是在频率域都是十分有效的低通滤波器，在实际图像处理中得到了工程人员的有效使用。高斯函数具有以下四个重要的性质：

　　(1) 高斯函数是单值函数，高斯滤波器用像素邻域的加权均值来代替该点的像素值，而每一邻域像素点权值随该点与中心点的距离单调增减。根据与中心像素距离的远近，邻域像素可能是不相关像素、不确定像素和相关像素 (图 4.25(a))。这一性质是很重要的，因为边缘是一种图像局部特征，如果平滑运算对离算子中心很远的像素点仍然有很大作用，则会使图像失真。

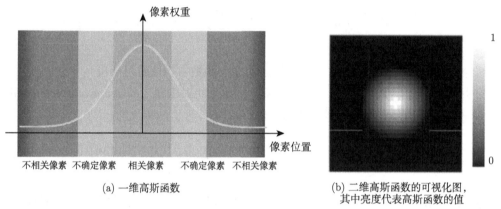

(a) 一维高斯函数　　　　　　　　　　　(b) 二维高斯函数的可视化图，
　　　　　　　　　　　　　　　　　　　　　 其中亮度代表高斯函数的值

图 4.25　高斯函数

　　(2) 二维高斯函数具有旋转对称性或者各向同性，即滤波器在各个方向上的平滑程度是相同的。一般来说，一幅图像的边缘方向是事先不知道的，因此，旋转对称性意味着高斯平滑滤波器不具备方向选择性，如图 4.25(b) 所示。

　　(3) 高斯滤波器宽度 (决定着平滑程度) 由参数 σ 表征，σ 和平滑程度相关。σ 越大，高斯滤波器的频带就越宽，平滑程度就越好。通过调节平滑程度参数 σ，可在图像过分模糊 (过平滑) 与图像噪声纹理等突变量过多 (欠平滑) 之间取得折中。

　　(4) 由于高斯函数的可分离性，较大尺寸的高斯滤波器可以有效地实现。二维高斯函数卷积可以分两步来进行，首先将图像与一维高斯函数进行卷积，然后在垂直方向与一维高斯函数卷积，如图 4.26 所示。因此，二维高斯滤波的计算量随滤波模板宽度呈线性增长而不是呈平方增长。

　　例 4.5　二维高斯滤波器是可分离的。

一维高斯函数

$$g_\sigma(s) = \frac{1}{\sqrt{2\pi}\sigma} \exp\left(-\frac{s^2}{2\sigma^2}\right)$$

对于二维高斯函数

$$G_\sigma(x,y) = \frac{1}{2\pi\sigma^2} \exp\left(-\frac{x^2+y^2}{2\sigma^2}\right)$$

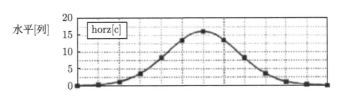

| | 0.04 | 0.25 | 1.11 | 3.56 | 8.20 | 13.5 | 16.0 | 13.5 | 8.20 | 3.56 | 1.11 | 0.25 | 0.04 |

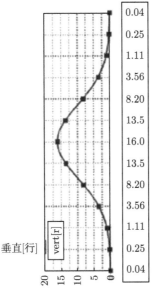

	0	0	0	0	0	1	1	1	0	0	0	0	0
0.04	0	0	0	0	0	1	1	1	0	0	0	0	0
0.25	0	0	0	1	2	3	4	3	2	1	0	0	0
1.11	0	0	1	4	9	15	18	15	9	4	1	0	0
3.56	0	1	4	13	29	48	57	48	29	13	4	1	0
8.20	0	2	9	29	67	111	131	111	67	29	9	2	0
13.5	1	3	15	48	111	183	216	183	111	48	15	3	1
16.0	1	4	18	57	131	216	255	216	131	57	18	4	1
13.5	1	3	15	48	111	183	216	183	111	48	15	3	1
8.20	0	2	9	29	67	111	131	111	67	29	9	2	0
3.56	0	1	4	13	29	48	57	48	29	13	4	1	0
1.11	0	0	1	4	9	15	18	15	9	4	1	0	0
0.25	0	0	0	1	2	3	4	3	2	1	0	0	0
0.04	0	0	0	0	0	1	1	1	0	0	0	0	0

图 4.26　高斯可分离滤波示意图

注意采取四舍五入得到矩阵中的元素

显然其可以等价于两个方向的二维高斯函数的乘积,即

$$G_\sigma(x,y) = g_\sigma(x) g_\sigma(y)$$

基于高斯函数的可分离性质,对应的高斯滤波卷积核也是可分离的。

一个简单的高斯滤波的模板例子是

$$\boldsymbol{h}_1 = [1, 2, 1],\ \boldsymbol{h}_2 = [1, 2, 1]$$

则

$$\boldsymbol{h}_1^{\mathrm{T}} \boldsymbol{h}_2 = \begin{bmatrix} 1 \\ 2 \\ 1 \end{bmatrix} \begin{bmatrix} 1 & 2 & 1 \end{bmatrix} = \begin{bmatrix} 1 & 2 & 1 \\ 2 & 4 & 2 \\ 1 & 2 & 1 \end{bmatrix}$$

下面我们总结一下可分离高斯滤波的算法。

算法(可分离高斯滤波)

输入:图像 I,选择合适的尺度 σ;

输出:高斯滤波图像 $G_\sigma \otimes I$;

第一步:设定窗口大小参数 $R = 3\sigma$;

第二步:计算一维高斯函数的值,生成一维高斯核 $\boldsymbol{h} = [g_\sigma(-R), \cdots, g_\sigma(R)]$;

第三步：将一维高斯核归一化；

第四步：将图像的行信号分别与 $\boldsymbol{h}$ 作卷积；

第五步：对第四步结果图像的列信号与 $\boldsymbol{h}$ 作卷积。

4.6.3 空域加权滤波及其机制

观察 4.6.2 节的常见空域滤波，我们可以推广到一般的加权空域滤波器 (spatial domain filter)。给定一幅输入图像 $I = [I(i,j)]_{M \times N}$，对任意目标像素 $I(i,j)$，引入一个加权核 $H : R_H \to [0, K-1]$，其中 R_H 表示核的支撑区间 (在 R_H 之外 H 取值全部为 0)，则一般的滤波方程为

$$\overline{I}(i,j) = \sum_{(m,n) \in R_H} I(i+m, j+n) H(m,n) \tag{4.48}$$

加权核 $\boldsymbol{H} = [H(m,n)]$ 也称为权矩阵、权函数或核函数，可以看作是一个小图像。其中 $h(0,0)$ 表示当前目标像素 (i,j) 对滤波结果的贡献权重，$(0,0)$ 称为权函数的原点或热点 (spot hot)；(m,n) 相当于偏离热点的偏移量。

例如前面介绍的均值滤波，可以重新表示为

$$\overline{I}(i,j) = \sum_{m=-1}^{1} \sum_{n=-1}^{1} I(i+m, j+n) H(m,n) \tag{4.49}$$

其中，$\boldsymbol{H} = \begin{bmatrix} H(-1,-1) & H(-1,0) & H(-1,1) \\ H(0,-1) & H(0,0) & H(0,1) \\ H(1,-1) & H(1,0) & H(1,1) \end{bmatrix} = \dfrac{1}{9} \begin{bmatrix} 1 & 1 & 1 \\ 1 & 1 & 1 \\ 1 & 1 & 1 \end{bmatrix}$。

对于一般的加权空域滤波的工作机制，如图 4.27 所示，将权值模板滑动至当前处理的目标像素，通过邻域内像素与权矩阵元素相乘相加得到滤波结果的像素值。

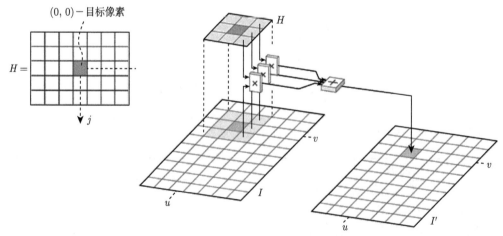

图 4.27 空域滤波相关计算原理图

4.6.4 双边滤波

上述空域滤波方法并没有考虑图像结构和内容的自适应性。图像去噪滤波器中有一个重要的结构保持滤波器,即双边滤波 (bilateral filter),其基本思想是通过综合图像的中心像素与邻域像素之间的亮度差异和几何距离远近,设计双边加权的自适应滤波器,实现保持边缘、降噪平滑的效果。具体而言,和其他滤波一样,双边滤波也是采用加权平均的方法,用周边邻域像素亮度值的加权平均代表某个像素的强度,所用的加权平均基于高斯函数。最重要的是,双边滤波的权重不仅考虑了像素之间的欧氏距离的远近,还可以考虑像素范围域中的特征差异 (例如中心像素与邻域像素之间相似程度、颜色强度、深度距离等),在计算中心像素的时候综合利用这两个加权机制。

回到高斯滤波的基本形式,式 (4.46) 可以重新描述为如下加权形式:

$$\overline{I}(i,j) = \sum_{(m,n)\in N(i,j)} I(m,n)g_\sigma\left(\|(m,n)-(i,j)\|\right) \tag{4.50}$$

不妨令 $\boldsymbol{q}=(m,n)$,$\boldsymbol{p}=(i,j)$,则上式可简写为

$$\overline{I}(\boldsymbol{p}) = \sum_{\boldsymbol{q}\in N(\boldsymbol{p})} I(\boldsymbol{q})g_\sigma\left(\|\boldsymbol{p}-\boldsymbol{q}\|\right) \tag{4.51}$$

分析该加权格式,高斯滤波的主要缺点是因为高斯函数是旋转对称或各向同性的。因此,如图 4.28 所示,邻域像素对中心像素的贡献仅仅和距离相关,且中心对称。这种仅仅计算距离的加权方式会导致图像跨越边缘的区域产生过度平均,从而模糊边缘。

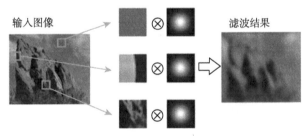

图 4.28 跨越边缘区域的高斯滤波模糊示意图

考虑到跨越边缘的区域产生过度平均的缺点,直观的想法是能否调整权值模板,使得加权机制具有方向选择性。双边滤波通过图像内容调整权值模板的形状和权值大小,形成具有方向感知的各向异性核,如图 4.29 所示。

综合上述思想,双边滤波引入了空间距离 (space) 和亮度差异幅度 (range) 的双边加权机制,其格式为

$$\overline{I}(\boldsymbol{p}) = \frac{1}{W_p}\sum_{\boldsymbol{q}\in N(\boldsymbol{p})} I(\boldsymbol{q})g_{\sigma_s}\left(\|\boldsymbol{p}-\boldsymbol{q}\|\right)\cdot g_{\sigma_r}\left(\|I(\boldsymbol{p})-I(\boldsymbol{q})\|\right) \tag{4.52}$$

其中,W_p 为归一化常数,定义为

$$W_p = \sum_{\boldsymbol{q}\in N(\boldsymbol{p})} g_{\sigma_s}\left(\|\boldsymbol{p}-\boldsymbol{q}\|\right)\cdot g_{\sigma_r}\left(\|I(\boldsymbol{p})-I(\boldsymbol{q})\|\right) \tag{4.53}$$

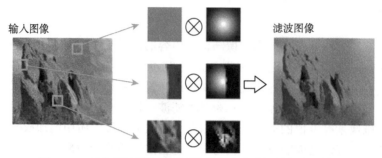

图 4.29   双边滤波采取基于图像局部内容感知的各向异性核

在双边滤波格式中存在两个自由度尺度参数，分别是 σ_s, σ_r：

(1) 空间尺度 σ_s，控制滤波作用的窗口邻居；

(2) 内容差异感知尺度 σ_r，控制边缘的最小幅度。

双边滤波采取上下文感知的各向异性核，是非线性的，可以有效提升图像平滑的边缘保持效果。其缺点是滤波核引起空间和内容自适应，不能预先计算，不能分离实现，也不方便采取 FFT 等效实现，因此计算复杂度高。Paris 和 Durand 在 2009 年给出了快速逼近的解法，感兴趣的读者可以进一步扩充阅读相关文献。

4.6.5   非局部均值滤波

非局部均值 (nonlocal mean, NLM) 滤波是图像滤波的又一个里程碑工作。其原理和高斯模糊、均值滤波类似，当前像素点的滤波值通过周围像素的加权平均得到，不同点是权重的计算策略不同。

非局部均值核心机制认为图像中存在广泛的自相似性，因此加权滤波时应该综合全局图像中的相似性像素内容，其滤波公式为

$$\overline{I}\left(\boldsymbol{p}\right) = \frac{1}{W_p} \sum_{\boldsymbol{q} \in \Omega(I)} I\left(\boldsymbol{q}\right) \cdot w\left(\boldsymbol{p}, \boldsymbol{q}\right) \tag{4.54}$$

其中，$\Omega\left(I\right)$ 表示图像的较大的搜索区域或者全部图像区域；$w\left(\boldsymbol{p}, \boldsymbol{q}\right)$ 表示像素 $\boldsymbol{p}$ 和 $\boldsymbol{q}$ 之间的相似性。$W_p = \sum\limits_{\boldsymbol{q} \in \Omega(I)} w\left(\boldsymbol{p}, \boldsymbol{q}\right)$ 表示权重之和。滤波过程如图 4.30 所示。

非局部均值的关键是 $w\left(\boldsymbol{p}, \boldsymbol{q}\right)$ 的计算。像素 $\boldsymbol{p}$ 和 $\boldsymbol{q}$ 之间的相似性定义为以 $\boldsymbol{p}$ 和 $\boldsymbol{q}$ 为中心的各自邻域或者图像块 $N_{\boldsymbol{p}}$ 和 $N_{\boldsymbol{q}}$ 之间的综合相似性。为此，首先定义 $N_{\boldsymbol{p}}$ 和 $N_{\boldsymbol{q}}$ 之间的欧氏距离

$$\left\| I\left(N_{\boldsymbol{p}}\right) - I\left(N_{\boldsymbol{q}}\right) \right\| = \sqrt{\sum_{\boldsymbol{t}} \left(I\left(\boldsymbol{p} + \boldsymbol{t}\right) - I\left(\boldsymbol{q} + \boldsymbol{t}\right)\right)^2} \tag{4.55}$$

其中，向量 $\boldsymbol{t}$ 表示相对于两个中心像素 $\boldsymbol{p}$ 或 $\boldsymbol{q}$ 的偏移矢量，因此 $\left\| I\left(N_{\boldsymbol{p}}\right) - I\left(N_{\boldsymbol{q}}\right) \right\|$ 表示邻域 $N_{\boldsymbol{p}}$ 和 $N_{\boldsymbol{q}}$ 内所有对应像素值组成的向量之间的距离。相似性权重 $w\left(\boldsymbol{p}, \boldsymbol{q}\right)$ 定义为

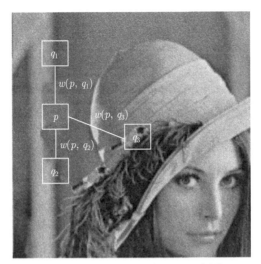

图 4.30　非局部均值的原理示意图

对于当前处理像素，寻找与以该像素为中心的图像块相似的若干非局部图像块，然后将非局部中心像素进行平均

$$w\left(\boldsymbol{p}, \boldsymbol{q}\right) = g_\sigma\left(\left\|I\left(N_{\boldsymbol{p}}\right) - I\left(N_{\boldsymbol{q}}\right)\right\|\right)$$

$$= \exp\left(-\frac{\left\|I\left(N_{\boldsymbol{p}}\right) - I\left(N_{\boldsymbol{q}}\right)\right\|}{\sigma^2}\right) = \exp\left(-\frac{\sum\limits_{\boldsymbol{t}}\left(I\left(\boldsymbol{p}+\boldsymbol{t}\right) - I\left(\boldsymbol{q}+\boldsymbol{t}\right)\right)^2}{\sigma^2}\right) \quad (4.56)$$

对于上述非局部均值而言，有如下几个关键参数：

(1) 非局部相似块搜索区域 $\Omega\left(I\right)$：如果是全部图像区域，将导致全搜索，算法复杂度会很高；为此，对当前处理像素，往往设置一个较大的窗口即可。

(2) 相似块或邻域大小 $N_{\boldsymbol{p}}$，比 $\Omega\left(I\right)$ 要小很多，确保能找到非局部的相似块。

(3) 尺度参数 σ，控制高斯函数的衰减。

算法复杂度。如果图像大小是 $M \times N$，非局部搜索窗口 $\Omega\left(I\right)$ 的大小是 $S \times S$，邻域大小是 $T \times T (T \ll S)$，则非局部均值的算法复杂度是 $O\left(MNS^2T^2\right)$。

4.6.6　引导滤波

引导滤波算法由中国学者何凯明、孙剑和汤晓鸥等在 ECCV 2010 上首次提出，并以长文形式发表在 2013 年的 *IEEE Transactions on Pattern Analysis and Machine Intelligence*。该算法作为新函数，已经集成于 MATLAB 2014 和 OpenCV 3.0，并入选维基百科 (Wikipedia) 作为代表性边缘保持算法进行介绍。由于需要引导图像，引导滤波本质上是一个结构迁移 (structure transferring) 的算法，可以用于降噪、细节平滑、抠图、去雾以及联合采样等。

类似于前面的双边滤波、非局部均值滤波等的原理，对于输入图像 I，引导滤波通过

引入一个引导图像 I_{G} 来建立滤波格式

$$\overline{I}(\boldsymbol{p}) = \sum_{\boldsymbol{q} \in \Omega(\boldsymbol{p})} I(\boldsymbol{q}) \cdot w_{I_{\mathrm{G}}}(\boldsymbol{p}, \boldsymbol{q}) \tag{4.57}$$

其中，$w_{I_{\mathrm{G}}}(\boldsymbol{p}, \boldsymbol{q})$ 为由引导图像 I_{G} 确定的权重函数 (或滤波核)，并且与输入图像 I 无关。该滤波器相对于 I 是线性的。引导图像可以是另外单独的图像，也可以是输入图像本身。当引导图为输入图像自身时，引导滤波就转化为类似双边滤波的保持边缘滤波。

引导滤波的基本原理包含两个重要假设。

假设一：引导图像 I_{G} 和滤波输出 $\overline{I}(\boldsymbol{q})$ 之间在局部邻域内满足局部线性模型，即假设以像素 $\boldsymbol{p}$ 为中心的窗口 $\Omega(\boldsymbol{p})$ 内输出像素值 $\overline{I}(\boldsymbol{q})$ 是 $I_{\mathrm{G}}(\boldsymbol{q})$ 的线性变换：

$$\overline{I}(\boldsymbol{q}) = w_{\boldsymbol{p}} \cdot I_{\mathrm{G}}(\boldsymbol{q}) + b_{\boldsymbol{p}}, \quad \forall \boldsymbol{q} \in \Omega(\boldsymbol{p}) \tag{4.58}$$

其中，$w_{\boldsymbol{p}}, b_{\boldsymbol{p}}$ 是线性表示系数，在局部窗口内假设是常数。该模型能够确保输出图像与引导图像具有一致的梯度方向，因为 $\nabla \overline{I} = a \nabla I_{\mathrm{G}}$。

假设二：估计图像 $\overline{I}$ 与输入图像之间存在噪声或误差的线性相减关系：

$$\overline{I}(\boldsymbol{q}) = I(\boldsymbol{q}) - N(\boldsymbol{q}) \tag{4.59}$$

为求解线性表示系数 $(w_{\boldsymbol{p}}, b_{\boldsymbol{p}})$，基于上述两个假设，可以建立线性岭回归模型 (linear ridge regression)：

$$E(w_{\boldsymbol{p}}, b_{\boldsymbol{p}}) = \sum_{\boldsymbol{q} \in \Omega(\boldsymbol{p})} \left\{ [w_{\boldsymbol{p}} \cdot I_{\mathrm{G}}(\boldsymbol{q}) + b_{\boldsymbol{p}} - I(\boldsymbol{q})]^2 + \lambda \cdot (w_{\boldsymbol{p}})^2 \right\} \tag{4.60}$$

其中，$(w_{\boldsymbol{p}})^2$ 为惩罚项，以消除过大的 $w_{\boldsymbol{p}}$；λ 为正则化参数，以平衡惩罚项和最小二乘项。

对上述线性岭回归目标函数求最小，即目标变量偏导数为 0

$$\begin{cases} \partial E(w_{\boldsymbol{p}}, b_{\boldsymbol{p}}) / \partial w_{\boldsymbol{p}} = 0 \\ \partial E(w_{\boldsymbol{p}}, b_{\boldsymbol{p}}) / \partial b_{\boldsymbol{p}} = 0 \end{cases} \tag{4.61}$$

可得

$$\begin{cases} w_{\boldsymbol{p}} = \dfrac{\dfrac{1}{|\Omega(\boldsymbol{p})|} \sum\limits_{\boldsymbol{q} \in \Omega(\boldsymbol{p})} I_{\mathrm{G}}(\boldsymbol{q}) I(\boldsymbol{q}) - \mathrm{mean}_{\Omega(\boldsymbol{p})}(I_{\mathrm{G}}) \cdot \mathrm{mean}_{\Omega(\boldsymbol{p})}(I)}{\mathrm{var}_{\Omega(\boldsymbol{p})}(I_{\mathrm{G}}) + \lambda} \\ b_{\boldsymbol{p}} = \mathrm{mean}_{\Omega(\boldsymbol{p})}(I) - w_{\boldsymbol{p}} \mathrm{mean}_{\Omega(\boldsymbol{p})}(I_{\mathrm{G}}) \end{cases} \tag{4.62}$$

其中，$\mathrm{mean}_{\Omega(\boldsymbol{p})}(I_{\mathrm{G}})$ 和 $\mathrm{var}_{\Omega(\boldsymbol{p})}(I_{\mathrm{G}})$ 表示引导图像 I_{G} 在局部窗口 $\Omega(\boldsymbol{p})$ 内的平均值和方差；$\mathrm{mean}_{\Omega(\boldsymbol{p})}(I)$ 表示输入图像在局部窗口内的平均值；$|\Omega(\boldsymbol{p})|$ 表示局部窗口像素的个数。

当我们估计出 $(w_{\boldsymbol{p}}, b_{\boldsymbol{p}})$，可以根据式 (4.58) 计算滤波输出结果 $\overline{I}(\boldsymbol{q})$。如果一个像素处于多个重叠局部窗口，由式 (4.58) 计算该像素的滤波结果时，不同窗口的结果会不一致。为解决该问题，可以采取所有窗口预测结果平均的方式计算：

$$\overline{I}(\boldsymbol{q}) = \frac{1}{|\Omega(\boldsymbol{p})|} \sum_{\boldsymbol{p}|\boldsymbol{q}\in\Omega(\boldsymbol{p})} (w_{\boldsymbol{p}} \cdot I_{\mathrm{G}}(\boldsymbol{q}) + b_{\boldsymbol{p}}) \tag{4.63}$$

考虑到窗口的对称性，$\displaystyle\sum_{\boldsymbol{p}|\boldsymbol{q}\in\Omega(\boldsymbol{p})} w_{\boldsymbol{p}} = \sum_{\boldsymbol{p}\in\Omega(\boldsymbol{q})} w_{\boldsymbol{p}}$，上式可以简化为

$$\overline{I}(\boldsymbol{q}) = \mathrm{mean}(w_{\boldsymbol{p}}) \cdot I_{\mathrm{G}}(\boldsymbol{q}) + \mathrm{mean}(b_{\boldsymbol{p}}) \tag{4.64}$$

其中，$\mathrm{mean}(w_{\boldsymbol{p}})$ 和 $\mathrm{mean}(b_{\boldsymbol{p}})$ 表示包含像素 $\boldsymbol{q}$ 的所有重叠窗口的系数的平均值。

引导滤波可以写成通用的滤波方程式 (4.63)。当 $I_{\mathrm{G}} = I$ 时，即引导图像为输入图像自身时，引导滤波与双边滤波类似，都具有边缘保持性。具体如图 4.31 所示。

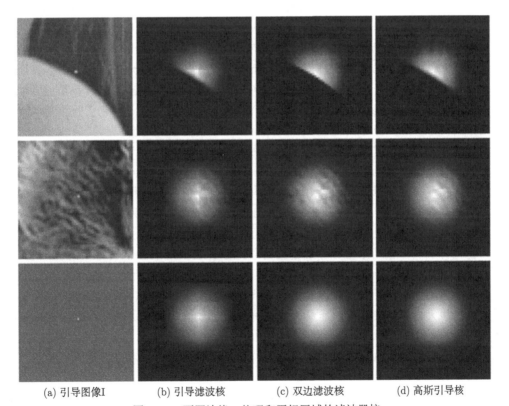

(a) 引导图像I　　(b) 引导滤波核　　(c) 双边滤波核　　(d) 高斯引导核

图 4.31　不同边缘、纹理和平坦区域的滤波器核

第一行对应边缘区域情形；第二行对应纹理区域；第三行对应平坦区域

引导滤波有两个优点：首先，双边滤波有非常大的计算复杂度，但引导滤波不需要进行过于复杂的数学计算，有线性计算复杂度 $O(MN)$。同时，双边滤波因为数学模型的缘故，会发生梯度反转 (gradient reverse)，出现图像失真；而引导滤波在数学上以线性

组合为基础，输出图像必与引导图像 (guidance image) 的梯度方向一致，不会出现梯度反转。

扩展阅读

　　本章中，我们重点介绍了直方图处理的图像增强变换，这是一种点运算。最经典的图像增强算法当属直方图均衡化方法 (Hummel, 1977; Zuiderveld, 1994)，使用该类方法增强彩色图像时，通常对图像的 RGB 三个通道的直方图分别处理，最后再进行合成。传统的直方图均衡化 (histogram equalization, HE) 方法通过拉伸图像的灰度直方图达到增强图像对比度的效果，它在增强前景和背景对比不明显的图像时尤为有效，缺点在于增强对比度的同时还会增强图像中的噪声。

　　针对 HE 方法的不足，Zuiderveld (1994) 提出了一种对比度受限的自适应直方图均衡化 (contrast limited adaptive histogram equalization, CLAHE) 方法，通过对图像的局部直方图进行裁剪和重新分布来达到增强图像对比度、恢复局部细节、抑制噪声的效果。基于人类视觉系统 (human visual system, HVS) 的两种基本均衡化机制，即 "gray world" 和 "white patch"，"gray world" 指的是 HVS 能够自适应当前光照环境，使得人眼观测到的场景的亮度保持在全黑与全白之间的一个灰色中间值范围内；"white patch" 指的是 HVS 会将人眼观测到的场景的亮度进行归一化，把该场景中亮度的最大值假定为用于参照的白色，从而实现色彩恒常性。Gatta 等 (2002) 和 Rizzi 等 (2003) 提出了一种自动色彩均衡化 (automatic color equalization, ACE) 方法。ACE 方法主要包含了彩色空间调整和动态色调复制缩放两个步骤，能够实现色彩和光照恒常，控制图像对比度。

　　滤波是图像预处理中的重要概念。本章在介绍常用的线性 (均值、高斯) 和非线性滤波 (最小、最大、中值) 的基础上，扩展介绍了双边滤波、非局部均值滤波和引导滤波的相关概念。提升噪声滤除能力的同时，如何有效保持图像边缘结构是空域滤波设计的关键问题。双边滤波是 1998 年 Tomasi 和 Manduchi 首次提出，这种综合局部距离和灰度相似性设计权重的方法，是边缘保持滤波的里程碑式的工作。双边滤波提出后，人们从快速算法、优化机制和图像图形去噪等各类应用展开了大量探索 (Paris et al., 2009; Farbman et al., 2008, 2010; Subr et al., 2009; Gastal et al., 2011)。利用图像块距离 (patch distance) 为基础的非局部相似性设计自适应滤波权重是非局部滤波另一个值得关注的方向。由于综合了图像局部和大范围的相似性，非局部均值滤波具有较好的纹理保持 (texture preserving) 能力。引导滤波通常还依赖另外一个引导图像，因此并不是通常意义上的平滑滤波方法，本质上是结构迁移的方法；但是当引导图像为待滤波图像自身时，可取得优于双边滤波的性能，同时具有线性复杂度。

　　到目前为止，我们介绍的滤波方法均是空域滤波器 (spatial domain filter)。另一类方法是变换域的滤波器 (transform domain filter) 以及空域与变换域结合的方法。在这方面，块匹配 3D (block matching 3D, BM3D) 算法是非常重要的工作 (Dabov et al., 2007)，它是在非局部均值基础上结合变换域阈值去噪提出的，一度被公认为是最优秀的滤波算法。它主要用到了非局部块匹配的思想，首先找相似块，不同于传统 NLM 使用欧氏距离，它用了硬阈值线性变换降低了欧氏距离的复杂度；找到相似块后，NLM 做一个均值处理，而

BM3D 则是将相似块域转换，提出协同滤波 (collaborative filtering) 降低相似块自身含有的噪声，并在聚合 (aggregation) 阶段对相似块加权处理，得到降噪后的目标块。

习题

1. 给出三幅大小均为 64×64 的图像如题图 4.1 所示：(a) 左边 1/2 的图像灰度值为 0，右边 1/2 的图像灰度值为 255；(b) 左上角和右下角为 0，其余为 255；(c) 每个小白色块和黑色块为图像的 1/16，黑色块像素值均为 0，白色块像素值均为 255。请画图统计图像的直方图？统计结果表明直方图具有什么性质？

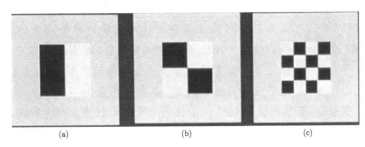

题图 4.1

2. 利用高斯函数 $G_\sigma(x, y) = \dfrac{1}{2\pi\sigma^2} \exp\left(-\dfrac{x^2 + y^2}{2\sigma^2}\right)$，设计不同方差 σ^2 的模板，并给出快速算法的实现流程，分析算法的复杂度。

3. 讨论一个 3×3 的高斯滤波器反复对一幅数字图像处理的结果，可以不考虑边界的影响。

4. 一幅白色背景的图像中存在一个灰色的圆环，请阐述：

(1) 当采取最小值滤波器处理，灰色的圆环是变粗还是变细？

(2) 当采取最大值滤波器处理，灰色的圆环是变粗还是变细？

5. 请用最优化方法建模均值滤波器，并用能量函数最小化进行解释。

6. 请用最优化方法建模中值滤波器，并用能量函数最小化进行解释。

7. 请解释为什么离散直方图均衡化技术一般适用于平坦的直方图。

8. 有一种技术称为彩色图像间的颜色传输 (color transfer) 方法，本质上可以看作是直方图匹配过程，搜索 "*Color transfer between images*"(见 *IEEE Computer Graphics and Applications*)，尝试实现这种算法，并写出实验报告。

9. 分布在图像背景上的孤立的亮或者暗的像素团块，当它们小于中值滤波器的窗口大小 ($n \times n$，n 为奇数) 的一半时，经过中值滤波后会发生什么？请解释原因。

10. 在图像特定的应用中，可以通过均值滤波去除噪声，然后采取拉普拉斯滤波增强图像细节，如果将该步骤交换一下，结果是否相同？请给出具体分析和解释。

11. 图像相减运算可以用来检测视频监控中突然侵入的目标，利用后一帧图像与前一帧图像相减，如果差值为 0，表示没有异常入侵的目标，如果差值不是 0，表示该区域存在异常目标侵入。要使得该算法比较稳健，请给出一些具体的分析，该算法应该满足什么条件？如何提高算法的性能？

12. 假设有一个分片线性拉伸函数，该线性函数左右两个端点固定，中间有两个自由的节点，通过控制该两个节点，可得到不同的函数。写出该分片线性拉伸函数的表达式，并设计图形交互和图像处理的编程实验，给出图像增强的实验报告。

13. 双边滤波、非局部均值和引导滤波在 OpenCV 中都有开源的算法，试设计一个 GUI 软件，比较三种算法在不同方差高斯噪声下的图像去噪效果。

小故事 像素技术的发明者——罗素·基尔希

罗素·基尔希 (Russell A. Kirsch, 1929—2020) 是像素技术的发明者、数字成像领域无可争议的先驱。1957 年，基尔希发明了像素，并创造了第一张数码照片。这张 172 像素 ×172 像素的照片是他儿子 Walden 的肖像，现在已经成为一幅标志性作品，并在 2003 年被《生活》(Life) 杂志评为 "改变世界的 100 张照片" 之一。基尔希从未停止过对他最著名的发明的改进。他认为正方形的像素在表达曲线状边缘等几何结构时，容易引起锯齿效应。2010 年接受《连线》(WIRED) 杂志采访时，基尔希称正方形像素看起来是 "合乎逻辑的事情"，但他对此耿耿于怀，他感叹道，这个决定 "是非常愚蠢的事情，从那时起，世界上的每个人都在为之痛苦"。基尔希试图创建一个使用 "可变形状像素" 的系统，而不是自他发明数字成像以来占主导地位的正方形。

第 5 章　傅里叶分析与滤波

第 4 章从空域的角度阐述了图像增强、图像去噪 (平滑) 等相关技术。我们看到,对于线性平移不变空域滤波等都可以等价为卷积形式。但是空域方法存在两个方面的不足:①虽然可分离卷积的特殊结构使得其可以快速实现,但空域卷积的运算依然是高复杂度的;②我们缺少一种分析图像内容变化快慢 (频率),并且考察离散信号处理系统输入和输出的响应机制的方法。

在图像处理中,频率域 (变换域) 算法是一大类方法,它是通过傅里叶变换来实现的,对解决上述两个问题有一定的帮助,并且为设计图像处理算法提供了新思路。对于初学者而言,掌握傅里叶变换稍微有些难度,这是因为该部分内容涉及较为严谨的数学概念。为了更直观地理解该数学工具,本章在给出一些必要的数学概念之外,更多地从图像处理的角度阐述,以避免学生迷失在数学中。

5.1　理解变换

5.1.1　正交表示

在介绍傅里叶变换之前,我们先从向量的表示说起。以 N 维向量为元素的集合的空间构成向量空间 $\boldsymbol{V}$,实数的所有有序 N 元组 $(x_1, x_2, \cdots, x_N)$ 的集合称为 $\mathbb{R}^N$,$\mathbb{R}^N$ 中的每一个元素是一个 $N \times 1$ 向量。

由线性代数,任意向量 $\boldsymbol{x} \in \boldsymbol{V}$ 可以由一组线性无关的基进行线性表示。特别地,当有一组相互正交且长度为 1 的向量,构成一组规范正交基,则任意向量可以在该组规范正交基下线性表示。该向量可以表示为标准正交基 $\{\boldsymbol{V}_i\}_{i=1}^N$:

$$\boldsymbol{V}_1 = [1, 0, 0, \cdots, 0]^{\mathrm{T}}$$

$$\boldsymbol{V}_2 = [0, 1, 0, \cdots, 0]^{\mathrm{T}}$$

$$\vdots$$

$$\boldsymbol{V}_N = [0, 0, 0, \cdots, 1]^{\mathrm{T}}$$

$$\boldsymbol{x} = x_1 \cdot \boldsymbol{V}_1 + x_2 \cdot \boldsymbol{V}_2 + \cdots + x_N \cdot \boldsymbol{V}_N \tag{5.1}$$

其中,x_i 实质上是向量在对应基底 (或单位坐标轴向量) 上的投影,或者内积,即 $x_i = \langle \boldsymbol{x}, \boldsymbol{V}_i \rangle$。

例 5.1　在二维平面一个向量 $\boldsymbol{a} = (a_1, a_2)$ 可以由正交向量 $\boldsymbol{V}_1, \boldsymbol{V}_2$ 线性张成,a_1, a_2 是 $\boldsymbol{a}$ 在坐标轴上的投影。如图 5.1 所示。

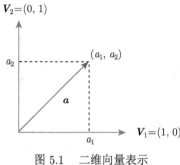

图 5.1　二维向量表示

我们问第一个问题：如果构造了一组新的规范正交基 $\{\boldsymbol{b}_i\}_{i=1}^{N}$，可否得到任意向量 $\boldsymbol{x} \in \boldsymbol{V}$ 的新的坐标表示？

回答是肯定的。事实上，由线性代数，我们知道其可以在该组规范正交基下线性表示为

$$\boldsymbol{x} = \alpha_1 \boldsymbol{b}_1 + \alpha_2 \boldsymbol{b}_2 + \cdots + \alpha_N \boldsymbol{b}_N = \sum_{i=1}^{N} \alpha_i \boldsymbol{b}_i \tag{5.2}$$

$\{\boldsymbol{b}_i\}_{i=1}^{N}$ 是规范正交的，即满足两个不同基向量之间内积为零 $\langle \boldsymbol{b}_i, \boldsymbol{b}_j \rangle = 0, i \neq j$，且自身长度为 1，即 $\langle \boldsymbol{b}_i, \boldsymbol{b}_j \rangle = 1, i = j$。

另一个问题是：如何计算表示系数 $\{\alpha_i\}_{i=1}^{N}$？

答案是可以借助内积这样一个数学概念，在方程两边与 $\boldsymbol{b}_i$ 求内积，并利用正交性，容易证明 $\alpha_i = \langle \boldsymbol{x}, \boldsymbol{b}_i \rangle$。

例 5.2　如图 5.2 所示，在由规范正交坐标系 $\boldsymbol{V}_1, \boldsymbol{V}_2$ 定义的 2D 平面，给定一个向量为 $\boldsymbol{a}_v$，我们构造一个新的规范正交坐标系 $\boldsymbol{U}_1, \boldsymbol{U}_2$，试问 $\boldsymbol{a}_v$ 的表示系数是什么？

由上面的论述可得

$$\alpha_u(i) = \langle \boldsymbol{a}_v, \boldsymbol{U}_i \rangle \tag{5.3}$$

$$\boldsymbol{a}_v = \sum_i \alpha_u(i) \boldsymbol{U}_i \tag{5.4}$$

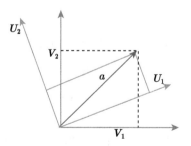

图 5.2　在一组基下的二维向量变换到另外一组基上的表示

上面的例子虽然简单，但非常直观地揭示了变换的基本原理。我们将这个简单的思想推广到信号和图像情形。同样，**我们需要解决 3 个问题：**

(1) 如何构造合适的基函数？

(2) 给定信号或者图像，如何寻找变换 (表示) 系数？

(3) 若已知基函数和变换系数，如何重建原始信号 (图像)？

5.1.2 时频分析

作为现代信号处理研究的一个重要主题，时频分析是时频联合域分析 (joint time-frequency analysis) 的简称，它是分析时变非平稳信号的有力工具，近年来受到越来越多的重视。时频分析方法提供了时间域与频率域的联合分布信息，清楚地描述了信号频率随时间变化的关系。对于二维图像信号，时频分析也被称为空间-频率分析 (spatial-frequency analysis)，它可以架起一座图像空间域到频率域的桥梁。傅里叶变换 (Fourier transform) 是时频分析的重要工具。

首先，我们将傅里叶变换初步理解为一种积分变换。这种变换可以将定义在二维空间域 (笛卡儿坐标系) 的图像函数经过一个积分变换转换到频率域，这种变换在频率域空间给图像函数提供一个完全等价的形式，即在频率域空间保持图像的所有信息。

傅里叶变换将为空间域中复杂而难以求解的数学物理问题提供一个在频率域中容易求解的方案，这样仅需要将定义在空间域的问题，经过傅里叶变换转换为频率域的问题，在频率域简单求解，然后经过傅里叶逆变换得到空间域的解，如图 5.3 所示。

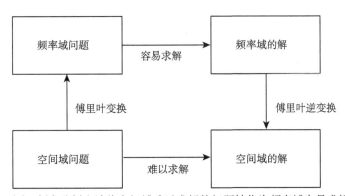

图 5.3　空间-频率分析方法将空间域难以求解的问题转化为频率域容易求解的问题

5.2　傅里叶分析核心观点

为便于初学者理解，我们首先抛开一些严格的数学推导和介绍，从 1D 信号处理的角度，简单概括傅里叶变换的核心观点。图 5.4 给出了信号的傅里叶时频分析示意图，读者可以结合该图理解傅里叶分析的基本物理意义。

(1) **信号的谐波内容 (harmonic content)**。傅里叶分析的核心观点是任何一个信号 (带宽有限)，可以是时间、位置或其他变量的函数，都可以表示为一组具有不同周期和频

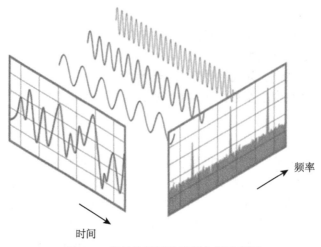

频率

时间

图 5.4　信号的傅里叶时频分析示意图

率的谐波函数 (三角函数，正弦 sine 或余弦 cosine) 的线性组合 (叠加)。这些谐波函数称为信号的谐波质量。

(2) **傅里叶系数是信号的完全等价表示**。信号的傅里叶表示是一组具有不同周期和频率的谐波函数的贡献权重，由此形成的权重向量是信号的等价表示，称为傅里叶谱 (Fourier spectrum)。原理上，连续信号将形成无限的权重序列，并且可以由不同周期和频率的谐波函数线性叠加重构。

(3) **傅里叶处理涉及输出信号谐波含量与输入信号谐波含量之间的关系**。在频率空间中，信号被视为谐波的组合。因此，频率空间中的信号处理 (信号的分析、合成和变换)，实质上是对傅里叶表示 (系数) 进行处理，保持、增强或抑制对应的谐波质量。

(4) **空间域和傅里叶域是互易的**。在函数的傅里叶表示中，需要使用高频 (短周期) 谐波项 (三角函数) 来表示和构造信号的小范围 (即急剧或快速) 变化。相反，信号中的平滑特征可以用低频 (长周期) 谐波项表示。因此，空间域和傅里叶域是互易的。

(5) **傅里叶级数展开和傅里叶变换有着相同的基本目标**。从概念上讲，傅里叶级数展开和傅里叶变换做同样的事情。不同之处在于，傅里叶级数展开将周期信号分解为离散频率的谐波函数，而傅里叶变换将非周期信号分解为连续变化频率的谐波函数。数学表示形式不同，但思想是一样的。

5.2.1　傅里叶级数

傅里叶分析有一个基本观点：任何一个周期性信号都可以表达为一组具有不同周期和频率的三角函数 sine 和 cosine 的加权线性组合。

这个过程实际上是将一个周期性信号进行谐波分解，称为傅里叶分解 (Fourier decomposition) 或者傅里叶展开 (Fourier expansion)。如果一个信号为与时间 (或位置) 相关的信号，如电压、股市价格变动情况，则可以通过三角函数进行构造。时间连续的信号函数表

示为 $f(x)$，则有

$$f(x) = \frac{a_0}{2} + \sum_{n=1}^{\infty} a_n \cos\left(\frac{2\pi n x}{T}\right) + \sum_{n=1}^{\infty} b_n \sin\left(\frac{2\pi n x}{T}\right)$$

$$= \frac{a_0}{2} + \sum_{n=1}^{\infty} a_n \cos(k_n x) + \sum_{n=1}^{\infty} b_n \sin(k_n x) \tag{5.5}$$

其中，T 为信号周期；$k_n = \dfrac{2\pi n}{T}$。我们考察上式的一些特定概念。

(1) 傅里叶展开中的级数项 $\{\cos(k_n x)\}$ 和 $\{\sin(k_n x)\}$，构成一组基函数，称为傅里叶基；

(2) 基函数中的 $k_n = \dfrac{2\pi n}{T}$ 表示不同的时间 (或者空间) 频率；

(3) 系数 a_n 和 b_n 称为傅里叶表示 (系数)，决定了重建 $f(x)$ 时对应傅里叶基的贡献大小。当它们为 0 时，表明对应傅里叶基不起作用。全部系数 $\{a_n\}$ 和 $\{b_n\}$ 构成原始信号的傅里叶谱。

(4) 完美重建原始函数 $f(x)$ 需要无穷多项。当截取前 N 项时

$$f_N(x) = \sum_{n=0}^{N} a_n \cos(k_n x) + \sum_{n=1}^{\infty} b_n \sin(k_n x) \tag{5.6}$$

逼近误差为

$$\|f(x) - f_N(x)\| = \left\| \sum_{n=N+1}^{\infty} a_n \cos(k_n x) + \sum_{n=N+1}^{\infty} b_n \sin(k_n x) \right\| \tag{5.7}$$

图 5.5 给出了利用不同频率的正弦函数之和对具有阶跃性质的函数波形进行逼近的结果，A+B 表示 $3\sin x + 1\sin(3x)$ 逼近的结果，A+B+C、A+B+C+D 分别表示 3 项和 4 项不同频率正弦函数之和逼近的结果。由图可见，随着级数项的增加，逼近误差越来越小。

从空间频率的角度，当截取前 N 项去逼近表示原始信号时，最大的频率是 $k_N = \dfrac{2\pi N}{T}$。此时超过该频率的信号内容将被过滤。此时，$k_{\mathrm{CO}} = k_N$ 称为截止频率 (cutoff frequency)。

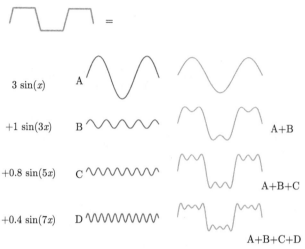

图 5.5　不同频率的正弦函数之和对阶跃函数的逼近结果

5.2.2　傅里叶谱的计算

下面我们讨论如何确定傅里叶表示 (系数)a_n 和 b_n。

由傅里叶级数表示，如何确定级数项对应的权重系数看似不容易，幸运的是 $\{\cos(k_nx)\}$ 和 $\{\sin(k_nx)\}$ 都具备正交性，且构成正交基，可以用如下公式计算：

$$a_n = \frac{2}{T}\int_{-T/2}^{T/2} f(x)\cos(k_nx)\mathrm{d}x, \quad n=1,2,\cdots \tag{5.8}$$

$$b_n = \frac{2}{T}\int_{-T/2}^{T/2} f(x)\sin(k_nx)\mathrm{d}x, \quad n=1,2,\cdots \tag{5.9}$$

其中，$k_n = \dfrac{2\pi n}{T}$。由此我们得到全部系数 $\{a_n\}$ 和 $\{b_n\}$，它们构成原始信号的傅里叶谱。计算每一个傅里叶系数时，其积分区间是全周期区间的，即与全部的信号内容相关，不具备局部性，这是傅里叶分析不足的地方。

5.3　复数形式傅里叶级数

上面介绍了实函数形式的傅里叶级数展开以及傅里叶谱的计算。利用复数表示，傅里叶级数可以表达为更为简洁的复函数的级数形式：

$$f(x) = \sum_{n=-\infty}^{\infty} c_n \mathrm{e}^{jk_nx} \tag{5.10}$$

其中

$$c_n = \frac{1}{T}\left[\int_{-T/2}^{T/2} f(x)\,\mathrm{e}^{-jk_nx}\mathrm{d}x\right] \tag{5.11}$$

我们注意到

$$f(x) = \frac{a_0}{2} + \sum_{n=1}^{\infty} a_n \cos\left(\frac{2\pi n x}{T}\right) + \sum_{n=1}^{\infty} b_n \sin\left(\frac{2\pi n x}{T}\right)$$

$$= \frac{a_0}{2} + \sum_{n=1}^{\infty} a_n \cos(k_n x) + \sum_{n=1}^{\infty} b_n \sin(k_n x)$$

$$= \frac{a_0}{2} + \sum_{n=1}^{\infty} [a_n \cos(k_n x) + b_n \sin(k_n x)] \tag{5.12}$$

由三角函数的基本性质

$$a_n \cos(k_n x) + b_n \sin(k_n x) = R_n \sin(k_n x + \theta_n) \tag{5.13}$$

其中，$R_n = \sqrt{(a_n)^2 + (b_n)^2}$，且 $\theta_n = \arctan\left(\dfrac{b_n}{a_n}\right)$。

设 $j = \sqrt{-1}$ 为虚数单位，利用复数的性质，即欧拉恒等式

$$\begin{cases} \cos x + j\sin x = e^{jx} \\ \cos x = \dfrac{1}{2}\left(e^{jx} + e^{-jx}\right) \\ \sin x = -j\dfrac{1}{2}\left(e^{jx} - e^{-jx}\right) \end{cases} \tag{5.14}$$

则

$$a_n \cos(k_n x) + b_n \sin(k_n x) = \frac{1}{2}a_n\left(e^{jk_n x} + e^{-jk_n x}\right) - \frac{j}{2}b_n\left(e^{jk_n x} - e^{-jk_n x}\right) \tag{5.15}$$

这样

$$f(x) = \frac{a_0}{2} + \sum_{n=1}^{\infty} [a_n \cos(k_n x) + b_n \sin(k_n x)]$$

$$= \frac{a_0}{2} + \frac{1}{2}\sum_{n=1}^{\infty}\left[a_n\left(e^{jk_n x} + e^{-jk_n x}\right) - jb_n\left(e^{jk_n x} - e^{-jk_n x}\right)\right]$$

$$= \frac{a_0}{2} + \frac{1}{2}\sum_{n=1}^{\infty}\left[(a_n - jb_n)e^{jk_n x} + (a_n + jb_n)e^{-jk_n x}\right] \tag{5.16}$$

将式 (5.8) 和式 (5.9) 中 a_n 和 b_n 的计算公式代入，有

$$\frac{1}{2}(a_n - jb_n) = \frac{1}{T}\left[\int_{-T/2}^{T/2} f(x)\cos(k_n x)\mathrm{d}x - j\int_{-T/2}^{T/2} f(x)\sin(k_n x)\mathrm{d}x\right]$$

$$= \frac{1}{T}\int_{-T/2}^{T/2} f(x)\left[\cos(k_n x) - j\sin(k_n x)\right]\mathrm{d}x$$

$$= \frac{1}{T}\int_{-T/2}^{T/2} f(x)\,e^{-jk_n x}\mathrm{d}x \tag{5.17}$$

同理

$$\frac{1}{2}\left(a_n + \mathrm{j}b_n\right) = \frac{1}{T}\int_{-T/2}^{T/2} f\left(x\right)\mathrm{e}^{\mathrm{j}k_nx}\mathrm{d}x \tag{5.18}$$

因此

$$\begin{aligned}
f\left(x\right) &= \frac{a_0}{2} + \frac{1}{T}\sum_{n=1}^{\infty}\int_{-T/2}^{T/2} f\left(x\right)\mathrm{e}^{-\mathrm{j}k_nx}\mathrm{d}x\mathrm{e}^{\mathrm{j}k_nx} + \frac{1}{T}\sum_{n=1}^{\infty}\int_{-T/2}^{T/2} f\left(x\right)\mathrm{e}^{\mathrm{j}k_nx}\mathrm{d}x\mathrm{e}^{-\mathrm{j}k_nx} \\
&= \frac{1}{T}\int_{-T/2}^{T/2} f\left(x\right)\mathrm{d}x + \frac{1}{T}\sum_{n=1}^{\infty}\int_{-T/2}^{T/2} f\left(x\right)\mathrm{e}^{-\mathrm{j}k_nx}\mathrm{d}x\mathrm{e}^{\mathrm{j}k_nx} \\
&\quad + \frac{1}{T}\sum_{n=-\infty}^{-1}\int_{-T/2}^{T/2} f\left(x\right)\mathrm{e}^{-\mathrm{j}k_nx}\mathrm{d}x\mathrm{e}^{\mathrm{j}k_nx} \\
&= \sum_{n=-\infty}^{\infty}\underbrace{\frac{1}{T}\left[\int_{-T/2}^{T/2} f\left(x\right)\mathrm{e}^{-\mathrm{j}k_nx}\mathrm{d}x\right]}_{c_n}\mathrm{e}^{\mathrm{j}k_nx}
\end{aligned} \tag{5.19}$$

5.4   连续傅里叶变换

5.4.1   1D 连续傅里叶变换

将上述傅里叶级数方法应用于实际信号 (特别是图像) 处理时, 我们需要考虑如下几点:

(1) 实际的 1D 信号和图像通常并不是周期性的;

(2) 实际的信号和图像是有限支撑的 (finite support), 即在支撑区间上非零, 而在支撑区间外无信号 (为零)。

因此将周期性函数假设的傅里叶级数方法推广至非周期性函数情形, 就产生了傅里叶变换方法。

回到复数形式的傅里叶级数

$$f\left(x\right) = \sum_{n=-\infty}^{\infty} c_n\mathrm{e}^{\mathrm{j}k_nx} = \frac{1}{T}\sum_{n=-\infty}^{\infty}\left(Tc_n\right)\mathrm{e}^{\mathrm{j}k_nx},\ \ k_n = \frac{2\pi n}{T} \tag{5.20}$$

当 $T \to \infty$ 时, $\dfrac{n}{T} \to \varpi$, $k_n \to 2\pi\varpi$, $\dfrac{1}{T} \to \mathrm{d}\varpi$, 则 Tc_n 趋于一个连续函数 $F\left(\varpi\right)$, 称为傅里叶变换

$$F\left(\varpi\right) = \frac{1}{2\pi}\int_{-\infty}^{\infty} f\left(x\right)\mathrm{e}^{-\mathrm{j}2\pi\varpi x}\mathrm{d}x$$

根据上述极限思想, 式 (5.20) 的极限 (当 $T \to \infty$) 即为傅里叶逆变换

$$f\left(x\right) = \int_{-\infty}^{\infty} F\left(\varpi\right)\mathrm{e}^{\mathrm{j}2\pi\varpi x}\mathrm{d}w \tag{5.21}$$

注意上述傅里叶变换有以下特点：

(1) 对于谐波分量 $e^{jk_n x}$ 赋予特定的权重函数 $F(\varpi)$；

(2) 频率 ϖ 是连续的，可以为任意可能的值；

(3) $f(x)$ 由原来的级数求和形式变为积分形式，$F(\varpi)$ 也是函数形式而不是离散值。

通常，习惯采取傅里叶基函数 $e^{j2\pi\varpi x}$，傅里叶变换及其逆变换可以重新表述为

$$F(\varpi) = \int_{-\infty}^{\infty} f(x) e^{-j2\pi\varpi x} dx \tag{5.22}$$

$$f(x) = \int_{-\infty}^{\infty} F(\varpi) e^{j2\pi\varpi x} d\varpi \tag{5.23}$$

这是经常出现的 1D 傅里叶变换对。

5.4.2 2D 连续傅里叶变换

2D 傅里叶变换对是 1D 傅里叶变换情形的直接推广。对于二维函数 $f(x,y)$，傅里叶基函数 $B_{u,v}(x,y) = e^{j2\pi(ux+vy)}$，其二维变换对可以通过函数与傅里叶基的内积进行定义：

$$F(u,v) = \langle f(x,y), B_{u,v}(x,y) \rangle \overset{\text{与共轭函数的积分}}{=\!=\!=} \int_{-\infty}^{\infty}\int_{-\infty}^{+\infty} f(x,y) B_{u,v}^*(x,y) dx dy$$

$$= \int_{-\infty}^{\infty}\int_{-\infty}^{+\infty} f(x,y) e^{-j2\pi(ux+vy)} dx dy \tag{5.24}$$

$$f(x,y) = \langle F(u,v), B_{u,v}^*(x,y) \rangle = \int_{-\infty}^{\infty}\int_{-\infty}^{+\infty} F(u,v) e^{j2\pi(ux+vy)} du dv \tag{5.25}$$

注意到由于 2D 傅里叶基函数是可分离的，即

$$B_{u,v}(x,y) = B_u(x) \cdot B_v(y) = e^{j2\pi ux} \cdot e^{j2\pi vy} \tag{5.26}$$

则上述公式可以进一步表达为

$$F(u,v) = \int_{-\infty}^{\infty} \underbrace{\left[\int_{-\infty}^{+\infty} f(x,y) e^{-j2\pi ux} dx\right]}_{x\text{变量的 1D 傅里叶变换}} e^{-j2\pi vy} dy = \underbrace{\int_{-\infty}^{\infty} F(u,y) e^{-j2\pi vy} dy}_{y\text{变量的 1D 傅里叶变换}} \tag{5.27}$$

表明 2D 傅里叶变换可以转换为对两个变量的 1D 傅里叶变换进行计算，这是 2D 快速傅里叶变换的基本原理之一。同理，对于 2D 傅里叶逆变换也有同样的性质。

直观上讲，2D 傅里叶变换本质上是采取不同空间频率的 2D 傅里叶基 (复函数模板)，组合生成图像内容，如图 5.6 所示。

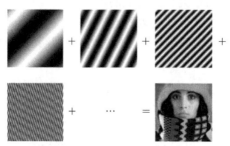

图 5.6   利用不同空间频率的 2D 傅里叶基 (若干复函数模板，此图仅显示幅度) 合成任意图像示意图

5.5   离散傅里叶变换

5.5.1   1D 离散傅里叶变换

对于 1D 连续函数 $f(x), x \in \mathbb{R}$，下面讨论其离散傅里叶实现。考虑均匀采样，采样间隔为 Δx，从起始采样位置 x_0 开始均匀采样，如图 5.7 所示，采样点 $x = x_0 + n\Delta x$，所获得的采样为

$$f(x_0), f(x_0 + \Delta x), \cdots, f(x_0 + (N-1)\Delta x) \tag{5.28}$$

给定 N 个等间隔的采样，我们定义

$$f(n) \triangleq f(x_0 + n\Delta x), \ n = 0, 1, 2, \cdots, N-1 \tag{5.29}$$

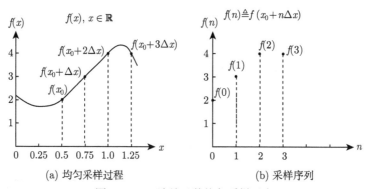

图 5.7   1D 连续函数均匀采样示意

对于信号长度为 N 的离散信号 $\boldsymbol{f} = [f(0), f(1), \cdots, f(N-1)]^{\mathrm{T}}$，同样对傅里叶基函数进行离散采样，其离散傅里叶基为

$$B_k(n) = \mathrm{e}^{\mathrm{j}\frac{2\pi n k}{N}}, n = 0, 1, 2 \cdots, N-1; k = 0, 1, 2, \cdots, N-1 \tag{5.30}$$

其中，n 和 k 分别表示空间和频率采样点索引，基向量 $\boldsymbol{B}_k = \left[1, \mathrm{e}^{\mathrm{j}\frac{2\pi k}{N}}, \mathrm{e}^{\mathrm{j}\frac{2\pi k2}{N}}, \cdots, \mathrm{e}^{\mathrm{j}\frac{2\pi(N-1)k}{N}}\right]^{\mathrm{T}}$，则 1D 离散傅里叶变换为

$$F(k) = \langle \boldsymbol{f}, \boldsymbol{B}_k \rangle = \sum_{n=1}^{N-1} f(n) B_k^*(n) = \sum_{n=1}^{N-1} f(n)\mathrm{e}^{-\mathrm{j}\frac{2\pi kn}{N}}, \quad k = 0, 1, 2, \cdots, N-1 \quad (5.31)$$

同理，逆变换可以定义为

$$f(n) = \frac{1}{N}\sum_{k=1}^{N-1} F(k)\mathrm{e}^{-\mathrm{j}\frac{2\pi kn}{N}}, \quad n = 0, 1, 2, \cdots, N-1 \quad (5.32)$$

例 5.3　设有一离散信号向量 $\boldsymbol{f} = [2, 3, 4, 4]^{\mathrm{T}}$，求其离散傅里叶变换。

对于该信号序列，长度 $N = 4$，则有定义

$$F(0) = \sum_{n=0}^{3} f(n)\mathrm{e}^{-\mathrm{j}\frac{2\pi 0 n}{4}} = 2 + 3 + 4 + 4 = 13$$

$$F(1) = \sum_{n=0}^{3} f(n)\mathrm{e}^{-\mathrm{j}\frac{2\pi 1 n}{4}} = 2 + 3\mathrm{e}^{-\mathrm{j}\frac{\pi}{2}} + 3\mathrm{e}^{-\mathrm{j}\pi} + 4\mathrm{e}^{-\mathrm{j}\frac{3\pi}{2}} = -2 + \mathrm{j}$$

$$F(2) = \sum_{n=0}^{3} f(n)\mathrm{e}^{-\mathrm{j}\frac{2\pi 2 n}{4}} = 2 + 3\mathrm{e}^{-\mathrm{j}\pi} + 3\mathrm{e}^{-\mathrm{j}2\pi} + 4\mathrm{e}^{-\mathrm{j}3\pi} = -1$$

$$F(3) = \sum_{n=0}^{3} f(n)\mathrm{e}^{-\mathrm{j}\frac{2\pi 3 n}{4}} = 2 + 3\mathrm{e}^{-\mathrm{j}\frac{3\pi}{2}} + 3\mathrm{e}^{-\mathrm{j}3\pi} + 4e^{-\mathrm{j}\frac{9\pi}{2}} = -2 - \mathrm{j}$$

由此，变换后的信号向量 $\boldsymbol{F} = [13, -2 + \mathrm{j}, -1, -2 - \mathrm{j}]^{\mathrm{T}}$。

5.5.2　2D 离散傅里叶变换

考虑 2D 连续图像函数 $f(x, y), (x, y) \in \mathbb{R} \times \mathbb{R}$，分别沿着 x 方向和 y 方向进行 Δx 和 Δy 的均匀间隔采样，$x = x_0 + m\Delta x, y = y_0 + n\Delta y, (x_0, y_0)$ 为起始采样点。将其采样值按照索引 (m, n) 进行矩阵存储，记为 $f(m, n)$，这样可以离散化为一幅数字图像。

$$f(m, n) \triangleq f(x_0 + m\Delta x, y_0 + n\Delta y), m = 0, 1, 2, \cdots, M-1; n = 0, 1, 2, \cdots, N-1$$

给定一幅离散图像 $f(m, n), m = 0, 1, 2, \cdots, M-1; n = 0, 1, 2, \cdots, N-1$，2D 离散傅里叶基函数 (2D-DFT) 为

$$B_{u,v}(m, n) = \mathrm{e}^{\mathrm{j}2\pi\left(\frac{mu}{M} + \frac{nv}{N}\right)}, u = 0, 1, 2, \cdots, M-1; v = 0, 1, 2, \cdots, N-1 \quad (5.33)$$

则 2D 离散傅里叶基函数可以定义为

$$F(u, v) = \sum_{m=0}^{M-1}\sum_{n=0}^{N-1} f(m, n) B_{u,v}^*(m, n) = \sum_{m=0}^{M-1}\sum_{n=0}^{N-1} f(m, n)\mathrm{e}^{-\mathrm{j}2\pi\left(\frac{mu}{M} + \frac{nv}{N}\right)}$$
$$u = 0, 1, 2, \cdots, M-1; v = 0, 1, 2, \cdots, N-1 \quad (5.34)$$

注意，如图 5.8 所示：

(1) 2D 离散傅里叶基函数变换后的图像仍然是 $M \times N$ 的矩阵，其矩阵元素是复数；

(2) 空间频率索引 $u = 0, 1, 2, \cdots, M-1; v = 0, 1, 2, \cdots, N-1$；

(3) 当 $f(m, n) \triangleq f(m\Delta x, n\Delta y)$，$F(u, v)$ 实际记录的傅里叶系数是 $F(u, v) \triangleq F(u\Delta u, v\Delta v)$，此时空间采样间隔与频率采样间隔之间的关系是

$$\Delta u = \frac{1}{M\Delta x}, \quad \Delta v = \frac{1}{N\Delta y} \tag{5.35}$$

而 2D 离散傅里叶逆变换 (2D-IFT) 可定义为

$$f(m, n) = \frac{1}{MN} \sum_{u=0}^{M-1} \sum_{v=0}^{N-1} F(u, v) e^{j2\pi\left(\frac{mu}{M} + \frac{nv}{N}\right)} \tag{5.36}$$

$$m = 0, 1, 2, \cdots, M-1; n = 0, 1, 2, \cdots, N-1$$

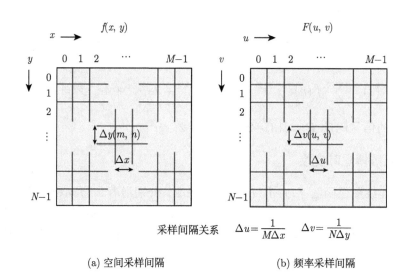

(a) 空间采样间隔   (b) 频率采样间隔

图 5.8 2D 连续图像函数的离散采样

如何直观地理解 2D-IFT 呢？如果我们将离散傅里叶基图像 $B_{u,v}(m, n)$ 的实部和虚部可视化地显示出来，可以生成不同的空间频率 (u, v)，显示不同方向和频率的图案模式 (图 5.9)。在显示时，每个基图像都量化到 0 (黑色)~255 (白色) 的灰度范围内。

这些傅里叶基图像可以看作是 "图像的建筑块"。这样，我们直观地理解为，图像可以由不同方向和频率的 "图像的建筑块" 组合形式进行合成，也可以按照 "图像的建筑块" 进行分解。傅里叶变换系数实质上是这些 "图像的建筑块" 的贡献度或者加权量。

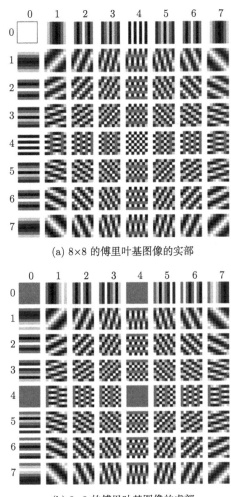

(a) 8×8 的傅里叶基图像的实部

(b) 8×8 的傅里叶基图像的虚部

图 5.9　不同空间频率的离散傅里叶基的幅值函数按照灰度形式可视化显示的图案

注意到 2D 离散傅里叶基的可分离性，即 $B_{u,v}(m,n) = B_u(m)B_v(n) = \mathrm{e}^{\mathrm{j}2\pi\frac{mu}{M}}\mathrm{e}^{\mathrm{j}2\pi\frac{nv}{N}}$，2D-DFT 可以重新整理为

$$F(u,v) = \sum_{m=0}^{N-1}\underbrace{\left[\underbrace{\sum_{n=0}^{N-1} f(m,n)\,\mathrm{e}^{-\mathrm{j}2\pi\frac{mu}{M}}}_{\text{按行作1D-DFT}}\right]\mathrm{e}^{-\mathrm{j}2\pi\frac{nv}{N}}}_{\text{按列作1D-DFT}} \tag{5.37}$$

可见，2D-DFT 可以通过等价的方式可分离实现，即图像按行进行 1D-DFT 变换；然后对变换后的结果按列进行 1D-DFT 变换。当然，也可以先按列后按行变换。同理，对于 2D-IFT 同样可以分离实现。因此，对于数字图像而言，实现傅里叶分析的关键是设计 1D 快速傅里叶算法 (1D-FFT)。对于 1D-FFT，我们将在后续章节给出介绍。

5.5.3 中心化处理

按照 5.5.2 节定义的傅里叶变换，其傅里叶表示是按照如图 5.10 所示的坐标系进行排列。空间频率坐标从原点 (左上角) 开始，从左向右、从上往下依次递增。

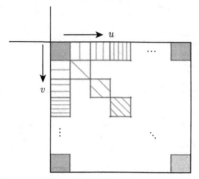

图 5.10　傅里叶系数的非中心化排列形式

这种排列方式对于图像处理工程师来说，很难清晰地体现傅里叶系数所属空间频率大小的频谱分布和对称性。为此，人们习惯采取径向频率 $\omega = \sqrt{u^2 + v^2}$ 去考察空间频率结构，并将 $(u=0, v=0)$ 平移至矩阵中心。

重新考察 2D-DFT 公式

$$F(u,v) = \sum_{m=0}^{N-1}\sum_{n=0}^{N-1} f(m,n)\mathrm{e}^{-\mathrm{j}2\pi\left(\frac{mu}{M}+\frac{nv}{N}\right)} \tag{5.38}$$

我们将频率索引坐标 (u,v) 映射为一个新的索引坐标 (u',v')，

$$u' = u - \frac{M}{2}, \quad v' = v - \frac{N}{2} \tag{5.39}$$

经过上述平移处理，$(u',v') = (0,0)$ 将位于矩阵中心。这样经过平移中心化处理的傅里叶变换为

$$F(u',v') = F\left(u - \frac{M}{2}, v - \frac{N}{2}\right) = \sum_{m=0}^{M-1}\sum_{n=0}^{N-1} f(m,n)\mathrm{e}^{-\mathrm{j}2\pi\left(\frac{m(u-M/2)}{M}+\frac{n(v-N/2)}{N}\right)}$$

利用指数函数的可分离性以及 $\mathrm{e}^{\mathrm{j}\pi} = -1$，易得

$$F(u',v') = F\left(u - \frac{M}{2}, v - \frac{N}{2}\right) = \sum_{m=0}^{M-1}\sum_{n=0}^{N-1} (-1)^{m+n} f(m,n)\mathrm{e}^{-\mathrm{j}2\pi\left(\frac{mu}{M}+\frac{nv}{N}\right)} \tag{5.40}$$

即中心化 DFT 是 $(-1)^{m+n} f(m,n)$ 的 DFT 的结果。图 5.11 显示了中心化傅里叶变换的基函数可视化结果。

然而，在实际的操作过程中，乘以常数 $(-1)^{m+n}$，然后进行 DFT 处理还是比较麻烦的。另一种方法是采取对角象限交换的方法实现中心化傅里叶变换。如图 5.12 所示，直接将原始 DFT 系数矩阵 $F(u,v)$ 分成四个矩形，其中两条线穿过中心，并标记子块序

号，然后通过对角交换象限的方法实现。例如块 3 与块 1 交换，块 4 与块 2 交换，最终 $F(u, v) \rightarrow F(u', v')$。

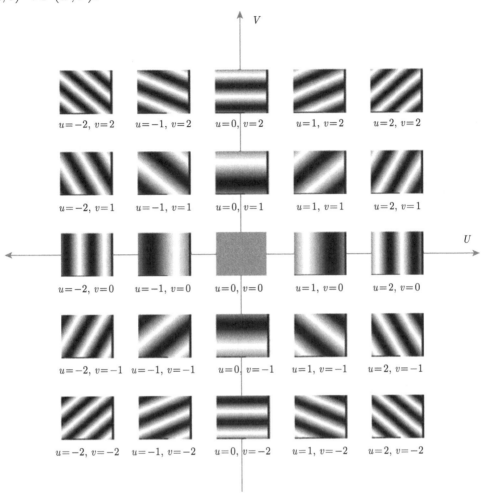

图 5.11　中心化傅里叶变换的基函数可视化结果

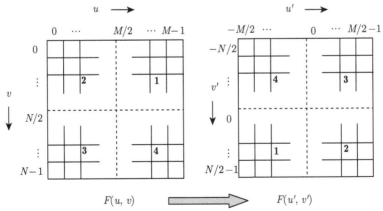

图 5.12　采取对角象限交换的方法实现中心化傅里叶变换

中心化傅里叶变换的好处有两个方面：①将频率原点平移至中心，使得离散频率空间的范围变为 $[-M/2, M/2-1] \times [-N/2, N/2-1]$，符合径向增大的方向频率越大；②按照径向频率的方式进行系数排列，有利于设计频域滤波器，以平滑、增强或者抑制特定径向频率范围的系数。

5.6   离散傅里叶变换的矩阵表示

5.6.1   1D 离散傅里叶变换的矩阵表示

通过矩阵表达离散傅里叶变换有助于我们进一步理解离散傅里叶变换。给定 1D 信号序列 $\{f(n)\}_{n=0}^{N-1}$，信号长度为 N，则离散信号可表示为 1D 向量，记为 $\boldsymbol{f} = [f(0), f(1), \cdots, f(N-1)]^{\mathrm{T}}$；输出的傅里叶系数向量 $\boldsymbol{F} = [F(0), F(1), \cdots, F(N-1)]^{\mathrm{T}}$，则 1D-DFT 可以等价地表达为一个变换–向量形式：

$$F = \underbrace{\begin{bmatrix} \cdots \\ \cdots \\ \vdots \\ \cdots \end{bmatrix}}_{\boldsymbol{T} = [T[k,n]]_{N \times N}} \begin{bmatrix} f(0) \\ f(1) \\ \vdots \\ f(N-1) \end{bmatrix} \tag{5.41}$$

由 1D-DFT 的公式，变换矩阵由元素 $T[k,n] = \mathrm{e}^{-\mathrm{j}\frac{2\pi k n}{N}}$ 构成，是一个复数矩阵，第 k 行向量是

$$\boldsymbol{T}[k,.] = \left[1, \mathrm{e}^{-\mathrm{j}\frac{2\pi k}{N}}, \mathrm{e}^{-\mathrm{j}\frac{4\pi k}{N}}, \cdots, \mathrm{e}^{-\mathrm{j}\frac{2n\pi k}{N}}, \mathrm{e}^{-\mathrm{j}\frac{2(n+1)\pi k}{N}}, \cdots, \mathrm{e}^{-\mathrm{j}\frac{2(N-1)\pi k}{N}}\right]_{1 \times N} \tag{5.42}$$

例 5.4   给定一串长度 $N = 4$ 的信号序列，试导出其 4×4 的傅里叶变换矩阵。

应用公式 (5.42)，可得

$$\begin{bmatrix} 1 & 1 & 1 & 1 \\ 1 & \mathrm{e}^{-\mathrm{j}\frac{\pi}{2}} & \mathrm{e}^{-\mathrm{j}\pi} & \mathrm{e}^{-\mathrm{j}\frac{3\pi}{2}} \\ 1 & \mathrm{e}^{-\mathrm{j}\pi} & \mathrm{e}^{-\mathrm{j}2\pi} & \mathrm{e}^{-\mathrm{j}3\pi} \\ 1 & \mathrm{e}^{-\mathrm{j}\frac{3\pi}{2}} & \mathrm{e}^{-\mathrm{j}3\pi} & \mathrm{e}^{-\mathrm{j}\frac{9\pi}{2}} \end{bmatrix}$$

由欧拉恒等式

$$\mathrm{e}^{-\mathrm{j}\frac{\pi}{2}} = \cos\frac{\pi}{2} - \mathrm{j}\sin\frac{\pi}{2} = -\mathrm{j}$$

$$\mathrm{e}^{-\mathrm{j}\pi} = \cos\pi - \mathrm{j}\sin\pi = -1$$

$$\mathrm{e}^{-\mathrm{j}\frac{3\pi}{2}} = \cos\frac{3\pi}{2} - \mathrm{j}\sin\frac{3\pi}{2} = \mathrm{j}$$

则 4×4 的傅里叶变换矩阵为

$$T = \begin{bmatrix} 1 & 1 & 1 & 1 \\ 1 & -j & -1 & j \\ 1 & -1 & 1 & -1 \\ 1 & j & -1 & -j \end{bmatrix}$$

进一步，我们分析矩阵 T 的正交性 (由于是复数矩阵，严格说是酉正交性)。可以证明矩阵 T 中的任意一个行向量与另外一个不同的行向量的共轭是正交的，取矩阵的任意第 k 行和第 l 行

$$T[k,.] = \left[1, e^{-j\frac{2\pi k}{N}}, e^{-j\frac{4\pi k}{N}}, \cdots, e^{-j\frac{2n\pi k}{N}}, e^{-j\frac{2(n+1)\pi k}{N}}, \cdots, e^{-j\frac{2(N-1)\pi k}{N}}\right]_{1 \times N}$$

$$T[l,.] = \left[1, e^{-j\frac{2\pi l}{N}}, e^{-j\frac{4\pi l}{N}}, \cdots, e^{-j\frac{2n\pi l}{N}}, e^{-j\frac{2(n+1)\pi l}{N}}, \cdots, e^{-j\frac{2(N-1)\pi l}{N}}\right]_{1 \times N}$$

可以证明

$$\langle T[k,.], T[l,.] \rangle = T[k,.]T^{\mathrm{H}}[l,.] = \sum_{n=0}^{N-1} e^{-j\frac{2\pi kn}{N}} e^{j\frac{2\pi ln}{N}} = \sum_{n=0}^{N-1} e^{j\frac{2\pi(l-k)n}{N}} = N \cdot \delta(l-k) \quad (5.43)$$

(提示：可先证明 $\sum_{n=1}^{N-1} e^{j2\pi t \frac{n}{N}} = N\delta(t)$ 这一结论)

又由于复数矩阵 T 是对称的，表明 T 具有正交性

$$T^{\mathrm{H}}T = TT^{\mathrm{H}} = N \cdot I, \ 且 T^{-1} = \frac{1}{N}T^{\mathrm{H}} \quad (5.44)$$

其中，T^{H} 表示复共轭转置。由于存在常数 N，因此不是标准规范。为了规范化，我们仅需构造

$$U = \frac{1}{\sqrt{N}}T, \ 此时 U^{-1} = \frac{1}{\sqrt{N}}T^{\mathrm{H}} \quad (5.45)$$

此时，U 为规范正交的，是一个酉矩阵，即满足

$$UU^{\mathrm{H}} = I \quad (5.46)$$

这样我们可以得到完全对称且规范的傅里叶变换，数学上称为酉变换。

$$\begin{cases} F(k) = \frac{1}{\sqrt{N}} \sum_{n=0}^{N-1} f(n)e^{-j\frac{2\pi kn}{N}}, k = 0,1,2,\cdots,N-1 \Leftrightarrow F = \frac{1}{\sqrt{N}}Tf = Uf \\ f(n) = \frac{1}{\sqrt{N}} \sum_{k=0}^{N-1} F(k)e^{-j\frac{2\pi kn}{N}}, n = 0,1,2,\cdots,N-1 \Leftrightarrow f = \frac{1}{\sqrt{N}}T^{\mathrm{H}}F = U^{\mathrm{H}}F \end{cases} \quad (5.47)$$

5.6.2 2D 离散傅里叶变换的矩阵表示

由 5.6.1 节，用下列元素构造矩阵 U

$$U[k,n] = \frac{1}{\sqrt{N}} e^{-j\frac{2\pi kn}{N}} \tag{5.48}$$

其中，$k = 0, 1, 2, \cdots, N-1; n = 0, 1, 2, \cdots, N-1$，则 1D-DFT 等价于一个酉矩阵

$$U = \frac{1}{\sqrt{N}} T \tag{5.49}$$

给定一幅大小为 $N \times N$ 的图像 $G = [G[i,j]]_{N \times N}$，则由二维离散傅里叶基的可分离性，图像 G 的二维离散傅里叶变换形式如下：

$$2D - DFT(G) = UGU \tag{5.50}$$

下面举例说明。

例 5.5 给定一幅 4×4 的图像 G

$$G = \begin{bmatrix} 0 & 0 & 0 & 0 \\ 0 & 1 & 1 & 0 \\ 0 & 1 & 1 & 0 \\ 0 & 0 & 0 & 0 \end{bmatrix}$$

试求 2D-DFT 的结果，并写出变换后的图像。

由例 5.4，$N = 4$，一维傅里叶矩阵

$$T = \begin{bmatrix} 1 & 1 & 1 & 1 \\ 1 & -j & -1 & j \\ 1 & -1 & 1 & -1 \\ 1 & j & -1 & -j \end{bmatrix}$$

规范的傅里叶变换 $U = \frac{1}{\sqrt{4}} T$。右乘 U，可得

$$GU = \frac{1}{2} \begin{bmatrix} 0 & 0 & 0 & 0 \\ 0 & 1 & 1 & 0 \\ 0 & 1 & 1 & 0 \\ 0 & 0 & 0 & 0 \end{bmatrix} \begin{bmatrix} 1 & 1 & 1 & 1 \\ 1 & -j & -1 & j \\ 1 & -1 & 1 & -1 \\ 1 & j & -1 & -j \end{bmatrix} = \frac{1}{2} \begin{bmatrix} 0 & 0 & 0 & 0 \\ 2 & -1-j & 0 & j-1 \\ 2 & -1-1 & 0 & j-1 \\ 0 & 0 & 0 & 0 \end{bmatrix}$$

左乘 U

$$2\text{D-DFT}(\boldsymbol{G}) = \frac{1}{4} \begin{bmatrix} 1 & 1 & 1 & 1 \\ 1 & -\mathrm{j} & -1 & \mathrm{j} \\ 1 & -1 & 1 & -1 \\ 1 & \mathrm{j} & -1 & -\mathrm{j} \end{bmatrix} \begin{bmatrix} 0 & 0 & 0 & 0 \\ 2 & -1-\mathrm{j} & 0 & \mathrm{j}-1 \\ 2 & -1-1 & 0 & \mathrm{j}-1 \\ 0 & 0 & 0 & 0 \end{bmatrix}$$

$$= \begin{bmatrix} 1 & -\dfrac{1+\mathrm{j}}{2} & 0 & \dfrac{\mathrm{j}-1}{2} \\ -\dfrac{1+\mathrm{j}}{2} & \dfrac{\mathrm{j}}{2} & 0 & \dfrac{1}{2} \\ 0 & -1-1 & 0 & \mathrm{j}-1 \\ \dfrac{\mathrm{j}-1}{2} & \dfrac{1}{2} & 0 & -\dfrac{\mathrm{j}}{2} \end{bmatrix}$$

5.6.3　快速傅里叶变换 (FFT)

长期以来，傅里叶变换是信号处理的基石，它的重要性不言而喻，其快速实现的优点吸引了广大数学家和信号处理学者的关注。

由式 (5.47) 可以看出，计算 1D-DFT 时，对每一个 k (频率索引) 值需要做 N 次复数乘法和 $N-1$ 次复数加法。那么对 N 个 k 值，全部 DFT 运算需要进行 $N \times N = N^2$ 次复数乘法和 $N \times (N-1) \approx N^2$ (当 N 很大时) 次复数加法。显然，当 N 很大时，1D-DFT 的计算复杂度为 $O\left(N^2\right)$。

对于一幅 $M \times N$ 大小的图像，当 $M = N = 1024$ 时，一次 DFT 就需要上万亿次的乘法和加法，还不包括计算一次并提前存储的指数运算。即使对于超级计算机而言，直接暴力计算也是非常大的挑战。例如，1976 年美国克雷公司推出了世界上首台运算速度达每秒 2.5 亿次的超级计算机，但和暴力计算 DFT 比起来也相形见绌。2013 年 6 月 17 日，国际 TOP500 组织公布全球超级计算机 500 强排行榜单，国防科技大学研制的 "天河二号" 超级计算机系统以每秒 33.86 千万亿次的浮点运算速度，成为全球最快的超级计算机，才可能胜任暴力的 DFT 直接计算。

1965 年，Cooley 和 Tukey 首次提出了一种快速傅里叶变换 (fast Fourier transform, FFT) 算法，其复数乘法和复数加法的次数仅为 $O\left(N \log_2 N\right)$，在 N 很大时，计算量的降低是显著的，对于 1024×1024 的图像，普通计算机即可胜任。

FFT 算法可以分为按照时间抽取和频率抽取两大类算法。Cooley-Tukey 算法属于前者，而后者是前者的改进形式。本节只介绍按照时间抽取，且假设 $N = 2^K$ (K 为正整数) 的 FFT 算法。考虑下述离散傅里叶变换

$$F(k) = \frac{1}{N} \sum_{n=0}^{N-1} f(n) \mathrm{e}^{-\mathrm{j}\frac{2\pi k n}{N}}, \quad k = 0, 1, 2, \cdots, N-1 \tag{5.51}$$

考虑将奇数项 (odd) 和偶数项 (even) 分开计算

$$F(k) = \underbrace{\frac{1}{N}\sum_{n=0}^{N/2-1} f(2n)\mathrm{e}^{-\mathrm{j}\frac{2\pi k 2n}{N}}}_{\text{even}} + \underbrace{\frac{1}{N}\sum_{n=0}^{N/2-1} f(2n+1)\mathrm{e}^{-\mathrm{j}\frac{2\pi k(2n+1)}{N}}}_{\text{odd}}$$

$$= \frac{1}{2}\left[\underbrace{\frac{1}{N/2}\sum_{n=0}^{N/2-1} f(2n)\mathrm{e}^{-\mathrm{j}\frac{2\pi k n}{N/2}}}_{N/2\text{点的偶数项DFT}} + \mathrm{e}^{-\mathrm{j}\frac{2\pi k}{N}}\cdot\underbrace{\frac{1}{N/2}\sum_{n=0}^{N/2-1} f(2n+1)\mathrm{e}^{-\mathrm{j}\frac{2\pi k n}{N/2}}}_{N/2\text{点的奇数项DFT}}\right] \quad (5.52)$$

由上述公式可知如下结论:

结论 5.1 N 个点的一次 DFT 运算等同于两次 $N/2$ 个点的 DFT 运算, 外加一次指数运算和一次加法运算。如果 F_N 是 N 点的运算复杂度, 则

$$O(F_N) = O(F_{N/2}) + O(F_{N/2}) + O(N) \quad (5.53)$$

进一步, 定义

$$F_N(k) = \frac{1}{2}\left[\underbrace{F_{N/2}^{\mathrm{e}}}_{N/2\text{点的偶数项DFT}} + \mathrm{e}^{-\mathrm{j}\frac{2\pi k}{N}}\cdot\underbrace{F_{N/2}^{\mathrm{o}}}_{N/2\text{点的奇数项DFT}}\right]$$

其中, $F_{N/2}^{\mathrm{e}} = \dfrac{1}{N/2}\sum_{n=0}^{N/2-1} f(2n)\mathrm{e}^{-\mathrm{j}\frac{2\pi k n}{N/2}}$, $F_{N/2}^{\mathrm{o}} = \dfrac{1}{N/2}\sum_{n=0}^{N/2-1} f(2n+1)\mathrm{e}^{-\mathrm{j}\frac{2\pi k n}{N/2}}$。

由于 $k' = k + N/2$ 时,

$$\mathrm{e}^{-\mathrm{j}\frac{2\pi k'}{N}} = \mathrm{e}^{-\mathrm{j}\frac{2\pi(k+N/2)}{N}} = \mathrm{e}^{-\mathrm{j}\frac{2\pi k}{N}}\mathrm{e}^{-\mathrm{j}\pi} = -\mathrm{e}^{-\mathrm{j}\frac{2\pi k}{N}}\text{(共轭对称性)}$$

可得

$$\left.\begin{array}{l} F_N(k) = \dfrac{1}{2}\left(F_{N/2}^{\mathrm{e}} + \mathrm{e}^{-\mathrm{j}\frac{2\pi k}{N}}\cdot F_{N/2}^{\mathrm{o}}\right) \\[3mm] F_N\left(k+\dfrac{N}{2}\right) = \dfrac{1}{2}\left(F_{N/2}^{\mathrm{e}} - \mathrm{e}^{-\mathrm{j}\frac{2\pi k}{N}}\cdot F_{N/2}^{\mathrm{o}}\right) \end{array}\right\}, \quad k = 1, 2, \cdots, N/2 \quad (5.54)$$

对于上述两项, 只需要计算一次复数乘法, 前半部分和后半部分都取决于 $F_{N/2}^{\mathrm{e}}$ 和 $F_{N/2}^{\mathrm{o}}$。以此类推, $F_{N/2}^{\mathrm{e}}$ 和 $F_{N/2}^{\mathrm{o}}$ 的计算可以递推到计算 $F_{N/4}^{\mathrm{e}}$ 和 $F_{N/4}^{\mathrm{o}}$。学过 "数据结构" 或者 "C++ 程序设计" 的读者可能知道, 这可以通过递归算法实现。可推导出 FFT 的算法复杂度 $O(N\log_2 N)$。

上述 FFT 算法的简要说明仅仅针对 $N = 2^K$ 的情况, 对于一般情况, 在一定的时间代价下也有 FFT 算法。总结而言, FFT 的基本思想是把原始的 N 点序列, 依次分解成一系列的短序列。充分利用 DFT 计算式中指数因子所具有的对称性质和周期性质, 进而求出这些短序列相应的 DFT 并进行适当组合, 达到删除重复计算、减少乘法运算和简化结构的目的。

5.7　傅里叶变换与卷积

傅里叶变换的一个重要应用是对于空域卷积的频域分析与快速计算。这建立在一个著名的定理基础之上，即**空域卷积定理**。

定理 5.1(空域卷积定理)　两个无穷信号序列空域卷积的傅里叶变换，等于它们各自傅里叶变换的乘积，即

$$g(x,y) = f(x,y) \otimes h(x,y) \Leftrightarrow G(u,v) = F(u,v) \cdot H(u,v) \tag{5.55}$$

下面，我们在 2D 无穷信号序列形式下对上述卷积定理进行进一步说明 (1D 情形显然成立)。在第 3 章，我们提到对于二维线性平移不变 (2D-LSI) 系统的输入–输出关系的卷积描述，可以通过考察系统在复指数信号序列

$$\{e^{jux}e^{jvy}\}, \ x = 0, \pm 1, \pm 2, \cdots, \pm\infty; y = 0, \pm 1, \pm 2, \cdots, \pm\infty$$

下的输出来表征系统的频率响应，因此 $e^{j\omega_1 x}e^{j\omega_2 y}$ 称为 2D-LSI 的本征函数 (eigen function)。即对于一个卷积系统 $T[\cdot]$，其卷积核为 $h(x,y)$，输入为 $e^{jux}e^{jvy}$，输出为 $g(x,y)$，如图 5.13 所示。

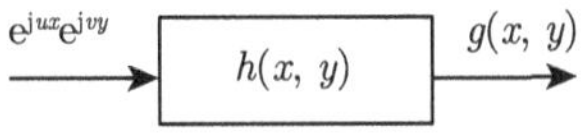

图 5.13　复指数信号序列在卷积系统下的输出

则由卷积定义：

$$g(x,y) = T\left[e^{jux}e^{jvy}\right] = \left(e^{jux}e^{jvy}\right) \otimes h(x,y)$$

$$= \sum_{m=-\infty}^{+\infty}\sum_{n=-\infty}^{+\infty} e^{ju(x-m)}e^{jv(y-n)}h(m,n)$$

$$= e^{jux}e^{jvy}\sum_{m=-\infty}^{+\infty}\sum_{n=-\infty}^{+\infty} e^{-jum}e^{-jvn}h(m,n)$$

令

$$H(u,v) = \sum_{m=-\infty}^{+\infty}\sum_{n=-\infty}^{+\infty} e^{-jum}e^{-jvn}h(m,n) \tag{5.56}$$

则

$$g(x,y) = T\left[e^{jux}e^{jvy}\right] = e^{jux}e^{jvy}H(u,v) \tag{5.57}$$

其中，$H(u,v)$ 称为 LSI 系统的频率响应 (frequency response)。可以发现这本质上是 $h(x,y)$ 的二维傅里叶变换 (此处是采取无穷级数表示形式)，换言之，

$$H(u,v) = F(h(x,y)) \tag{5.58}$$

下面考察一般的信号输入 (图 5.14)

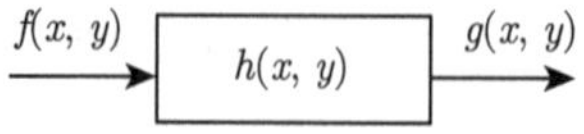

图 5.14　卷积系统的输入-输出关系

由卷积定义

$$g(x,y) = T[f(x,y)] \tag{5.59}$$

由傅里叶逆变换

$$f(x,y) = \sum_{m=-\infty}^{+\infty} \sum_{n=-\infty}^{+\infty} F(u,v) e^{jum} e^{jvn} \tag{5.60}$$

将式 (5.60) 代入系统表达式 (5.59)，则

$$g(x,y) = T\left[\sum_{m=-\infty}^{+\infty} \sum_{n=-\infty}^{+\infty} F(u,v) e^{jum} e^{jvn}\right] \overset{T[\cdot]是线性系统}{=\!=\!=} \sum_{m=-\infty}^{+\infty} \sum_{n=-\infty}^{+\infty} F(u,v) T\left[e^{jum} e^{jvn}\right]$$

$$= \sum_{m=-\infty}^{+\infty} \sum_{n=-\infty}^{+\infty} \underbrace{F(u,v) \cdot H(u,v)}_{G(u,v)} e^{jux} e^{jvy} \tag{5.61}$$

上式为傅里叶逆变换表达式，由此

$$G(u,v) = F(u,v) \cdot H(u,v) \tag{5.62}$$

综合可知

$$g(x,y) = f(x,y) \otimes h(x,y) = \sum_{k=-\infty}^{+\infty} \sum_{l=-\infty}^{+\infty} f(k,l) h(x-k, y-l) \tag{5.63}$$

讨论：

(1) 在连续情形下，卷积定理成立。两个连续函数卷积的傅里叶变换，等于它们各自傅里叶变换的乘积，此时可以表述为积分形式的空域卷积定理；

(2) 如果是有限序列的图像和卷积核信号，只有假设每个方向上都周期性重复，空域卷积定理才成立。

假设对两个二维离散信号序列 $\{f(m,n)\}$，$\{h(m,n)\}$，$m = 0,1,2,\cdots,M-1$；$n = 0,1,2,\cdots,N-1$ 进行扩展，使其具有如下周期性：

$$\begin{aligned}
g(m,n) &\equiv g(m-M, n-N); &\quad h(m,n) &\equiv h(m-M, n-N) \\
g(m,n) &\equiv g(m, n-N); &\quad h(m,n) &\equiv h(m, n-N) \\
g(m,n) &\equiv g(m-M, n); &\quad h(m,n) &\equiv h(m-M, n)
\end{aligned} \tag{5.64}$$

此时二维循环卷积表达式为

$$f(m,n) \otimes h(m,n) = \sum_{k=0}^{M-1} \sum_{l=0}^{N-1} f(k,l) h(m-k,n-l) \tag{5.65}$$

上述二维卷积公式给出了二维周期序列的一个周期。在离散傅里叶变换下

$$f(m,n) \otimes h(m,n) \Leftrightarrow G(u,v) = F(u,v) \cdot H(u,v) \tag{5.66}$$

定理 5.2 (频域卷积定理)　两个无穷信号序列傅里叶变换的卷积，等于它们各自傅里叶变换的乘积，即

$$G(u,v) = F(u,v) \otimes H(u,v) \Leftrightarrow g(m,n) = f(m,n) h(m,n) \tag{5.67}$$

频域上的卷积定理正好有相同的形式，在连续情形或者周期性重复扩展的离散情形下都是成立的，其主要原因是傅里叶变换和其逆之间具有对称关系。

5.8　空域滤波器的频率响应分析

傅里叶变换的一个重要应用是分析线性平移不变系统或空域卷积滤波器的频率响应，由此可以知道该滤波器是否具有低通 (low pass)、带通 (band pass) 或者高通 (high pass) 特性。所谓低通滤波，指的是图像傅里叶变换后，其频率较低的内容保留，而高频部分截止；而高通滤波与之相反；带通滤波则是仅仅保留特定频率范围的信号成分，滤除其余频率成分。通常而言：

(1) 平滑性滤波 (如高斯滤波、Box 滤波、均值滤波等) 具有低通特性；

(2) 边缘检测类的滤波 (如 Sobel 算子、Roberts 算子、Laplace 算子等) 具有高通特性；

(3) 带通滤波较为不常见，但是对于特定的频率增强非常有用。

下面，我们通过若干不同类型的空域滤波器的例子来分析其频率响应。

例 5.6　一个空域滤波器，其卷积核 $\{h(m,n)\}_{m,n=0,\pm 1}$ 在黑点位置的元素值如图 5.15 所示，在其余位置元素值为 0，试分析其频率响应。

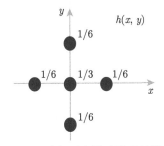

图 5.15　一个低通空域滤波器的卷积核

由公式 (5.56)，可得

$$H(u,v) = \sum_{m=-\infty}^{+\infty} \sum_{n=-\infty}^{+\infty} h(m,n)\, \mathrm{e}^{-\mathrm{j}um} \mathrm{e}^{-\mathrm{j}vn}$$

$$= h(0,0) + h(-1,0)\,\mathrm{e}^{\mathrm{j}u} + h(1,0)\,\mathrm{e}^{-\mathrm{j}u} + h(0,1)\,\mathrm{e}^{-\mathrm{j}v} + h(0,-1)\,\mathrm{e}^{\mathrm{j}v}$$

$$= 1/3 + 1/6\left(\mathrm{e}^{\mathrm{j}u} + \mathrm{e}^{-\mathrm{j}u}\right) + 1/6\left(\mathrm{e}^{\mathrm{j}v} + \mathrm{e}^{-\mathrm{j}v}\right)$$

$$= 1/3 + 1/6 \cdot 2\cos u + 1/6 \cdot 2\cos v$$

$$= 1/3(1 + \cos u + \cos v)$$

作出一个频率周期 $[u,v] \in [-\pi,\pi] \times [-\pi,\pi]$ 的频率响应图，如图 5.16 所示。我们看到该滤波器具有明显的低通滤波属性。例如，由于 $\mathrm{e}^{\pm\mathrm{j}\pi} = -1$，我们可知 $H(0,0) = 1$，$H(-\pi,\pi/2) = 0$。即 0 频具有最高响应，而高频具有 0 响应。

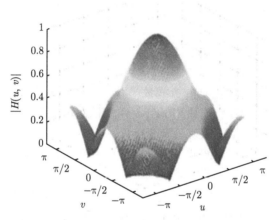

图 5.16　例 5.6 滤波器的频率响应

例 5.7　一个空域滤波器，其卷积核 $\{h(m,n)\}_{m,n=0,\pm 1}$ 在黑点位置的元素值如图 5.17 所示，在其余位置元素值为 -1，试分析其频率响应。

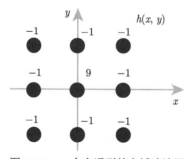

图 5.17　一个高通型的空域滤波器

同理,

$$H(u,v) = \sum_{m=-\infty}^{+\infty} \sum_{n=-\infty}^{+\infty} h(m,n) \mathrm{e}^{-\mathrm{j}um} \mathrm{e}^{-\mathrm{j}vn}$$

$$= h(0,0) + h(-1,0)\mathrm{e}^{\mathrm{j}u} + h(1,0)\mathrm{e}^{-\mathrm{j}u}$$

$$+ h(0,1)\mathrm{e}^{-\mathrm{j}v} + h(0,-1)\mathrm{e}^{\mathrm{j}v} + h(1,1)\mathrm{e}^{-\mathrm{j}u}\mathrm{e}^{-\mathrm{j}v}$$

$$+ h(-1,-1)\mathrm{e}^{\mathrm{j}u}\mathrm{e}^{\mathrm{j}v} + h(1,-1)\mathrm{e}^{-\mathrm{j}u}\mathrm{e}^{\mathrm{j}v} + h(-1,1)\mathrm{e}^{\mathrm{j}u}\mathrm{e}^{-\mathrm{j}v}$$

$$= 9 - 2\cos u - 2\cos v - 2\cos(u+v) - 2\cos(u-v)$$

我们可知 $H(0,0) = 1, H(0,\pi) = 13, H(\pi,\pi) = 9$,即 0 频具有较低的响应,而高频部分响应较高。我们对 $10\log_{10}|H(u,v)|$ 进行可视化,此时频率响应呈 "漏斗" 状 (图 5.18),且 $10\log_{10} H(0,0) = 0$。因此该滤波器允许边缘等高频成分得到保留,低频部分得到抑制。

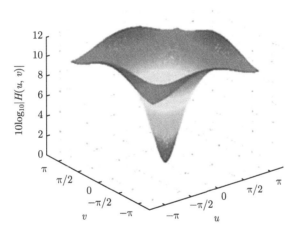

图 5.18 例 5.7 滤波器的频率响应

5.9 频域滤波器设计

傅里叶变换的重要应用是频率域滤波器的设计。第 5.8 节已经简单从频率响应的角度介绍了三类滤波器的基本概念。由空域卷积定理,若给定一幅大小为 $M \times N$ 的数字图像 $f(x,y)$,我们容易建立频率域滤波的实现形式:

$$g(x,y) = f(x,y) \otimes h(x,y)$$

$$\Leftrightarrow G(u,v) = F(u,v) \cdot H(u,v)$$

$$\Leftrightarrow g(x,y) = F^{-1}(F(u,v) \cdot H(u,v)) \tag{5.68}$$

其中，F^{-1} 是 2D-IFT；$F(u,v)$ 是输入图像 $f(x,y)$ 的 DFT；$H(u,v)$ 是滤波器的频率响应函数 (frequency response function)，也称滤波器的传递函数 (transfer function)。基于上述公式，可以通过如图 5.19 所示步骤实现与空间卷积滤波等效的频域滤波。

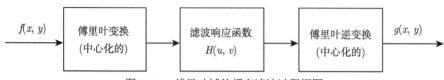

图 5.19　傅里叶域的频率滤波过程框图

为便于理论分析，在频域滤波器设计中，往往采取中心对称的 $H(u,v)$，以简化滤波器设计限制；此时也要求采取中心化傅里叶变换便于频率分析。如前所述，傅里叶变换的中心化可以对输入图像乘以 $(-1)^{x+y}$ 实现。这样，频域滤波器设计归结为滤波器响应函数的设计。我们可以根据需要选择性地保留、抑制或者增强特定频率内容，以实现不同的频率滤波器。这种设计在数学上非常简单，即对响应函数 $H(u,v)$ 进行修改或者调整。

前面提到有限序列的图像和卷积核信号，只有假设每个方向上都周期性重复，空域卷积定理才成立。因此，处理数字图像时，需要进行周期性扩展。

5.9.1　低通滤波

1. 理想低通

一个简单的例子是当频率响应函数 $H(u,v)$ 具有如下形式：

$$H(u,v) = \begin{cases} 1, & D(u,v) \leqslant D_0 \\ 0, & \text{其他} \end{cases} \tag{5.69}$$

该频域滤波器为理想低通滤波器，$D(u,v)$ 是频率域中心与频率矩形中心的距离，即

$$D(u,v) = \sqrt{(u - P/2)^2 + (v - Q/2)^2} \tag{5.70}$$

其中，$D(u,v)$ 称为径向频率；D_0 为径向截止频率；P 和 Q 是为了计算离散傅里叶变换对图像进行周期性填充后的尺寸。该滤波器的三维频率响应图、二维俯视剖面图和一维径向剖面图分别如图 5.20(a)、(b) 和 (c) 所示。顾名思义，"理想" 一词是指截止频率之外，所有频率都毫不保留地去除。理想低通滤波器是原点径向对称的，该滤波器可以由一个径向横截面定义，如图 5.20(c) 所示。该横截面沿着纵轴旋转 360° 则得到二维滤波器。

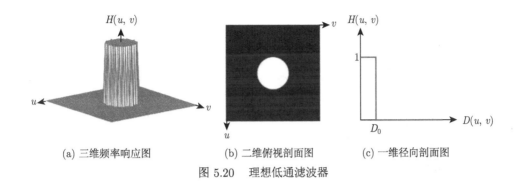

(a) 三维频率响应图　　　　(b) 二维俯视剖面图　　　　(c) 一维径向剖面图

图 5.20　理想低通滤波器

由图 5.20 可知，径向频率越小，阻止通过滤波器的高频成分越多。由于傅里叶变换的能量集中在频率 0 附近，随着 D_0 变小，所保持的能量越小，图像变得越平坦和模糊。图 5.21 所示的例子揭示了径向频率变小，保留的能量变小，图像逐渐变模糊，并且有越来越严重的振铃效应 (ringing effect)。

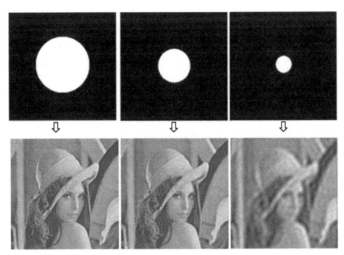

图 5.21　不同截止频率理想低通滤波结果及其保持的能量比：第一列、第二列和第三列分别保持 99.7%、99.37% 和 98.65% 的能量，除模糊外，还有振铃现象

在实际的滤波器电路设计中，理想低通滤波器很难实现。另外，高频完全截止的理想低通滤波器容易导致卷积核为 sinc 函数，进而导致图像出现振铃效应。在空间域将低通滤波作为卷积过程来理解的关键是 $h(x,y)$ 的特性，可将 $h(x,y)$ 分为两部分：原点处的中心部分，中心周围集中的呈周期分布的外围部分。一般而言，前者决定模糊，后者决定振铃现象。若外围部分有明显的振荡，则卷积输出 $g(x,y)$ 会出现振铃。利用傅里叶变换可以发现，若频率响应函数具有陡峭变化，则傅里叶逆变换得到的空域滤波函数会在外围出现振荡。例如，1D 情形频率响应函数 $H(u)$ 为方波函数时，其对应的空域卷积核函数为 $h(x) = \text{sinc } x$，如图 5.22(a) 所示；若二维频率响应函数为一个圆盘，此时空域卷积核函数为 $h(x,y) = \text{sinc} x \cdot \text{sinc} y$，就像一颗石子扔进水面引起的波纹，四周的余波将使图像产生振铃现象，如图 5.22(b) 所示。

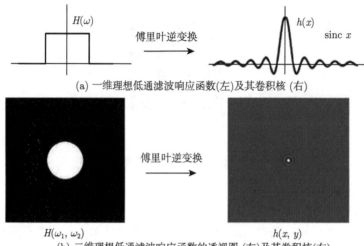

(a) 一维理想低通滤波响应函数(左)及其卷积核 (右)

(b) 二维理想低通滤波响应函数的透视图 (左)及其卷积核(右)

图 5.22   理想低通滤波的频率响应函数

2. 高斯滤波

高斯滤波是一个典型的低通滤波器。高斯函数的傅里叶变换仍然是高斯函数，高斯滤波的频率响应函数为

$$H(u,v) = \mathrm{e}^{-D^2(u,v)/(2\sigma^2)} \tag{5.71}$$

其中，$D(u,v) = \sqrt{u^2+v^2}$ 为距离中心的径向频率；σ^2 为高斯函数的方差，表示原点的扩展度。可设置径向截止频率 $D_0 = \sigma$，此时频率响应值下降到 0.607 处。高斯滤波的频率响应函数具有有限支撑，是快速衰减的，并不像理想低通滤波一样 "硬" 截止。由于高斯滤波的频率响应函数进行傅里叶逆变换后仍然是高斯函数，因此得到的高斯滤波仅仅具有模糊现象，并没有振铃现象。高斯函数在数学上也称为 "软化子"。图 5.23 给出了二维高斯滤波的频率响应函数及其径向剖面。

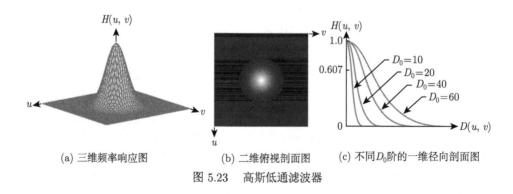

(a) 三维频率响应图   (b) 二维俯视剖面图   (c) 不同D_0阶的一维径向剖面图

图 5.23   高斯低通滤波器

高斯滤波的 "软化模糊" (softer blurring) 可以通过图 5.24 具体展示。图中给出了一个长方形竖条图像经过一个阶段的高斯核卷积的处理结果，同时也展示了其图像的傅里叶变换

与高斯滤波响应函数相乘，然后逆变换为空域图像的过程。可以看到长方形竖条图像被 "软化模糊" 为一个具有向两侧灰度渐变和相对圆润的 "垂直棒"。

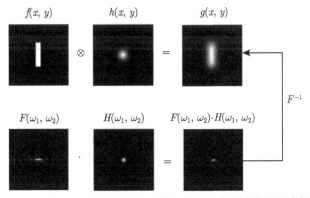

图 5.24　一个低通滤波的示例 (有限支撑区域高斯滤波的频域实现)

图 5.25 给出了不同截止频率高斯滤波与 Lena 图像作用后重建的结果，可以看到，随着截止频率不断降低 (从左至右)，可得到不同程度的模糊图像，但不会出现振铃现象。

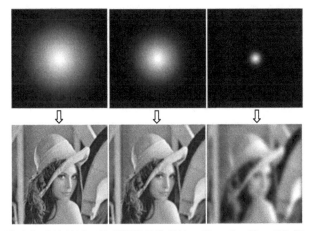

图 5.25　不同截止频率高斯滤波结果及其所保持的能量比，第一列、第二列和第三列分别保持 99.11%、98.74% 和 96.44% 的能量，仅仅产生不同程度的模糊，没有振铃现象

3. 巴特沃思低通滤波 (BLPF)

该类滤波器是与阶数相关的一类低通滤波器，由英国工程师思蒂芬 · 巴特沃思 (Stephen Butterworth)1930 年在发表于英国《无线电工程》期刊的一篇论文中提出。其频率响应函数定义为

$$H\left(u, v\right) = \frac{1}{1 + \left[D\left(u, v\right) / D_0\right]^{2n}} \tag{5.72}$$

其中，n 为巴特沃思滤波器的阶数。

图 5.26(a) 给出了巴特沃思滤波的三维显示的频率响应图，图 5.26(b) 给出了频率响应图的二维俯视剖面图，图 5.26(c) 给出了不同 n 值时响应函数的一维径向剖面。

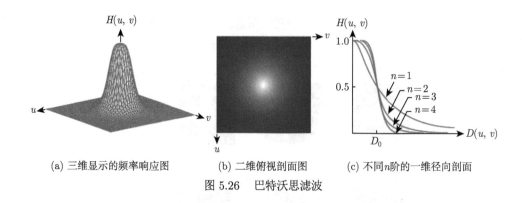

(a) 三维显示的频率响应图   (b) 二维俯视剖面图   (c) 不同 n 阶的一维径向剖面

图 5.26   巴特沃思滤波

巴特沃思滤波器的特点是通频带的频率响应曲线最平滑，没有起伏，而在阻频带则缓慢下降为零，不是急剧快速截止。因此低通滤波能够形成图像较为平滑的结果。一阶滤波器没有振铃现象 (图 5.27(a))。二阶情形振铃几乎不可见 (图 5.27(b))；但是随着阶数的增加，频率响应曲线的振荡性增加 (出现正响应和负响应)，由此导致的振铃现象会增加 (图 5.27 (c)、(d))。

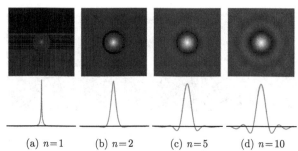

(a) $n=1$ (b) $n=2$ (c) $n=5$ (d) $n=10$

图 5.27   不同阶数巴特沃思滤波频率响应函数的 2D 可视化 (大小 1000×1000, 截止频率 5) 及其 1D 曲线图

5.9.2   高通滤波

前面介绍的低通滤波经常可以用来对图像进行平滑，例如去除噪声等。通常，图像中的边缘、纹理等具有高频特性。当需要对特定的边缘和纹理结构进行增强或者图像锐化 (sharpening) 时，人们经常采取高通滤波的方法。

通常，只要我们有低通滤波器的频率响应函数 $H_{\text{LP}}(u,v)$，就可以得到其对应的高通滤波响应函数

$$H_{\text{HP}}(u,v) = 1 - H_{\text{LP}}(u,v) \tag{5.73}$$

其中，$H_{\text{LP}}(u,v)$ 为低通滤波的频率响应函数。由此可以看出，高通滤波原理与低通滤波的频率响应不同，对低频和高频成分的响应完全相反，凡是低通滤波能保留的低频成分全部滤除 (响应为 0)，而让高频成分通过 (给予一定的响应值)。

基于上述原理，很容易得到理想高通滤波、高斯高通滤波和巴特沃思高通滤波形式。在此，我们简要列出其频率响应函数形式，并与低通滤波进行对比，见表 5.1。

表 5.1　理想、高斯和巴特沃思的低通和高通频率响应函数

类型	低通	高通
理想	$H(u,v)=\begin{cases}1,& D(u,v)\leqslant D_0\\0,& 其他\end{cases}$	$H(u,v)=\begin{cases}0,& D(u,v)\leqslant D_0\\1,& 其他\end{cases}$
高斯	$H(u,v)=e^{-D^2(u,v)/(2\sigma^2)}$	$H(u,v)=1-e^{-D^2(u,v)/(2\sigma^2)}$
巴特沃思	$H(u,v)=\dfrac{1}{1+[D(u,v)/D_0]^{2n}}$	$H(u,v)=\dfrac{1}{1+[D_0/D(u,v)]^{2n}}$

　　为了进一步揭示高通滤波可能的振铃效应，可视化显示上述三类高通滤波器的频率响应函数的灰度图像和径向剖面曲线。图 5.28 给出了显示结果，其中图像显示中灰度值的大小体现频率响应的变化趋势。我们可以清晰地看到，按照 $H_{\mathrm{HP}}(u,v)=1-H_{\mathrm{LP}}(u,v)$ 的形式设计的高通滤波器，是否产生振铃效应取决于对应的低通滤波器。例如，理想高通滤波的频率响应函数具有明显的振荡 (图 5.29(a))，图像滤波时会产生明显的振铃效应；高斯高通滤波器的响应是完全非正的，且没有振荡 (图 5.29(b))，因此没有振铃效应；而巴特沃思高通滤波器在 $n=2$

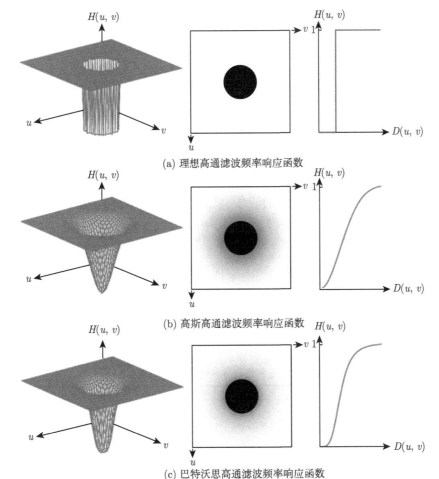

(a) 理想高通滤波频率响应函数

(b) 高斯高通滤波频率响应函数

(c) 巴特沃思高通滤波频率响应函数

图 5.28　理想高通滤波、高斯高通滤波和巴特沃思高通滤波 ($n=2$) 频率响应函数的三种形式
从左到右分别是频率响应函数的三维形式、图像形式和径向剖面曲线形式

时，频率响应函数有些许振荡，会产生一定的振铃；随着阶数的增加，振铃效应会依次增加。读者可自行可视化显示更高阶巴特沃思高通滤波器的频率响应函数，并通过编程实现图像滤波结果，考察图像振铃现象。

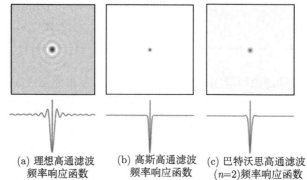

(a) 理想高通滤波   (b) 高斯高通滤波   (c) 巴特沃思高通滤波
频率响应函数   频率响应函数 $(n=2)$ 频率响应函数

图 5.29   理想高通滤波、高斯高通滤波和巴特沃思高通滤波 $(n=2)$ 频率响应函数的图像形式和径向剖面曲线形式

上方是图像形式，下方是径向剖面曲线形式

5.9.3   选择性滤波

在图像处理中，我们可能需要选择性地保持或者滤除有特定频带的信息内容，此时需要频带选择性的滤波器。常见的滤波器包括带通滤波 (band pass filter)、带阻滤波 (band rejection filter) 和陷波滤波 (notch filter)。

顾名思义，带通滤波器是让特定的频带信息通过；如果让特定的频带信息滤除，则称为带阻滤波。这类滤波器可以通过前面不同截止频率的低通和高通滤波器的组合来实现，也可以根据需要自行设计感兴趣的带通或带阻形式。

带阻滤波可以完全截止特定频带的信息，此时为理想带阻滤波；也可以根据频带计算抑制程度。表 5.2 给出了理想带阻、高斯带阻和巴特沃思带阻的频率函数形式。公式中，$D(u,v)$ 是距离滤波器中心的径向频率；C_0 为截止频率。我们希望带阻滤波满足三个设计要求：

(1) 在 C_0 为中心、带宽为 W 的频带 $D(u,v) \in \left[C_0 - \dfrac{W}{2}, C_0 + \dfrac{W}{2}\right]$ 的信息内容得到抑制，其余两侧能够得到较大响应的通过；W 是控制带宽的参数，取特定的值；

(2) $D(u,v) = C_0$ 时，$H(u,v) = 0$；

(3) $D(0,0) = 0$ 时，$H(u,v) = 1$。

表 5.2   三种带阻滤波器的频率响应函数

理想带阻	高斯带阻	巴特沃思带阻
$H(u,v) = \begin{cases} 0, C_0 - \dfrac{W}{2} \leqslant D(u,v) \leqslant C_0 + \dfrac{W}{2} \\ 1, \text{其他} \end{cases}$	$H(u,v) = 1 - e^{-\left(\frac{D^2(u,v) - C_0^2}{D(u,v)W}\right)^2}$	$H(u,v) = \dfrac{1}{1 + \left(\dfrac{D(u,v)W}{D^2(u,v) - C_0^2}\right)^{2n}}$

图 5.30 给出了四种滤波器的频率响应函数的径向剖面图。理想的带阻滤波器可以通过1 个理想低通和 1 个理想高通的组合来实现。但是高斯带阻和巴特沃思带阻在组合实现时有

一定的难度。例如，图 5.30(b) 高斯低通和高通滤波进行组合滤波，响应最低点不在 C_0 处，且该处的 $H(u,v) \neq 0$，不满足要求。

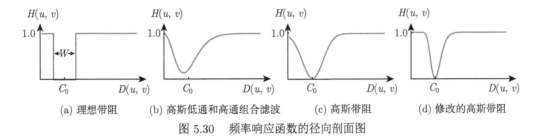

(a) 理想带阻　　　(b) 高斯低通和高通组合滤波　　　(c) 高斯带阻　　　(d) 修改的高斯带阻

图 5.30　频率响应函数的径向剖面图

如何设计满足上述三个要求的高斯带阻滤波器呢？一种方法是采取如下的频率响应函数

$$H(u,v) = 1 - \mathrm{e}^{-\frac{(D(u,v)-C_0)^2}{W}} \tag{5.74}$$

我们发现虽然在 C_0 处 $H(u,v)=0$，左右两侧的频率响应由 0 逐渐平滑递增，但是在频率 0 处响应小于 1，如图 5.30(c) 所示。为了改正这一缺点，将上述函数调整为

$$H(u,v) = 1 - \mathrm{e}^{-\left(\frac{D^2(u,v)-C_0^2}{D(u,v)W}\right)^2} \tag{5.75}$$

这样满足带阻滤波的三个要求，如图 5.30(d) 所示。

同样，我们通过 3D 可视化的形式显示三种带阻滤波器的频率响应函数的空间曲面形式 (图 5.31)。三种带阻滤波器的频率响应函数的图像显示如图 5.32 所示。

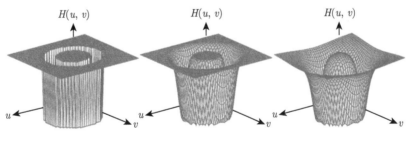

(a) 理想带阻　　　(b) 高斯带阻　　　(c) 巴特沃思带阻

图 5.31　三种带阻滤波器的频率响应函数的 3D 可视化

图中频率响应函数的元素个数 512×512，$C_0 = 128$，$W = 60$

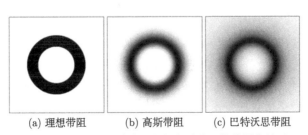

(a) 理想带阻　　　(b) 高斯带阻　　　(c) 巴特沃思带阻

图 5.32　三种带阻滤波器的频率响应函数的图像显示

带阻和带通滤波之间的关系可以通过简单的公式相互转换

$$H_{\mathrm{BP}}(u,v) = 1 - H_{\mathrm{BR}}(u,v) \tag{5.76}$$

其中，H_{BR} 和 H_{BP} 分别表示带阻和带通滤波的频率响应函数。

5.9.4 频域增强滤波

图像处理中，经常需要突出图像的边缘和纹理细节等内容，而这些内容往往是高频成分。可以通过对高频成分进行增强 (high frequency emphasis)，并适当减弱低频成分的频率响应，以突出高频部分。数学上可以通过对高通滤波器乘以一个倍增系数 $b > 1$，然后加一个常数 a 来实现，如下式：

$$H_{\mathrm{hfe}}(u,v) = a + b H_{\mathrm{hp}}(u,v) \tag{5.77}$$

其中，$a \geqslant 0$ 且 $b > a$。a 的典型值在 0.5~0.75，b 在 1~2。

扩展阅读

传统的傅里叶变换是分析和处理平稳信号的一种常见工具，但其对于时变的非平稳信号则显得乏力，这是傅里叶变换采用全局性的基函数所导致的。为了用傅里叶变换研究一个模拟信号的频谱特性，需要获得时域中信息的全部特性。如果一个信号在某一个时刻的一个小的邻域中变化了，那么整个频谱将受到影响。在时频分析中，Gabor 注意到了傅里叶变换的不足。他在 1946 年发表的论文中，为了提取信号傅里叶变换的局部信息，引入了一个时间局部化"窗函数"$g(t-b)$，其中参数 b 为平移参数，可以移动局部窗口对整个时域进行分析。实际上，Gabor 使用了高斯函数作为窗函数 g。因为一个高斯函数的傅里叶变换仍然是高斯函数，所以傅里叶逆变换也是局部的。Gabor 提出的加窗傅里叶变换也称为短时傅里叶变换 (short-time Fourier transform, STFT)。对于函数 $f(x)$，时间 b 处的窗口为 g，频率为 u，则 STFT 定义为

$$\mathrm{STFT}(f(x))(b,u) = \int_{-\infty}^{+\infty} f(x)g(x-b)\,\mathrm{e}^{-\mathrm{j}ux}\mathrm{d}x \tag{5.78}$$

考虑将

$$G_b(x,u) = g(x-b)\,\mathrm{e}^{-\mathrm{j}ux} \tag{5.79}$$

作为新的基底，则 STFT 的基底是移动高斯加窗的三角函数。

对于非平稳信号，分数阶傅里叶变换 (fractional Fourier transform, FRFT) 具有良好的局部化时频分析特性。Fourier 变换的分数幂理论最早是由 Namias 建立的。1980 年 Namias 从特征值与特征函数的角度，以数学的方式提出了分数阶傅里叶变换 (FRFT)，紧接着 McBride 和 Kerr 对分数阶傅里叶变换作了更加严格的数学定义，使之具备了一些重要性质。1994 年，Ameida 又将其解释为时频平面上的旋转算子。FRFT 是传统傅里叶变换的

推广，可以解释为信号在时频平面上以任何角度逆时针旋转。函数 $f(x)$ 的 p 阶连续 FRFT 可以定义为

$$F_p\left(f\left(x\right)\right)\left(u\right) = \int_{-\infty}^{+\infty} f\left(x\right) B_p\left(x, u\right) \mathrm{d}x \tag{5.80}$$

其中，$B_p\left(x, u\right)$ 是连续 FRFT 的变换核，定义为

$$B_p\left(x, u\right) = \begin{cases} A_\alpha \mathrm{e}^{\mathrm{j}\frac{1}{2}\left(x^2 + u^2\right)\cot\alpha - ux\csc\alpha}, & \alpha \neq n\pi \\ \delta\left(x - u\right), & \alpha = 2n\pi \\ \delta\left(x + u\right), & \alpha = \left(2n \pm 1\right)\pi \end{cases} \tag{5.81}$$

其中，$A_\alpha = \sqrt{\left(1 - \mathrm{j}\cot\alpha\right)/\left(2\pi\right)}$，$\alpha = p\pi/2$ 代表时频平面的旋转角度。式 (5.81) 既可以称作函数 $f(x)$ 的 p 阶傅里叶变换，也可以看作函数 $f(x)$ 在 α 角度下的分数阶傅里叶变换。特别地，当 $p=1$ 时，FRFT 就是通常的傅里叶变换。

　　分数阶傅里叶变换具有很多傅里叶变换所不具备的性质，引起了研究人员和工程人员的重视，在短短的二十几年里，它已经被应用到量子力学、微分方程求解、光信号传输、光图像处理、电信号处理、人工神经网络、小波变换和时频分析等诸多领域中。

习题

1. 已知函数 $f(x)$ 的傅里叶变换可以表述为 $F(\varpi) = \int_{-\infty}^{\infty} f(x)\mathrm{e}^{-\mathrm{j}\varpi x}\mathrm{d}x$。

(1) 傅里叶变换是可逆的，写出其逆变换公式；

(2) 求矩形函数 $f(x) = \begin{cases} A, 0 \leqslant x \leqslant \tau \\ 0, \text{其他} \end{cases}$ 的傅里叶变换，并解释当 $A{=}1$，且将该函数看作一个卷积核时，其信号处理是低通还是高通滤波器；

(3) 求函数 $f(x) = \cos x \cdot \sin x$ 的傅里叶变换；

(4) 求函数 $f(x) = \sin^3 x$ 的傅里叶变换；

(5) 某函数 $f(x)$ 的傅里叶变换是 $F(\varpi) = \dfrac{\sin\varpi}{\varpi}$，求该函数 $f(x)$。

2. 按照习题 1 中的傅里叶变换公式，有一个三角函数如题图 5.1 所示。

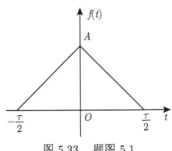

图 5.33　题图 5.1

试写出该分片函数的傅里叶变换。

3. 求高斯函数 $f(x) = \dfrac{1}{\sqrt{2\pi}\sigma}\mathrm{e}^{-\frac{x^2}{2\pi\sigma^2}}$ 的傅里叶变换。

4. 已知函数 $f(t)$ 在一个周期 T 内的表达式是 $f(t) = ht/T, 0 \leqslant t \leqslant T$，其周期延拓图形如题图 5.2 所示。

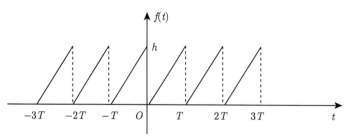

它的傅里叶级数形式为

$$f(t) = \sum_{n=-\infty}^{n=\infty} c_n \mathrm{e}^{-\mathrm{j}n\varpi t}$$

试求傅里叶系数，并作出傅里叶系数振幅关于 $n\varpi, n = 0, 1, 2, 3, \cdots$ 的频谱图。

5. 解释图像空间域卷积计算与傅里叶变换实现的原理，并写出基本公式。

6. 证明连续傅里叶变换满足线性性质。

7. 证明相似性质，即若 $F(\omega) = F(f(x))$，$a \neq 0$，则 $F(f(ax)) = \dfrac{1}{|a|}F\left(\dfrac{\omega}{a}\right)$。

8. 证明位移性质，即若 $F(\omega) = F(f(x))$，则 $F(\omega \pm \omega_0) = F\left(\mathrm{e}^{\mp \mathrm{j}\omega_0 x}f(x)\right)$。

9. 证明微分性质，即若 $F(\omega) = F(f(x))$，则 $\dfrac{\mathrm{d}}{\mathrm{d}\omega}F(\omega) = F(-\mathrm{j}xf(x))$。

10. 一个空域滤波器，其卷积核 $\{h(m,n)\}_{m,n=0,\pm 1}$ 在黑点位置的元素值如下面矩阵所示，设 $h(0,0)$ 为中心像素，在其余位置元素值为 0，试分析其频率响应。

$$\begin{bmatrix} -1 & 0 & 1 \\ -1 & 0 & 1 \\ -1 & 0 & 1 \end{bmatrix}$$

请分析该卷积核所产生的滤波器是什么类型，并用程序设计作出其频率响应图。

11. 在单变量函数情形下，证明卷积定理的正确性。

12. 给定一幅 4×4 的图像 G

$$G = \begin{bmatrix} 0 & 0 & 1 & 0 \\ 1 & 1 & 1 & 1 \\ 0 & 0 & 1 & 0 \\ 0 & 0 & 1 & 0 \end{bmatrix}$$

试写出一维 DFT 矩阵，在此基础上求二维 DFT 的结果，并写出变换后的图像。

13. 假设有一个空间低通滤波器，将像素 (x,y) 直接相邻的 4 个像素取平均值，但不包括该像素本身：

(1) 在频域中找到等价的滤波器 $H(u,v)$；

(2) 证明滤波器是低通的。

14. 设计一个图像滤波算法，该算法使其低频分量完整通过，且高频分量增强，并尝试采取快速傅里叶变换实现这个算法。

15. 阐述邻域平均值滤波器产生振铃效应的原因，并且分析随着邻域窗口增加，振铃效应是否增加。

16. 阐述快速傅里叶变换的实现原理。

小故事 热的传播、三角级数与锲而不舍的傅里叶

法国数学家和物理学家，让·巴普蒂斯·约瑟夫·傅里叶 (Jean Baptiste Joseph Fourier) 于 1804 年左右展开热传播问题的研究。1807 年，他最终完成了关于固体中热传播的重要备忘录，傅里叶运用正弦曲线来描述温度分布，并提出一个很有争议性的结论：任何连续周期信号可以由一组适当的正弦曲线组合而成。这本回忆录于 1807 年 12 月 21 日在巴黎研究所宣读，并由拉格朗日、拉普拉斯等组成的委员会进行评价。现在这本备忘录备受推崇，但在当时引起了争议。委员会对这项工作感到不满。拉格朗日和拉普拉斯在 1808 年提出了反对意见。可能是由于拉格朗日过分坚信其在 1797 年《解析函数论》中用泰勒级数定义函数的理论，而傅里叶给出的函数展开式是三角级数 (我们现在称之为傅里叶级数)。傅里叶的进一步澄清仍然未能说服他们。泊松也有类似的反对意见。1810 年，法国科学院为了推动对热扩散问题的研究征求论文。傅里叶对自己的论文进行修改，1811 年提交了《热在固体中的运动理论》。这篇论文在竞争中获胜，傅里叶获得科学院颁发的奖金。但是很可能是由于拉格朗日的坚持，评委仍从文章的严格性和普遍性上给予了批评，以致这篇论文又未能正式发表。1812 年拉普拉斯在《概率的分析理论》中总结了当时整个概率论的研究，论述了概率在选举、审判调查、气象等方面的应用，并导入 "拉普拉斯变换"。之后，傅里叶决心将自己论文的数学部分扩充成为一本书，1822 年，傅里叶终于出版了专著《热的解析理论》。这部经典著作将欧拉、伯努利等在一些特殊情形下应用的三角级数方法发展成内容丰富的一般理论，三角级数后来就以傅里叶的名字命名 (傅里叶级数)。后来为了处理无穷区域的热传导问题又导出了 "傅里叶积分"，这一切都极大地推动了偏微分方程边值问题的研究。1829 年，德国科学家狄利克雷给出了傅里叶级数收敛的充分条件。1947 年，W. Hurewicz 在解决线性常系数差分方程时提出 Z 变换，这一变换方法于 1952 年被 Ragazzini 和 Zadeh 冠以 "the Z-transform" 用于采样。

第 6 章 图 像 复 原

6.1 引言

图像是 3D 场景在 2D 成像平面的投影,并以二维强度分布的形式作用于人的视觉。然而,由于光学系统的缺陷、成像环境不理想、传输过程的数据丢失以及存储介质的瑕疵,所获取的图像往往是场景理想二维映射图像的退化形式。图像复原是从退化或降质图像版本恢复 (估计) 清晰图像的处理技术。

图像复原技术具有广阔的应用前景。一般而言所有非理想或者欠定条件下的图像获取过程都可应用图像复原技术,包括手持相机、天文观测、深空探测、对地遥感、军事侦察和医学成像等广泛领域。例如,图 6.1 所示为典型的数码相机图像获取过程,理想场景经过数字成像系统时经常受到运动变形 (motion warping)、光学模糊 (optical blurring)、运动模糊 (motion blurring)、感光器模糊 (sensor blurring)、下采样 (down-sampling) 以及随机噪声 (random noise) 等退化因素的影响 (Park et al., 2003)。在天文学中,天文望远镜所获取的图像不仅仅受到望远镜本身成像系统缺陷的制约,也会受到大气湍流的影响,所获取的图像往往是模糊的。图 6.2(a) 为具有光学缺陷的哈勃天文望远镜所拍摄的两幅木星图像,应用一种天文图像复原广泛使用的 Richardson-Lucy 算法 (Richardson, 1972),其复原结果如图 6.2(b) 所示。

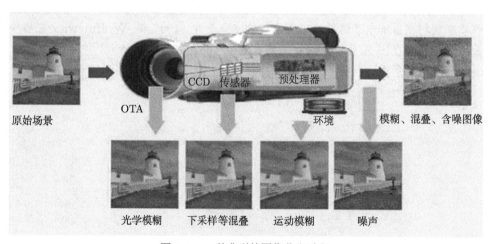

图 6.1 一种典型的图像获取过程

作为经典的图像处理问题,图像复原备受图像处理和数学研究者的青睐,不仅因为该技术具有广泛应用价值,还因为图像复原问题在数学上是一类典型的反问题。反问题研究在科学计算、物理系统和工业应用中具有重要的理论意义，图像复原的研究可以促进相关学科和应用的发展。

(a) 原始图像

(b) 复原结果

图 6.2　具有光学缺陷的哈勃天文望远镜所拍摄的两幅木星图像及其复原结果

6.2　图像模糊退化建模

常见图像复原问题往往建模为线性平移不变系统的信号恢复 (Gonzalez et al., 2010)。本节首先回顾简单图像模糊的信号系统建模原理，然后介绍一些常见的模糊类型。

6.2.1　图像模糊的信号系统建模

图像的退化过程常常建模为一个与光学传递函数和噪声污染相关的过程，一般与光学系统的成像过程相关。光学系统不完善、拍摄时抖动、相机和景物的相对位移等，都会使图像不清晰。原始图像 $u(x,y)$ 经过一个退化算子或退化系统 $H(x,y)$ 的作用，并与噪声 $n(x,y)$ 叠加，形成退化图像 $f(x,y)$。图 6.3 表示一个典型退化过程的输入–输出信号系统。图中 $H(x,y)$ 表示该信号系统的物理过程。

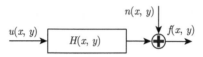

图 6.3   图像退化过程的输入-输出信号系统建模

从输入–输出信号系统建模的角度看，图像的退化过程可以用数学式表达为

$$f(x,y) = H[u(x,y)] + n(x,y) \tag{6.1}$$

其中，$H[u(x,y)]$ 可看作综合所有退化因素的信号系统。一般而言，信号系统往往包括线性系统和非线性系统。信号系统 $H[\cdot]$ 是线性系统，则对任意两个输入图像 (或信号)$u_1(x,y)$、$u_2(x,y)$，满足

$$H[\alpha_1 u_1(x,y) + \alpha_2 u_2(x,y)] = \alpha_1 H[u_1(x,y)] + \alpha_2 H[u_2(x,y)] \tag{6.2}$$

刻画信号系统的另一个性质是移不变还是移可变的。如果称一个信号系统是移不变，则满足

$$H[u(x,y)] = \overline{u}(x,y), \ 则 \ H[u(x-s,y-t)] = \overline{u}(x-s,y-t) \tag{6.3}$$

换言之，移不变系统不因位置而变化，是空间不变的。如果 $H[\cdot]$ 是移不变的，说明图像中某一像素的退化过程取决于像素值，而与位置无关。将某个位置 (s,t) 的冲激函数作为输入，其中冲激函数表示为

$$\delta(x,y) = \begin{cases} 0, & (x,y) \neq 0 \\ +\infty, & (x,y) = 0 \end{cases} \tag{6.4}$$

且满足 $\iint_{\Omega} \delta(x,y)\,\mathrm{d}x\mathrm{d}y = 1$，系统 $H[\cdot]$ 的输出为

$$H[\delta(x-s,y-t)] = h(x,y;s,t) \tag{6.5}$$

则 $h(x,y;s,t)$ 称为系统 $H[\cdot]$ 的脉冲响应，也称为点扩散函数 (point spread function, PSF)。

不难验证，如果 $H[\cdot]$ 是线性系统，则

$$\begin{aligned}
H[f(x,y)] &= H\left[\iint u(s,t)\delta(x-s,y-t)\,\mathrm{d}s\mathrm{d}t\right] \\
&= \iint H[u(s,t)\delta(x-s,y-t)]\,\mathrm{d}s\mathrm{d}t = \iint u(s,t)H[\delta(x-s,y-t)]\,\mathrm{d}s\mathrm{d}t \\
&= \iint u(s,t)h(x,y;s,t)\,\mathrm{d}s\mathrm{d}t
\end{aligned} \tag{6.6}$$

可见线性系统 $H[\cdot]$ 完全可由其脉冲响应表征出来。图像降质在数学上可简化为带有混叠的过程，可用一个叠加积分来描述：

$$f(x,y) = \int_{-\infty}^{+\infty}\int_{-\infty}^{+\infty} h(x,y;s,t)u(s,t)\mathrm{d}s\mathrm{d}t + n(x,y) \tag{6.7}$$

其中，(x,y) 和 (s,t) 表示像平面和物平面上点的二维空间坐标 $h(x,y;s,t)$，描述为刻画成像过程模糊效应的点扩散函数；$n(x,y)$ 表示加性噪声。

若点扩散函数 $h(x,y;s,t)$ 不能表达为 $(x-s,y-t)$ 的函数，即 $h(x,y;s,t) \neq h(x-s,y-t)$，称它是空间变化的 (spatial variant)。对于一大类成像过程，PSF 与景物空间的 (s,t) 是位置无关的，可写成 $h(x,y;s,t) = h(x-s,y-t)$，则称为空间不变的 (spatial invariant)。进一步，如果成像系统是线性系统，则成像过程可以建模为第一类卷积型方程 (事实上，目前大部分信号处理都采取该类模型)：

$$f(x,y) = \int_{-\infty}^{+\infty} \int_{-\infty}^{+\infty} h(x-s, y-t)u(s,t)\mathrm{d}s\mathrm{d}t + n(x,y)$$

$$= (h \otimes u)(x,y) + n \tag{6.8}$$

图像复原的一类基本问题是反卷积过程 (deconvolution)，目的是由观测图像 $f(x,y)$ 来估计原始图像 $u(x,y)$。如果 PSF 或者模糊核已知，则称为非盲图像复原；如果 PSF 未知，则称为盲图像复原 (blind image restoration)。

6.2.2 图像退化的矩阵-向量表示

本节考虑离散图像的退化模型。不妨假设未知连续图像 u 和观测退化图像 f 以及卷积核 h 可以离散为

$$u(i,j), i = 0, 1, 2, \cdots, A-1; j = 0, 1, 2, \cdots, B-1$$

$$f(i,j), i = 0, 1, 2, \cdots, A-1; j = 0, 1, 2, \cdots, B-1$$

$$h(i,j), i = 0, 1, 2, \cdots, C-1; j = 0, 1, 2, \cdots, D-1 \tag{6.9}$$

为了有效表示离散卷积运算，首先对 $A \times B$ 大小的 u 和 f 以及 $C \times D$ 大小的卷积核延拓

$$u_e(i,j) = \begin{cases} u(i,j), & 0 \leqslant i \leqslant A-1; 0 \leqslant j \leqslant B-1 \\ 0, & A \leqslant i \leqslant M-1; B \leqslant j \leqslant N-1 \end{cases} \tag{6.10}$$

$$f_e(i,j) = \begin{cases} f(i,j), & 0 \leqslant i \leqslant A-1; 0 \leqslant j \leqslant B-1 \\ 0, & A \leqslant i \leqslant M-1; B \leqslant j \leqslant N-1 \end{cases} \tag{6.11}$$

$$h_e(i,j) = \begin{cases} h(i,j), & 0 \leqslant i \leqslant C-1; 0 \leqslant j \leqslant D-1 \\ 0, & C \leqslant i \leqslant M-1; D \leqslant j \leqslant N-1 \end{cases} \tag{6.12}$$

则延拓后的图像信号可以看作是周期函数，其在水平和垂直方向的变化周期分别为 M 和 N，则

$$f_e(i,j) = \sum_{k_1=0}^{M-1} \sum_{k_2=0}^{N-1} h_e(i-k_1, j-k_2)u_e(k_1, k_2) + n_e(i,j), \quad 0 \leqslant i \leqslant M-1; 0 \leqslant j \leqslant N-1$$

$$\tag{6.13}$$

式 (6.13) 称为二维卷积形式，简单记为

$$f_e = h_e \otimes u_e + n_e \tag{6.14}$$

令 $\mathrm{vec}(\cdot)$ 表示将矩阵转换为列向量的算子，并记

$$\boldsymbol{u} = \mathrm{vec}\left[u_e(i,j)\right], \; \boldsymbol{f} = \mathrm{vec}\left[f_e(i,j)\right], \; \boldsymbol{n} = \mathrm{vec}\left[n_e(i,j)\right] \tag{6.15}$$

则式 (6.13) 可以重写为矩阵–向量形式：

$$\boldsymbol{f} = \boldsymbol{H}\boldsymbol{u} + \boldsymbol{n} \tag{6.16}$$

其中，$\boldsymbol{u}, \boldsymbol{f}, \boldsymbol{n}$ 均是 $MN \times 1$ 维列向量，$\boldsymbol{H}$ 为 $MN \times MN$ 维矩阵，具有带循环块的块循环矩阵 (block circulant matrix with circulant blocks, BCCB) 的结构 (王彦飞，2007)，即

$$\boldsymbol{H} = \begin{bmatrix} \boldsymbol{H}_0 & \boldsymbol{H}_{M-1} & \boldsymbol{H}_{M-2} & \cdots & \boldsymbol{H}_1 \\ \boldsymbol{H}_1 & \boldsymbol{H}_0 & \boldsymbol{H}_{M-1} & \cdots & \boldsymbol{H}_2 \\ \boldsymbol{H}_2 & \boldsymbol{H}_1 & \boldsymbol{H}_0 & \cdots & \boldsymbol{H}_3 \\ \vdots & \vdots & \vdots & & \vdots \\ \boldsymbol{H}_{M-1} & \boldsymbol{H}_{M-2} & \boldsymbol{H}_{M-3} & \cdots & \boldsymbol{H}_0 \end{bmatrix} \tag{6.17}$$

其中每一个部分 $\boldsymbol{H}_j$ 为分块矩阵，大小为 $N \times M$，它同样具有循环性质，即矩阵的前一行的尾和后一行的头首尾连接，交替循环出现

$$\boldsymbol{H}_j = \begin{bmatrix} h_e(j,0) & h_e(j,N-1) & h_e(j,N-2) & \cdots & h_e(j,1) \\ h_e(j,1) & h_e(j,0) & h_e(j,N-1) & \cdots & h_e(j,2) \\ h_e(j,2) & h_e(j,1) & h_e(j,0) & \cdots & h_e(j,3) \\ \vdots & \vdots & \vdots & & \vdots \\ h_e(j,N-1) & h_e(j,N-2) & h_e(j,N-3) & \cdots & h_e(j,0) \end{bmatrix} \tag{6.18}$$

数学上可以证明，式 (6.16) 是形如式 (6.13) 的二维卷积的重要性质，即周期延拓信号的二维卷积可以表达为 BCCB 矩阵与向量乘形式。BCCB 矩阵具有很好的对角化性质。注意到循环矩阵的每一列都是前一列向下移动一个位置得到的。如果定义下移置换矩阵

$$\boldsymbol{S} = \begin{bmatrix} \boldsymbol{0} & \boldsymbol{0} & \boldsymbol{0} & \cdots & \boldsymbol{I} \\ \boldsymbol{I} & \boldsymbol{0} & \boldsymbol{0} & \cdots & \boldsymbol{0} \\ \boldsymbol{0} & \boldsymbol{I} & \boldsymbol{0} & \cdots & \boldsymbol{0} \\ \vdots & \vdots & \vdots & & \vdots \\ \boldsymbol{0} & \boldsymbol{0} & \boldsymbol{I} & \cdots & \boldsymbol{0} \end{bmatrix}$$

其中，$\boldsymbol{I}$ 为 $N \times M$ 单位矩阵；$\boldsymbol{0}$ 为 $N \times M$ 的零矩阵。若我们定义

$$\boldsymbol{C} = [H_0, H_1, \cdots, H_{M-1}]$$

循环矩阵 $\boldsymbol{H}$ 可以按如下方式生成：

$$\boldsymbol{H} = [\boldsymbol{C}, \boldsymbol{SCS}^2\boldsymbol{C}, \cdots, \boldsymbol{S}^{M-1}\boldsymbol{C}]$$

基于矩阵分析理论，对于 BCCB 矩阵 $\boldsymbol{H}$，具有如下矩阵分解形式：

$$\boldsymbol{H} = \boldsymbol{F}\widetilde{\boldsymbol{H}}\boldsymbol{F}^{-1}, \ \boldsymbol{H}^{\mathrm{T}} = \boldsymbol{F}^{-1}\widetilde{\boldsymbol{H}}^*\boldsymbol{F} \tag{6.19}$$

其中，$\boldsymbol{F}\boldsymbol{F}^{-1} = \boldsymbol{F}^{-1}\boldsymbol{F} = \boldsymbol{I}$，$\widetilde{\boldsymbol{H}}$ 为对角阵，$\widetilde{\boldsymbol{H}}^*$ 为 $\widetilde{\boldsymbol{H}}$ 的复共轭矩阵；并且矩阵 $\boldsymbol{F}$ 为矩阵 $\boldsymbol{H}$ 的特征向量，对角阵 $\boldsymbol{D}$ 由矩阵 $\boldsymbol{H}$ 的特征值组成。可以证明，正交矩阵 $\boldsymbol{F}$ 为离散傅里叶变换矩阵 (DFT)；而 $\boldsymbol{D} = \mathrm{diag}(\boldsymbol{FC})$。简言之：

$$\boldsymbol{H} = \boldsymbol{F}^{-1}\mathrm{diag}(\boldsymbol{FC})\boldsymbol{F} \tag{6.20}$$

上式表明 $\boldsymbol{Hu}$ 的运算可以通过三次快速傅里叶变换 (FFT) 获得。

需要指出的是，虽然模糊退化的卷积过程可以通过延拓转化为 BCCB 结构的矩阵向量形式，但并不是所有的退化过程都具有 BCCB 结构。同时，在一些图像反问题中，$\boldsymbol{H}$ 也并非方阵，而是更一般的矩阵形式。例如在压缩感知 (compressive sensing) 问题中，$\boldsymbol{H}$ 为扁长形的长阵，其行数远远小于列数，此时 $\boldsymbol{H}$ 称为测量矩阵，$\boldsymbol{f}$ 为 $\boldsymbol{u}$ 的测量信息，$\boldsymbol{n}$ 为测量误差。本书主要关注经典图像复原问题，对于更为欠定的压缩感知问题，建议读者参阅相关著作 (王彦飞，2007；Eldar et al., 2012)。

6.2.3　图像退化的频域表示

图像的退化过程可以表达为卷积形式 (6.14)，则利用卷积定理，空间域的卷积等价于频域的乘积。因此，可以把式 (6.14) 写为等价的频域表述：

$$\mathbf{F}(f)(\xi, \eta) = \mathbf{F}(h)(\xi, \eta) \cdot \mathbf{F}(u)(\xi, \eta) + \mathbf{F}(n)(\xi, \eta) \tag{6.21}$$

其中，(ξ, η) 表示频域坐标，$\mathbf{F}(\cdot)$ 表示二维傅里叶变换。特别需要说明的是，$H = \mathbf{F}(h)$ 为 PSF 的傅里叶变换，称为调制传递函数 (modulation transfer function, MTF)。

6.2.4　常用模糊模型

本节我们简要回顾模糊核常见类型，关于该方面的详细介绍，读者可参阅文献 (Reginald et al., 2005; 肖亮等，2017)。

1. 无模糊

这种情况对应完美成像过程，离散图像中没有模糊，此时对应空间中的连续 PSF 可以建模为 Dirac δ 函数 $h(x,y) = \delta(x,y)$，离散 PSF 可以建模为单位脉冲响应

$$h(i,j) = \delta(i,j) = \begin{cases} 1, & i = j = 0 \\ 0, & 其他 \end{cases} \tag{6.22}$$

理论上，连续形式的 PSF 在实际中是无法满足的。

2. 线性运动模糊

线性运动模糊是由相机曝光时间内相机和景物之间的相对运动所导致的。假设在相机的曝光时间间隔内 $[0, t_{\text{exposure}}]$，相机相对景物的运动速度为 v_{relative}，运动方向定义为与垂直方向的夹角 ϕ，定义 "运动长度" 为 $L = v_{\text{relative}} \cdot t_{\text{exposure}}$，则运动模糊的 PSF 可描述为

$$h(x,y;L,\phi) = \begin{cases} \dfrac{1}{L}, & \sqrt{x^2+y^2} \leqslant \dfrac{L}{2}, \dfrac{x}{y} = -\tan\phi \\ 0, & \text{其他} \end{cases} \tag{6.23}$$

对于特殊情况 $\phi = 0$，一个合适的离散逼近可表达为

$$h(i,j;L) = \begin{cases} \dfrac{1}{L}, & i = 0; |j| \leqslant \left\lfloor \dfrac{L-1}{2} \right\rfloor \\ \dfrac{1}{2L}\left\{ (L-1) - 2\left\lfloor \dfrac{L-1}{2} \right\rfloor \right\}, & j = 0; |i| \leqslant \left\lfloor \dfrac{L-1}{2} \right\rfloor \\ 0, & \text{其他} \end{cases} \tag{6.24}$$

图 6.4 给出了运动模糊的 PSF 的傅里叶频谱 $|H(u,v)|$，分别对应 (a) $L = 7.5$, $\phi = 0$ 和 (b) $L = 7.5$, $\phi = \pi/4$。可以看出运动模糊的低通滤波特性，如图 6.4(a) 对应的是水平方向低通滤波。

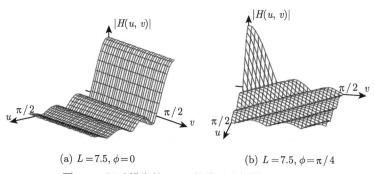

(a) $L = 7.5$, $\phi = 0$ (b) $L = 7.5$, $\phi = \pi/4$

图 6.4   运动模糊的 PSF 的傅里叶频谱 $|H(u,v)|$

3. 均匀离焦模糊

当相机将三维场景映射为二维成像平面时，部分场景是聚焦的，而其他部分是离焦的。如果相机孔径是圆，几何光学分析表明，光学系统散焦造成的模糊的 PSF 是一个均匀分布的圆形光斑，该模糊核可简化为

$$h(x,y;L,\phi) = \begin{cases} \dfrac{1}{\pi R^2}, & \sqrt{x^2+y^2} \leqslant R^2 \\ 0, & \text{其他} \end{cases} \tag{6.25}$$

其中，R 是散焦斑半径。在离散情况下，近似可以采取

$$h(i,j;L) = \begin{cases} \dfrac{1}{C}, & \sqrt{i^2 + j^2} \leqslant R^2 \\ 0, & \text{其他} \end{cases} \tag{6.26}$$

其中，参数 C 为满足归一化条件的常数。上述近似的 PSF 在圆周边缘的像素是不精确的。一种更精确的近似是在圆周边缘像素之处的函数值为所覆盖区域的连续 PSF 的积分，如图 6.5 所示。图 6.6 给出两幅不同图像在离焦模糊下的图像模糊结果。

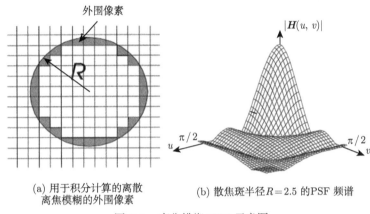

(a) 用于积分计算的离散　　　　(b) 散焦斑半径 $R = 2.5$ 的 PSF 频谱
离焦模糊的外围像素

图 6.5　离焦模糊 PSF 示意图

图 6.6　离焦模糊图像实例 (Wang et al., 2014)

4. 高斯模糊

高斯模糊函数是许多成像系统常见的模糊函数。典型的系统如光学相机、CCD 摄像机、CT 机、成像雷达等。在卫星遥感和天文观测中，大气湍流造成的图像模糊虽然取决于诸多因素如温度、风速和曝光时间等，但是对于长时间曝光而言，PSF 也可以建模为高斯函数

$$h(x,y;\sigma_{\mathrm{G}}) = C \exp\left(-\frac{x^2 + y^2}{2\sigma_{\mathrm{G}}^2}\right) \tag{6.27}$$

其中，σ_{G} 为模糊的弥散程度；常数 C 为归一化因子。由于高斯函数水平方向和垂直方向可分离，离散时可以首先计算一维高斯点扩散函数，其元素的数值计算按照一维采样网格

$$\left[i-\frac{1}{2},i+\frac{1}{2}\right]$$ 的积分

$$\overline{h}(n,\sigma_{\mathrm{G}})=C\int_{i-\frac{1}{2}}^{i+\frac{1}{2}}\exp\left(-\frac{x^2}{2\sigma_{\mathrm{G}}^2}\right)\mathrm{d}x \tag{6.28}$$

二维离散高斯模糊核可计算为 $h(i,j;\sigma_{\mathrm{G}})=\overline{h}(i;\sigma_{\mathrm{G}})\overline{h}(j;\sigma_{\mathrm{G}})$。由于空间连续的 PSF 没有有限支撑，计算时需适当截断。图 6.7(a) 为高斯模糊的 PSF 的傅里叶频谱；图 6.7(b) 为仿真模拟的高斯模糊图像。

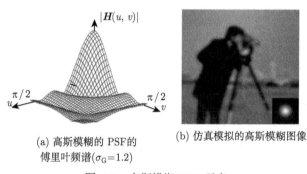

(a) 高斯模糊的 PSF的
　　傅里叶频谱($\sigma_{\mathrm{G}}=1.2$)

(b) 仿真模拟的高斯模糊图像

图 6.7　高斯模糊 PSF 示意

5. 相机抖动模糊

相机抖动模糊 (camera shake blur) 是相机在曝光时间内与目标场景的相对运动造成的，通常出现在手持相机上或者需要长时间曝光的情况下。与目标运动模糊不同的是，相机抖动模糊通常假设目标场景是静态的，而考察的是相机的不规则运动，如平移、旋转等。这种复杂的模糊退化过程所对应的模糊核模型难以表达，而且所对应的模糊大多是空间变化的 (图 6.8)。有效的解决手段是对相机的运动轨迹进行建模，表现在退化模型上则是认为最终的模糊图像是由目标场景经过一系列仿射变换叠加得到的。

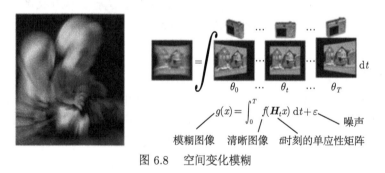

图 6.8　空间变化模糊

考虑一种较为理想的情况，即不考虑相机的旋转运动，而仅仅考虑相机按平行于像平面的平移模式运动，若目标场景的景深是一致的，此时所对应的模糊即是空间不变的相机抖动模糊 (图 6.9)，可以利用式 (6.1) 的模型对退化过程进行描述。然而即使基于理想的假设，这

种情况下不规则的相机运动所对应的模糊核仍然是非常复杂的，通常难以参数化描述，因此其先验知识显得尤为重要。

图 6.9　空间不变的抖动模糊

6.3　常用噪声建模

在图像的退化过程中，噪声污染是一个重要的退化因素。噪声的统计特性对于图像复原和超分辨而言，通过服从特定分布的随机变量来刻画。在图像处理中，噪声分为加性噪声和乘性噪声 (Charles, 2005; Aubert et al., 2002)。通常将噪声假设为加性高斯分布，但是在一些特殊的应用领域，噪声表现为其他分布形式。例如电影胶片可能出现椒盐噪声，合成孔径雷达图像呈现 γ 分布的相干斑噪声 (speckle)，天文图像表现为泊松分布。图 6.10 是基于噪声统计特性仿真合成的几种典型分布的含噪声图像 (Aubert et al., 2002)。

(a) 原始图像　　　　(b) 含椒盐噪声图像　　　　(c) 含相干斑噪声图像

(d) 含加性高斯噪声图像　　(e) 含乘性高斯噪声图像　　(f) 含加性高斯噪声和模糊的图像

图 6.10　不同噪声污染图像的表现形式

6.3.1 加性噪声

1. 高斯噪声

常用的加性噪声为满足高斯分布的噪声。高斯随机变量 η 的概率密度函数 (PDF) 由下式给出：

$$p_\eta(x) = \frac{1}{\sqrt{2\pi}\sigma}e^{-(x-\mu)^2/(2\sigma^2)} \tag{6.29}$$

其中，x 表示灰度值；μ 表示 η 的数学期望；σ 为 η 的标准差。在实际中，高斯噪声的取值范围可限定为 $\pm 3\sigma$ 的范围内，如果可能的话，高斯噪声的取值也需适当截断以保证图像 $g \geqslant 0$。

在多维随机向量情形，多变量高斯密度为

$$p_\eta(\boldsymbol{x}) = (2\pi)^{-N/2}e^{-(\boldsymbol{x}-\boldsymbol{\mu})^{\mathrm{T}}\boldsymbol{\Sigma}^{-1}(\boldsymbol{x}-\boldsymbol{\mu})/2} \tag{6.30}$$

其中，$\boldsymbol{x} \in \mathbb{R}^N, \boldsymbol{\mu} \in \mathbb{R}^N$，$\boldsymbol{\Sigma} = \boldsymbol{E}(\boldsymbol{\eta}-\boldsymbol{\mu})(\boldsymbol{\eta}-\boldsymbol{\mu})^{\mathrm{T}}$ 为协方差矩阵。

在特定条件下，大量统计独立的随机变量的和的分布趋于正态分布，这就是中心极限定理。中心极限定理表明：独立随机变量本身并不要求满足高斯分布，甚至并没有限定这些独立随机变量服从同一分布。可以考察如下准则，将噪声建模为高斯分布：①有大量的随机变量对"和"贡献；②"和"中的随机变量必须是独立的或者近似独立；③"和"中每一项的作用非常小。例如，热噪声是大量电子热振动所产生的结果，电子之间的振动是相互独立的，单个电子的贡献对于其他所有电子而言是微不足道的。因此，可将热噪声看作高斯噪声。

2. 重尾分布噪声

随机变量 η 及其分布函数 $F(\eta)$ 服从重尾分布，若尾指数 $\alpha > 0$ 且 $0 < c < \infty$，其互补累积分布函数 (complementary cumulative distribution function, CCDF) 为 $P(\eta > x) = 1 - F(x) \approx cx^{-\alpha}, x \to \infty$。重尾分布的随机变量的互累积分布函数曲线衰减慢于指数分布，也意味着相当大的概率质量集中于分布的尾部。如果噪声符合重尾分布特性，则意味着对于较大的 x，$p_\eta(x)$ 趋于零的速度比高斯函数慢 (即慢衰减)。在图像处理中，典型的重尾分布噪声有如下类型。

1) 双指数分布噪声

在很多图像压缩算法中，预测误差常常建模为双指数分布：

$$p_\eta(x) = \frac{1}{\sqrt{2\pi}\sigma}e^{-\sqrt{2}|x-\mu|/\sigma} \tag{6.31}$$

其中，μ 表示 η 的数学期望；σ 为 η 的标准差。对于指数分布的噪声而言，关于 μ 的最佳估计往往不是平均值，而是中值。

2) 负指数分布噪声

在合成孔径雷达等相干成像系统的图像中，经常出现斑点噪声 (speckle)，该类噪声可以建模为负指数分布：

$$p_\eta(x) = \frac{1}{\mu} e^{-x/\sigma} \tag{6.32}$$

其中，$x > 0$，μ 表示 η 的数学期望，$\mu = E\eta > 0$。

3) 混合高斯分布噪声

令 $p_0(x)$ 为平均值为 μ_0、方差为 S_0^2 的高斯密度函数，$p_1(x)$ 为平均值为 μ_1、方差为 S_1^2 的高斯密度函数，则混合高斯分布噪声的密度函数为

$$p_\eta(x) = (1 - \alpha) p_0(x) + \alpha p_1(x) \tag{6.33}$$

4) 广义高斯分布噪声

噪声服从均值为零的广义高斯分布 (generalized Gaussian distribution, GGD)：

$$P_\eta(x) = \frac{p}{2\sigma\Gamma(1/p)} \exp\left(-\frac{|x - \mu|^p}{\sigma^p}\right) \tag{6.34}$$

其中，μ 为均值；$\gamma(\cdot)$ 为 γ 函数 $\Gamma(z) = \int_0^\infty e^{-t} t^{z-1} dt$，$z > 0$；$p$ 和 σ 分别为 GGD 的形状参数和标准方差 (肖亮等，2007)。形状参数 p 反映了噪声的分布类型，当 $p = 1$ 时退化为 Laplace 分布，当 $p = 2$ 时是高斯分布，当 $0 < p < 1$ 时为重尾分布，当 $p \to \infty$ 时则逼近均匀分布。图 6.11 为 $\mu = 0$ 时的广义高斯分布 (从上到下 p 分别选为 3，2.5，2，1.5，1，0.5，0.2)。

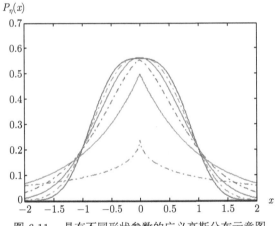

图 6.11 具有不同形状参数的广义高斯分布示意图

3. 椒盐噪声

椒盐噪声也称为脉冲噪声，在图像中较为常见，它是一种随机出现的白点或黑点，可能是亮的区域有黑色像素或是在暗的区域有白色像素 (或是两者皆有)。椒盐噪声的成因包括影像信号受到突如其来的强烈干扰、数位转换器或位元传输错误等。例如失效的感应器导致像素值为最小值，饱和的感应器导致像素值为最大值。

椒盐噪声可看作一种极度重尾分布的噪声。令 $f(x, y)$ 为原始图像，$g(x, y)$ 为椒盐噪声污染的图像，则一种简单的椒盐噪声模型为

$$P(g = f) = 1 - \alpha$$

$$P(g = \text{Max}) = \alpha/2 \tag{6.35}$$

$$P(g = \text{Min}) = \alpha/2$$

其中，Max 和 Min 分别代表图像的最大和最小值，典型的例子是 Max = 255, Min = 0。上式表示图像中的像素按照 $1 - \alpha$ 的概率保持不变，而按照 $\alpha/2$ 的概率将图像中的像素修改为最大值和最小值。

6.3.2 非加性噪声

非加性噪声往往是图像依赖型噪声，有两种典型形式：乘性相干斑噪声和泊松噪声 (Starck et al., 2015)。前者往往出现在合成孔径雷达 (SAR)、激光成像、超声成像等过程中，而后者往往出现在医学显微成像、天文成像中。相比于加性噪声，非加性噪声去除和统计参量估计更具挑战性。一种直接的方法是高斯化处理，乘性相干斑噪声通常采取对数变换，泊松噪声采取方差稳定变换。但是这种处理仅仅是近似的，仍然存在大量科学问题。下面分别简单介绍。

1. 乘性相干斑噪声及其高斯化处理

在各种主动成像系统中，如 SAR、激光或者超声成像中噪声往往表现为信号依赖的乘性噪声。假设潜在未知信号 u 的数据被乘性噪声污染后的观测数据为 f，一个常用的观察模型是

$$f(k) = u(k) \cdot \eta(k) \tag{6.36}$$

其中，第 k 个像素处噪声随机变量 η 服从参数为 K 的 γ 分布

$$P_\eta(\eta(k)) = \frac{K^K (\eta(k))^{K-1} \exp(-K\eta(k))}{(K-1)!} \tag{6.37}$$

对于乘性噪声的处理，最常用的方法是通过对数变换转换为加性噪声

$$f_S(k) = \log(f(k)) = \log(u(k)) + \log(\eta(k)) = \log(u(k)) + n(k) \tag{6.38}$$

其中，$n(k)$ 的概率密度函数是

$$P_n(n(k)) = \frac{K^K \exp(K(n(k) - e^{n(k)}))}{(K-1)!} \tag{6.39}$$

可以证明 $n(k)$ 的均值和方差分别是 $\psi_0(K) - \log K$ 和 $\psi_1(K)$，其中 $\gamma_n(z) = \left(\dfrac{\mathrm{d}}{\mathrm{d}z}\right)^{n+1}$ $\log G(z)$ 是有理 γ 函数。如图 6.12 所示，噪声 $n(k)$ 是非零均值也非高斯的，但是当 K 很大时它以方差 $\psi_1(K)$ 接近高斯分布。当利用多尺度几何分析 (如小波、Ridgelet、Curvelet 等) 对对数变换后的数据作变换时，会得到更好的渐近高斯性，其基本原理是中心极限定理。这种情况下，首先对输入的数据施加对数变换 (式 (6.38))，然后对施加变换后的数据去噪，最后再施加指数变换返回得到结果。由于对数变换后的噪声的均值为 $\psi_0(K) - \log K$，因此在指数变换之前需要去掉这个均值加以修正。

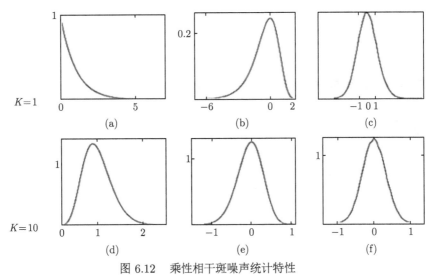

图 6.12 乘性相干斑噪声统计特性

左：乘性噪声 η 的直方图；中：对数变换 n；右：n 的小波系数

2. 泊松噪声及其高斯化处理

在光量子计数成像系统中，如 CCD 固态光电检测器阵列、计算机断层扫描 (computer tomography, CT)、磁共振成像 (magnetic resonance imaging, MRI)、天文成像、计算机 X 射线摄影 (computed radiography, CR)、正电子发射体层成像 (positron emission tomography, PET)、单光子发射计算机体层摄影 (single photon emission computed tomography, SPECT)、共焦显微成像 (confocal microscopy images) 等，由于量子结构引起的光子流统计波动现象，图像上会产生小幅度变化，形成细小的颗粒，最终获取的图像往往受到量子噪声的污染。量子噪声服从泊松分布的统计特征，是一种信号依赖噪声，且噪声强度和方差均与信号强度相关。在这样的情况下，泊松分布是一种近似的噪声模型，随机变量只在一个整数集合中取值。一个随机变量 n 具有泊松分布，是指它取整值 k 的概率可以表达为

$$P(n=k) = \frac{\lambda^k \mathrm{e}^{-\lambda}}{k!}, \quad 0 \leqslant k < \infty \tag{6.40}$$

其中，λ 是 n 的均值。

假设观测数据 f 为潜在未知信号 u 的泊松过程实现

$$f(k) \sim \text{Possion}(u(k))$$

其中，$u(k)$ 是潜在的信号 (所谓的泊松亮度)。图 6.13 给出了不同程度泊松噪声污染的仿真模拟图像。泊松成像的难点是噪声的方差等于它的均值 $u(k)$，也就是说它是依赖信号的。当 $u(k)$ 的亮度很大时，可以采取方差稳定变换 (variance stabilizing transformation, VST) ——Anscombe 变换使其转化为渐近高斯信号 (Anscomke, 1948)。VST 变换定义为

$$f_\mathrm{s}(k) = A(f(k)) = 2\sqrt{f(k) + \frac{3}{8}} \tag{6.41}$$

Starck 等 (2015) 表明，观测数据经过方差稳定变换后可近似为渐近高斯的 $f_\mathrm{s}(k) \sim N\left(2\sqrt{u(k)}, 1\right)$，成立的条件是亮度足够大。对于低亮度情形，上述变换效果欠佳，Zhang

等 (2008) 给出了更好的高斯化处理方法。经过 Anscombe VST 以后，我们再次回到加性白噪声，可以运用相应的高斯噪声去除算法对 $f_s(k)$ 进行噪声抑制，最后运用逆 Anscombe VST 得到 $u(k)$ 的估计。

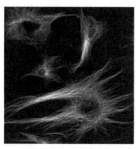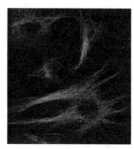

(a) 原图像   (b) Poisson 噪声轻度污染   (c) Poisson 噪声严重污染

图 6.13   不同程度 Poisson 噪声污染的图像

3. 高斯和泊松混合噪声及其高斯化处理

电荷耦合器件 (CCD) 检测光子是通过电子的数目来表达的，它可以用泊松分布来建模，除此之外还有加性高斯读出噪声，因此综合表现为高斯和泊松噪声的混合。可以将 Anscombe 变换 (式 (6.41)) 进行推广。考虑信号在 k 处的采样 $f(k)$，它是高斯随机变量 $\varepsilon(k) \sim N(\mu, \sigma^2)$ 和泊松随机变量 $\xi(k) \sim \mathrm{Possion}(u(k))$ 的混合，即 $f(k) = \varepsilon(k) + f_0\xi(k), \forall k$，其中 f_0 是 CCD 传感器的增益。

混合泊松–高斯噪声的推广 Anscombe VST 变换为

$$f_s(k) = A_{\mathrm{MPG}}(f(k)) = \frac{2}{g_0}\sqrt{f_0 \cdot f(k) + \frac{3}{8}f_0^2 + \sigma^2 - f_0\mu} \tag{6.42}$$

当取 $f_0 = 1$，$\sigma = 0$ 和 $\mu = 0$ 时，上式退化为式 (6.41) 中的 Anscombe VST 变换。当 $u(k)$ 的亮度很大时，Murtagh 等 (1995) 证明混合噪声变换后近似高斯分布 $f_s(k) \sim N(2\sqrt{u(k)/g_0}, 1)$。但该结论仅对 $u(k)$ 高计数情形下泊松亮度足够大时成立，对于低计数情形需要进行特殊的处理，参见相关文献 (Starck et al., 2015; Anscombe, 1948)。

上面介绍了非加性噪声的高斯化或渐近高斯化处理的相关办法。在图像恢复或噪声去除的变分框架中，可以利用噪声的统计特性，建立图像的数据似然项，然后联合图像先验项 (如正则性和稀疏性)，建立变分模型 (肖亮等，2017；Xiao et al., 2010；Zhang et al., 2015)。

6.4   图像复原的滤波方法

本节简单回顾经典图像复原的滤波方法，包括逆滤波、维纳滤波、几何均值滤波和约束最小二乘滤波 (Gonzalez et al., 2017; Charles, 2005)。

6.4.1   逆滤波

逆滤波方法是寻找一个线性滤波器，它的点扩散函数 $h_{\mathrm{inv}}(i,j)$ 是模糊函数 $h(i,j)$ 的

逆，即满足

$$h_{\mathrm{inv}}\,(i,j) \otimes h\,(i,j) = \sum_{m=0}^{M-1}\sum_{n=0}^{N-1} h_{\mathrm{inv}}\,(m,n)h\,(i-m,j-n) = \delta\,(i,j) \tag{6.43}$$

基于傅里叶变换，令 $\mathbf{H}_{\mathrm{inv}}(\xi,\eta) = \mathbf{F}\,(h_{\mathrm{inv}}),\mathbf{H}(\xi,\eta) = \mathbf{F}\,(h)$，则上式等价于

$$\mathbf{H}_{\mathrm{inv}}(\xi,\eta) \cdot \mathbf{H}(\xi,\eta) = 1 \Rightarrow \mathbf{H}_{\mathrm{inv}}(\xi,\eta) = \frac{1}{\mathbf{H}(\xi,\eta)}$$

逆滤波的优势在于如果完全知道 PSF，就可根据此先验设计可逆滤波器。由

$$\mathbf{F}\,(h_{\mathrm{inv}}) \cdot (\mathbf{F}\,(f)) = \mathbf{F}\,(u) + \frac{1}{\mathbf{H}(\xi,\eta)}\mathbf{F}\,(n) \tag{6.44}$$

当退化模型中不存在噪声时，可以完全恢复原始图像 (此时式 (6.44) 等号右边第二项为零)。然而，逆滤波存在很多问题。首先，我们并不能完全知道模糊核 PSF；即使模糊核 PSF 已知，很多情况下 $\mathbf{H}(\xi,\eta)$ 在频率 (ξ,η) 处趋于 0，例如线性运动模糊和离焦模糊；即使 $\mathbf{H}(\xi,\eta)$ 在频率 (ξ,η) 处不为 0，有可能值很小，导致上式第二项放大噪声，这在数学上称为不适定或者病态性。图 6.14 和图 6.15 分别给出了模糊但无噪声图像以及模糊含高斯噪声图像的逆滤波复原结果，实验表明逆滤波对噪声非常敏感。虽然在无噪声时可以得到较好的复原结果，但存在噪声时，逆滤波完全失败。

(a) 模糊无噪声图像　　(b) 高斯PSF　　(c)高斯MTF　　(d) 复原图像

图 6.14　模糊无噪声图像的逆滤波结果

   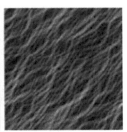

(a) 模糊含高斯噪声图像　　(b) 高斯PSF　　(c)高斯MTF　　(d) 复原图像
(均值0, 方差0.002)

图 6.15　模糊含高斯噪声图像的逆滤波结果

6.4.2 维纳滤波 (最小均方误差滤波)

一种克服逆滤波不适定性的经典方法是维纳 (Wiener) 滤波，该方法是基于最小均方误差 (MSE) 方法。

定义

$$\mathrm{MSE} = \mathbf{E}\left[(u - \widehat{u})^2\right] \approx \frac{1}{M \times N} \sum_{m=0}^{M-1} \sum_{n=0}^{N-1} (u(m,n) - \widehat{u}(m,n))^2$$

其中，$\mathbf{E}[\cdot]$ 表示随机变量的数学期望。最小化 MSE，可以导出一个频域表达的滤波器：

$$\mathbf{H}_{\mathrm{Wiener}}(\xi, \eta) = \frac{\mathbf{H}^*(\xi, \eta)}{\mathbf{H}^*(\xi, \eta)\mathbf{H}(\xi, \eta) + \dfrac{S_n(\xi, \eta)}{S_u(\xi, \eta)}}$$

$$= \frac{\mathbf{H}^*(\xi, \eta)}{\|\mathbf{H}(\xi, \eta)\|^2 + \dfrac{S_n(\xi, \eta)}{S_u(\xi, \eta)}}$$

$$= \frac{1}{\mathbf{H}(\xi, \eta)} \frac{|\mathbf{H}(\xi, \eta)|^2}{\|\mathbf{H}(\xi, \eta)\|^2 + \dfrac{S_n(\xi, \eta)}{S_u(\xi, \eta)}} \tag{6.45}$$

其中，$\mathbf{H}(\xi, \eta)$ 为模糊函数的傅里叶变换；$\mathbf{H}^*(\xi, \eta)$ 表示 $\mathbf{H}(\xi, \eta)$ 的复共轭；$S_n(\xi, \eta) = |\mathbf{F}(n)(\xi, \eta)|^2$ 表示噪声的功率谱；$S_u(\xi, \eta) = |\mathbf{F}(u)(\xi, \eta)|^2$ 表示理想图像的功率谱。

无噪声时，即 $S_n(\xi, \eta) = 0$，此时维纳滤波退化为逆滤波

$$\mathbf{H}_{\mathrm{Wiener}}(\xi, \eta) = \begin{cases} \dfrac{1}{\mathbf{H}(\xi, \eta)}, & \mathbf{H}(\xi, \eta) \neq 0 \\ 0, & \text{其他} \end{cases} \tag{6.46}$$

存在噪声时，维纳滤波在逆滤波和其 $\mathbf{H}(\xi, \eta) \to 0$ 处的噪声抑制两方面进行平衡。定义关键因子 $\gamma = S_n(\xi, \eta)/S_u(\xi, \eta)$。可见维纳滤波取决于该因子，当 $S_n(\xi, \eta) \ll S_u(\xi, \eta)$ 时，维纳滤波趋于 $\gamma \to 0$ 逆滤波；当 $S_u(\xi, \eta) \ll S_n(\xi, \eta)$ 时，维纳滤波表现为频率阻止 (frequency rejection) 滤波。

维纳滤波需要估计噪声和理想图像的功率谱，可从两方面进行阐述：

(1) 假设噪声是独立的高斯白噪声，其所有频率的功率谱与噪声方差相同，即

$$S_n(\xi, \eta) = \sigma_n^2, \quad \forall (\xi, \eta)$$

因此，噪声方差是噪声功率谱估计的充分量。在实际中，噪声方差可以作为维纳滤波的经验调节参数，由用户人工设定。

(2) 理想图像功率谱估计。该问题相对复杂，因为理想图像是未知的。有三种简单的估计方法。第一种方法是通过模糊图像的功率减去噪声的方差进行简单估计，即

$$S_u(\xi, \eta) \approx S_f(\xi, \eta) - \sigma_n^2, \quad \forall (\xi, \eta)$$

上述估计方法没有利用理想图像的先验知识。第二种方法是通过选择与待复原图像内容相似的干净图像集，利用该图像集的功率谱进行估计。第三种方法是充分挖掘图像内部统计相关性，达到对理想图像的建模。一种广泛使用的图像先验模型是图像局部自回归模型

$$u(i,j) = \sum_{(m,n)\in \Lambda} \alpha_{m,n} \cdot u(i-m, j-n) + v(i,j)$$

其中，$\alpha_{m,n}$ 表示自回归系数；$v(i,j)$ 表示建模误差；Λ 表示局部邻域像素位置索引。其中回归系数可以通过一些方法进行估计。一旦回归系数确定，则理想图像的功率谱便可估计。例如，取位置索引 $\Lambda = \{(1,0),(0,1),(1,1)\}$

$$S_u(\xi,\eta) = \frac{\sigma_v^2}{|1 - \alpha_{0,1}e^{-j\eta} - \alpha_{0,1}e^{-j\xi} - \alpha_{1,1}e^{-j\xi-j\eta}|}$$

其中，$j^2 = -1$；σ_v^2 表示建模误差的方差，是引入的另一个经验调节参数，由用户完成。

维纳滤波建立在最小统计准则的基础上，在平均意义上是最优的。然而，它需要估计噪声和理想图像的功率谱，虽然前面提到了一些估计方法，但功率谱的比值一般还没有合适的解。另外，维纳滤波虽然能取得不错的图像复原效果，但在边缘附近容易出现"振铃"和"鬼影"效应。图 6.16 给出了利用估计功率谱比值进行维纳滤波复原的图像以及利用已知功率谱比值进行复原的结果，说明功率谱比值是一个关键要素，其估计的准确性影响复原的效果。

(a) 模糊含高斯噪声图像   (b) 利用估计功率谱比值   (c) 利用已知功率谱比值
(均值0，方差0.01)   复原的图像   复原的图像

图 6.16 模糊含高斯噪声图像的维纳滤波结果

6.4.3 几何均值滤波

前面探讨了逆滤波和维纳滤波，可以对其滤波器进行修改，建立一种统一的滤波格式。通常采用具有幂次形式的几何均值滤波：

$$\mathbf{H}_{\text{Wiener}}(\xi,\eta) = \left[\frac{\mathbf{H}^*(\xi,\eta)}{|\mathbf{H}(\xi,\eta)|^2}\right]^{\alpha} \left[\frac{|\mathbf{H}(\xi,\eta)|^2}{|\mathbf{H}(\xi,\eta)|^2 + \beta\frac{S_n(\xi,\eta)}{S_u(\xi,\eta)}}\right]^{1-\alpha} \tag{6.47}$$

上式可以看作是一个统一表达式的滤波器族：

(1) 当 $\alpha = 1$，滤波退化为逆滤波；

(2) 当 $\alpha = 0$，滤波即为维纳滤波；

(3) 当 $\alpha = \dfrac{1}{2}$，滤波为标准的几何均值滤波；

(4) 当 $\alpha = \dfrac{1}{2}$，$\beta = 1$ 时称为谱均衡滤波器；

(5) 当 $\beta = 1$，$\alpha \ll \dfrac{1}{2}$ 时，滤波接近维纳滤波；$\dfrac{1}{2} \ll \alpha \leqslant 1$ 时，滤波接近逆滤波。

6.4.4 约束最小二乘滤波

考虑退化模型

$$f(i,j) = h(i,j) \otimes u(i,j) + n(i,j), \quad 0 \leqslant i \leqslant M-1; 0 \leqslant j \leqslant N-1$$

复原结果应该满足

$$\frac{1}{MN} \sum_{i=0}^{M-1} \sum_{j=0}^{N-1} \left(f(i,j) - h(i,j) \otimes u(i,j)\right)^2 \approx \sigma_n^2 \tag{6.48}$$

满足上述准则的解可能有很多，为此需要限定解的求解空间。一种常用的先验约束是认为复原图像是尽可能"光滑"的。令一个高通滤波的 PSF 为 $C(i,j)$，则可以认为高通滤波图像能量是有限的，从而可以对满足最小二乘解施加新的约束

$$\min\left\{ \|C \otimes u\|_2^2 = \frac{1}{MN} \sum_{i=0}^{M-1} \sum_{j=0}^{N-1} \left(C(i,j) \otimes u(i,j)\right)^2 \right\} \tag{6.49}$$

引入拉格朗日乘子，可以建立无约束的优化模型

$$\min \sum_{i=0}^{M-1} \sum_{j=0}^{N-1} \left(f(i,j) - h(i,j) \otimes u(i,j)\right)^2 + \beta \sum_{i=0}^{M-1} \sum_{j=0}^{N-1} \left(C(i,j) \otimes u(i,j)\right)^2 \tag{6.50}$$

一种常用的高通滤波算子是拉普拉斯算子。在实际计算中对模型参与运算的信号和滤波函数进行延拓。基于傅里叶变换，可导出约束最小二乘滤波

$$\mathbf{H}_{\text{Wiener}}(\xi, \eta) = \frac{\mathbf{H}^*(\xi, \eta)}{|\mathbf{H}(\xi, \eta)|^2 + \beta |\mathbf{L}(\xi, \eta)|^2} \tag{6.51}$$

其中，$\mathbf{L}(\xi, \eta)$ 表示拉普拉斯算子经过零延拓后的傅里叶变换；β 为优化模型中的拉格朗日乘子，是经验参数。显然 $\beta = 0$ 时约束最小二乘滤波退化为逆滤波。图 6.17 给出了在不同参数 β 取值时，约束最小二乘复原对于模糊含高斯噪声图像的结果。由结果可见，随着参数 β 的增加，正则化项调节作用增大。

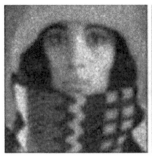

(a) 模糊含高斯噪声的图像　　　(b) 约束最小二乘复原图像，　　　(c) 约束最小二乘复原图像，
　　（均值0，方差0.01)　　　　　β 取为噪声功率谱　　　　　β 取为 10 倍噪声功率谱

图 6.17　模糊含高斯噪声图像的约束最小二乘复原结果

6.5　图像复原的正则化方法

上节介绍了若干图像复原的滤波方法。本节基于图像退化过程的矩阵–向量形式，分析图像复原的广义解形式及其问题，进而引入图像复原的若干经典正则化方法 (Reginald et al., 2005)。

6.5.1　图像复原的广义解分析

给定退化模型 (式 (6.16))$f = Hu + n$，图像复原是根据模糊图像 f 求解清晰图像 u 的过程。图像复原本质上是一个不适定 (ill-posed) 的数学反问题。换句话说，式 (6.16) 的解不能完全满足 "存在性、唯一性、稳定性" 三个条件 (Charles, 2005)。这里稳定性的含义是 H 的微小误差和少量噪声 n 可能会导致恢复图像与真实图像偏离甚远。

首先，从数值分析的角度，H 的病态造成图像复原的不适定性。对于退化模型利用如下最小二乘 (least squares, LS) 估计进行重建，得到

$$\hat{u} = \arg \min_{u} \| f - Hu \|_2^2 \tag{6.52}$$

这样，重建问题转化为求解欧拉–拉格朗日 (Euler-Lagrange) 方程 $H^{\mathrm{T}} Hu = H^{\mathrm{T}} f$。为此，根据线性代数中关于 H 的零空间性质对最小二乘解的性态进行讨论。

(1) 当矩阵 H 满秩 (列秩)，其零空间为空，则其解可由法方程 $H^{\mathrm{T}} Hu = H^{\mathrm{T}} f$ 求得。

(2) 当零空间非空时，其解不唯一。这种情况下，一种典型做法是寻求广义解。例如，寻找最小二乘解集合中满足最小化能量的解

$$\hat{u} = \arg \min_{u} \| u \|_2^2, \ \text{s.t. } \min \| f - Hu \|_2^2 \tag{6.53}$$

该广义解 $\hat{u}^{\dagger}$ 表达为

$$\hat{u}^{\dagger} = (H)^{\dagger} f \tag{6.54}$$

其中，$(\cdot)^{\dagger}$ 表示广义逆，广义逆是最小二乘解。

为了进一步理解上述广义逆，考虑一种 PSF 为移不变的简单情况。前面我们已经看到，此时对应的 $\boldsymbol{H}$ 是循环矩阵，则可进行对角化 $\boldsymbol{H} = \boldsymbol{F}^{-1}\mathrm{diag}(\boldsymbol{FC})\boldsymbol{F}$，因此可以通过快速傅里叶变换求解，此时对应广义逆滤波。

一般而言，当图像退化过程不能建模为卷积过程时，对应的是非卷积去模糊问题，这样 2D-DFT 矩阵 $\boldsymbol{F}$ 不能对角化 $\boldsymbol{H}$。我们可以利用奇异值方法分析。对矩阵 $\boldsymbol{H}$ 作奇异值分解 $\boldsymbol{H} = \boldsymbol{U}\mathrm{diag}(s_i)\boldsymbol{V}^{\mathrm{T}}$，其中 $\boldsymbol{U}$，$\boldsymbol{V}$ 分别为 $MN \times MN$ 大小的单位正交矩阵。这样，最小二乘估计的解可表示为

$$\hat{\boldsymbol{u}} = \boldsymbol{V}\mathrm{diag}(s_i^{-1})\boldsymbol{U}^{\mathrm{T}}\boldsymbol{f} \tag{6.55}$$

其中，$\boldsymbol{u}_i$，$\boldsymbol{v}_i$ 分别为 $\boldsymbol{U}$，$\boldsymbol{V}$ 的列向量；$s_1, s_2, \cdots, s_K$ 为奇异值。令 $\mathrm{rank}(\boldsymbol{H}) = r$，即具有 r 个非零奇异值，即 $s_1 \geqslant s_2 \geqslant \cdots \geqslant s_r > s_{r+1} > \cdots > s_K = 0$，$K = MN \times MN$。

$$\hat{\boldsymbol{u}} = \sum_{i=1}^{r} \frac{\boldsymbol{u}_i^{\mathrm{T}}\boldsymbol{f}}{s_i}\boldsymbol{v}_i \tag{6.56}$$

无论图像退化过程能否表达为卷积过程，上述表达式对任意的矩阵 $\boldsymbol{H}$ 都是有效的。对上式求和的分量作简单分析，可得

$$\frac{\boldsymbol{u}_i^{\mathrm{T}}\boldsymbol{g}}{s_i} = \boldsymbol{v}_i^{\mathrm{T}}\boldsymbol{u} + \frac{\boldsymbol{u}_i^{\mathrm{T}}\boldsymbol{n}}{s_i} \tag{6.57}$$

上式说明广义解对于数据小扰动不稳定，这是由于当矩阵 $\boldsymbol{H}$ 高度病态时，较小的奇异值趋近于零，并且对应的奇异向量具有高度振荡性，因此 $\boldsymbol{H}$ 和 $\boldsymbol{g}$ 的小扰动 (如误差、噪声) 会导致解的非稳定性变化。根据上述分析知，解决不适定问题的一个根本办法是弱化较小奇异值对解的灾难性影响，将原来的不适定性问题转化为适定性问题，同时保证与原问题真实解的保真度，因此图像复原问题需要正则化方法。

6.5.2 截断 SVD 正则化

基于上节的讨论，广义解的严重问题是小奇异值引起的噪声放大。为克服该问题，一种简单的数值补救措施是截断较小的奇异值，并去除广义解中对应被截断奇异值的分量。一种截断奇异值分解 (truncated singular value decomposition, TSVD) 正则化方法定义为

$$\hat{\boldsymbol{u}}_{\mathrm{tsvd}} = \sum_{i=1}^{r} w(s_i) \frac{\boldsymbol{u}_i^{\mathrm{T}}\boldsymbol{g}}{s_i}\boldsymbol{v}_i \tag{6.58}$$

其中，$w(s_i)$ 称为奇异值阈值收缩函数或者奇异值滤波函数，例如

$$w(s_i) = \begin{cases} 1, & i \leqslant \mathrm{round}(s_i) - 1 \\ 0, & \text{其他} \end{cases}$$

这种简单的权值函数定义形式将使得 TSVD 方法具有正则化性质，它简单去除了那些讨厌的较小奇异值分量，使数值结果稳定。然而，TSVD 方法和广义解一样并没有新增数据分量，即 $\boldsymbol{H}$ 零空间的未观测数据是不能恢复的。

另外，可以从 $\boldsymbol{H}$ 的秩-r 逼近的角度理解 TSVD 算法。令 $\boldsymbol{H}_r$ 为 $\boldsymbol{H}$ 的秩-r 逼近，则简单的 TSVD 解可以建模为如下优化问题：

$$\hat{\boldsymbol{u}} = \arg \min_{\boldsymbol{u}} \|\boldsymbol{u}\|_2^2, \text{ s.t. } \min \|\boldsymbol{f} - \boldsymbol{H}_r \boldsymbol{u}\|_2^2 \tag{6.59}$$

$\boldsymbol{H}$ 的秩-r 逼近得到的 $\boldsymbol{H}_r$ 具有更好的条件数，能克服噪声的敏感性。从 TSVD 的一般形式 (式 (6.58)) 来看，可以通过选择更为合理的奇异值阈值收缩函数，对奇异值做更精细化处理。因此，更为复杂的奇异值阈值收缩函数可能对应不同的正则化模型，这方面内容值得进一步深入研究。

6.5.3 吉洪诺夫正则化

在图像复原中，一种广泛使用的正则化方法是吉洪诺夫 (Tikhonov) 正则化方法 (Tikhonov, 1977)。该方法是在最小二乘 (称为数据保真项) 的基础上，引入图像的先验信息，通过引入额外的正则化项 (或称先验项)，构造能量最小化模型。特别地，Tikhonov 正则化估计可以定义为如下优化问题：

$$\hat{\boldsymbol{u}} = \arg \min_{\boldsymbol{u}} \left\{ \lambda \|\boldsymbol{L}\boldsymbol{u}\|_2^2 + \|\boldsymbol{f} - \boldsymbol{H}\boldsymbol{u}\|_2^2 \right\} \tag{6.60}$$

其中，$\boldsymbol{L}$ 为光滑化算子所生成的矩阵；λ 为正则化参数，对正则化项和数据项进行平衡。上述模型解服从如下的欧拉-拉格朗日方程：

$$(\boldsymbol{H}^{\mathrm{T}}\boldsymbol{H} + \lambda \boldsymbol{L}^{\mathrm{T}}\boldsymbol{L})\hat{\boldsymbol{u}} = \boldsymbol{H}^{\mathrm{T}}\boldsymbol{f} \tag{6.61}$$

当矩阵 $\boldsymbol{L}$ 和矩阵 $\boldsymbol{H}$ 的零空间不重合，上述问题一般有最小解。如何定义 $\boldsymbol{L}$ 是一个重要的问题。一种简单的方法是取 $\boldsymbol{L} = \boldsymbol{I}$，其中 $\boldsymbol{I}$ 为单位矩阵，式 (6.60) 退化为最小二乘解集合中满足信号能量最小的解

$$\hat{\boldsymbol{u}} = \arg \min_{\boldsymbol{u}} \left\{ \lambda \|\boldsymbol{u}\|_2^2 + \|\boldsymbol{f} - \boldsymbol{H}\boldsymbol{u}\|_2^2 \right\} \tag{6.62}$$

此时，其解为

$$(\boldsymbol{H}^{\mathrm{T}}\boldsymbol{H} + \lambda \boldsymbol{I})\hat{\boldsymbol{u}} = \boldsymbol{H}^{\mathrm{T}}\boldsymbol{f} \tag{6.63}$$

另一方面，也可以从奇异值收缩的角度进行分析。不难推导，利用奇异值分解，此时的最小解为

$$\hat{\boldsymbol{u}}_{\mathrm{Tik}} = \sum_{i=1}^{r} \left(\frac{s_i^2}{s_i^2 + \lambda^2} \right) \frac{\boldsymbol{u}_i^{\mathrm{T}}\boldsymbol{g}}{s_i} \boldsymbol{v}_i \tag{6.64}$$

对应的奇异值阈值收缩函数表现为

$$w(s_i) = \frac{s_i^2}{s_i^2 + \lambda^2} \tag{6.65}$$

这种正则化方法显然和广义解一样，并没有新增数据分量；但是通过奇异值收缩，可以避免数值的不稳定性。

在实际的图像复原中,研究者对 $L \neq I$ 的情形可能更感兴趣。常见的模型包括二维梯度算子和拉普拉斯算子导出的矩阵,这些算子的先验假设使图像具有一定的正则性,因此更倾向于光滑解。

值得指出的是,尽管式 (6.63) 给出了 Tikhonov 正则化方法在 SVD 意义下的显式解形式,但是这样直接计算 SVD 获得问题解的做法是不可取的。原因是对于 $MN \times MN$ 维矩阵 H 和 L,其 SVD 的计算复杂度为 $O\left(M^3 N^3\right)$。对于大规模计算而言,计算复杂度太高。在实际的去模糊算法中,可以考虑如下情况对算法进行加速:

(1) 当 H 和 L 具有 BCCB 结构 (实际上对应移不变系统),则根据前面的结论,它们可以利用傅里叶矩阵进行对角化,从而问题可通过快速傅里叶变换快速实现。

(2) 当 H 和 L 不具有 BCCB 结构,但有带状稀疏结构时,式 (6.60) 可以通过预优的共轭梯度法求解。

6.5.4 非二次正则化

在上节中,所讨论的 Tikhonov 正则化方法的主要特征是正则化项都是二次惩罚项。从范数的角度看,数据项和正则化项都是基于 ℓ_2 范数的,这样最小化问题是线性的。它有两个好处,其一是能够限定最小二乘解的搜索空间,施加关于解的最小能量约束或者光滑性约束;另一方面,线性问题往往具有闭式解,可以导出快速高效的算法。然而,二次惩罚项虽然能较好地抑制噪声,但是同时也减少了图像中的高频能量,因此容易模糊细节。为了克服这一缺点,对于给定退化模型 (式 (6.16)),基于正则化理论的图像复原可采取更一般的框架

$$\hat{u} = \arg \min_{u}\{\Im(f, u) + \lambda \cdot \Re(u)\} \tag{6.66}$$

其中,$\Im(f, u)$ 衡量观测数据和真实数据之间的保真或拟合程度,称为数据保真项;$\Re(u)$ 和 λ 的作用是将不适定问题 (式 (6.16)) 转化为适定性问题,$\Re(u)$ 对解的正则性 (光滑性) 等进行约束,称为正则项;λ 在数据保真项和正则项之间均衡,称为正则化参数。具体地说,正则项 $\Re(u)$ 体现了关于图像 u 的先验知识,正则项 $\Re(u)$ 可以采取非二次正则化项,以更好地保持图像中边缘、纹理等几何结构。目前,人们提出了系列非二次正则化模型,比较著名的模型包括最大熵模型、全变差模型等。

最大熵方法是非二次正则化的一个广为熟知的代表性方法。对于一个像素值为正的图像而言,一种简单的图像熵的度量定义为

$$\text{Entropy}(u) = -\sum_{i=1}^{MN} u[i] \log u[i] \tag{6.67}$$

从信息论的角度看,图像熵可以衡量图像的复杂性和不确定性。上述定义的一种解释是如果图像的像素值归一化到和为 1,即 $\sum_{x \in \Omega} u(x) = 1$,则归一化图像像素值可以看作是概率密度函数。另一种简单的动机是最大熵方法可以确保获得非负的图像解。这样,结合最小二

乘数据保真和图像熵模型,可以建立正则化模型

$$\hat{\boldsymbol{u}} = \arg\min_{\boldsymbol{u}} \left\{ \|\boldsymbol{f} - \boldsymbol{H}\boldsymbol{u}\|_2^2 + \lambda \cdot \sum_{i=1}^{MN} \boldsymbol{u}[i] \log \boldsymbol{u}[i] \right\} \tag{6.68}$$

最大熵方法往往可以获得相对锐利的恢复图像,在天文图像中应用较广。

另一著名的非二次正则化方法是全变差正则化方法。本书将在后续章节继续讨论该方法。本节以离散形式简要概述其原理。离散全变差模型 (total variation, TV) 可以定义为 (Rudin et al., 1992)

$$\mathrm{TV}(\boldsymbol{u}) = \sum_{i=1}^{MN} \sqrt{\left(D_i^v \boldsymbol{u}\right)^2 + \left(D_i^h \boldsymbol{u}\right)^2} \tag{6.69}$$

其中,$D_i^v \boldsymbol{u}$,$D_i^h \boldsymbol{u}$ 分别代表图像第 i 个像素的垂直和水平方向的一阶差分算子。这样,可以建立 TV 正则化图像复原模型

$$\hat{\boldsymbol{u}} = \arg\min_{\boldsymbol{u}} \left\{ \|\boldsymbol{f} - \boldsymbol{H}\boldsymbol{u}\|_2^2 + \lambda \cdot \mathrm{TV}(\boldsymbol{u}) \right\}$$

TV 模型是凸模型,倾向于图像分片光滑解,具有边缘保持能力,相比于 Tikhonov 正则化,可以获得边缘锐利的图像。目前,研究者提出一大类边缘保持的正则化模型

$$\Re(\boldsymbol{u}) = \sum_{i=1}^{MN} \varphi\left(|[D\boldsymbol{u}]_i|\right) \tag{6.70}$$

其中,函数 $\varphi(s)$ 为梯度惩罚性函数。基于选择性扩散原理,人们提出如下两个重要准则 (Aubert et al., 2002):

(1) 准则 1:**平坦区域的各向同性扩散**。在图像的均匀平坦区域,如果 $|\nabla u|$ 较小,应该有较大的平滑。为此,$\varphi(s)$ 应满足:$\lim\limits_{s \to 0+} \varphi'(s)/s = \lim\limits_{s \to 0+} \varphi''(s) = a > 0$。

(2) 准则 2:**边缘附近的各向异性扩散**。在图像边缘附近,希望沿着边缘的切线方向平滑,而梯度下降的方向不扩散。从而 $\varphi(s)$ 应满足:$\lim\limits_{s \to +\infty} \varphi'(s)/s = \beta > 0$,$\lim\limits_{s \to +\infty} \varphi''(s) = 0$。由于严格满足上述两个准则的 $\varphi(s)$ 并不存在,一般通过修改准则 2,得到折中的方案。例如可假设 c_t,c_n 随梯度增大时均趋于零,但是 c_n 趋于零的速度比 c_t 更快,因此

$$\lim_{s \to +\infty} \varphi'(s)/s = \lim_{s \to +\infty} \varphi''(s) = 0, \quad \lim_{s \to +\infty} \frac{\varphi''(s)}{\varphi'(s)/s} = 0 \tag{6.71}$$

满足准则 1 和准则 2 的 $\varphi(s)$ 仅仅是从图像处理的角度出发,因此有可能是非凸的,并不一定能够保证能量泛函在 Hadamard 精确意义下是适定的。

非二次正则化往往导致求解方程是高度非线性,因此求解较为困难。针对非凸问题,一种经常采用的技术是"半二次正则化"(half-quadratic regularization)。半二次正则化技术基于如下对偶性定理:

定理 6.1(Charbonnier et al., 1997)(对偶性定理) 令 $\varphi : [0, +\infty) \to [0, +\infty)$，满足 $\varphi\left(\sqrt{s}\right)$ 在 $[0, +\infty)$ 是凹函数且 $\varphi(s)$ 为非递减函数，令 $L = \lim\limits_{s \to +\infty} \varphi'(s)/(2s), M = \lim\limits_{s \to 0} \varphi'(s)/(2s)$，则存在一个递减的凸函数 $\psi: (L, M] \to [\beta_1, \beta_2]$，使得

$$\varphi(s) = \inf_{L \leqslant b \leqslant M} \left(bs^2 + \psi(b)\right) \tag{6.72}$$

其中，$\beta_1 = \lim\limits_{s \to 0^+} \varphi(s)$，$\beta_2 = \lim\limits_{s \to +\infty} \left(\varphi(s) - s\varphi'(s)/2\right)$。进一步，对任意 $s \geqslant 0$，对偶变量 b 取值为 $b = \dfrac{\varphi'(s)}{2s}$ 时，$bs^2 + \psi(b)$ 取最小值。

表 6.1 给出若干 $\varphi(s)$ 的情况。图 6.18 给出对应不同 $\varphi(s)$ 的函数曲线 $\dfrac{\varphi'(s)}{2s}$。

表 6.1 若干边缘惩罚性函数

序号	$\varphi(s)$	凸性	$\psi(b)$	$b = \dfrac{\varphi'(s)}{2s}$
1	$2\sqrt{1 + s^2} - 2$	凸	$b + \dfrac{1}{b}$	$\dfrac{1}{\sqrt{1 + s^2}}$
2	$\log\left(1 + s^2\right)$	非凸	$b - \log(b) - 1$	$\dfrac{1}{1 + s^2}$
3	$\dfrac{s^2}{1 + s^2}$	非凸	$b - 2\sqrt{b} + 1$	$\dfrac{1}{(1 + s^2)^2}$

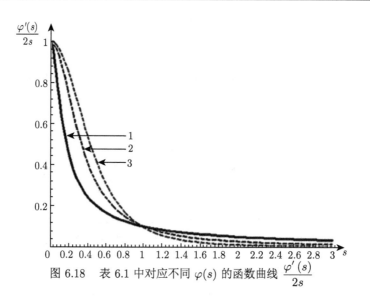

图 6.18 表 6.1 中对应不同 $\varphi(s)$ 的函数曲线 $\dfrac{\varphi'(s)}{2s}$

举例而言，取 $\Re(\boldsymbol{u}) = \sum\limits_{i=1}^{MN} \log\left(1 + |[D\boldsymbol{u}]_i|^2\right)$，则结合最小二乘保真项，可建立图像复原模型

$$E(\boldsymbol{u}) = \|\boldsymbol{f} - \boldsymbol{H}\boldsymbol{u}\|_2^2 + \lambda \cdot \sum_{i=1}^{MN} \log\left(1 + |[D\boldsymbol{u}]_i|^2\right) \tag{6.73}$$

虽然 $\Re(\boldsymbol{u})$ 是非凸的, $E(\boldsymbol{u})$ 非凸, 但是应用定理 6.1

$$E(\boldsymbol{u}) = \left\{ \lambda \cdot \Re(\boldsymbol{u}) + \|\boldsymbol{f} - \boldsymbol{H}\boldsymbol{u}\|_2^2 \right\}$$

$$= \left\{ \sum_{i=1}^{MN} \min_b \left\{ b\,|[D\boldsymbol{u}]_i|^2 + \psi(b) \right\} + \lambda \cdot \|\boldsymbol{f} - \boldsymbol{H}\boldsymbol{u}\|_2^2 \right\} \tag{6.74}$$

易验证

$$\inf_{\boldsymbol{u}} E(\boldsymbol{u}) = \min_{\boldsymbol{u}} \min_b \left\{ \lambda \cdot \sum_{i=l}^{MN} \left\{ b\,|[D\boldsymbol{u}]_i|^2 + \psi(b) \right\} + \|\boldsymbol{f} - \boldsymbol{H}\boldsymbol{u}\|_2^2 \right\}$$

$$= \min_b \min_{\boldsymbol{u}} \left\{ \lambda \cdot \sum_{i=l}^{MN} \left\{ b\,|[D\boldsymbol{u}]_i|^2 + \psi(b) \right\} + \|\boldsymbol{f} - \boldsymbol{H}\boldsymbol{u}\|_2^2 \right\} \tag{6.75}$$

引入

$$J(\boldsymbol{u}, b) = \lambda \cdot \sum_{i=1}^{MN} \left\{ b\,|[D\boldsymbol{u}]_i|^2 + \psi(b) \right\} + \|\boldsymbol{f} - \boldsymbol{H}\boldsymbol{u}\|_2^2$$

虽然 $J(\boldsymbol{u}, b)$ 关于 $(\boldsymbol{u}, b)$ 不是联合凸的, 但其对于 $\boldsymbol{u}$ 是凸的, 且当固定 $\boldsymbol{u}$ 时, $J(\boldsymbol{u}, b)$ 对 b 也是凸的。这样可以通过交替迭代法进行求解:

(1) $\boldsymbol{u}^{(n+1)} = \arg\min_{\boldsymbol{u}} J(\boldsymbol{u}, b^{(n)})$。由于 J 关于 $\boldsymbol{u}$ 是二次的, 可以快速求解。

(2) $b^{(n+1)} = \arg\min_{\boldsymbol{u}} J(\boldsymbol{u}^{(n+1)}, b^{(n)})$。根据定理 6.1, 可知

$$[b^{(n+1)}]_i = \frac{1}{1 + |[D\boldsymbol{u}]_i|^2}$$

从上述过程可以看出, 半二次正则化的交错迭代求解中辅助变量 $\{b^{(n)}\}$ 可以看作是边缘检测的示性函数。当 $[b^{(n+1)}]_i \to 0$, 该像素点倾向于边缘轮廓; 当 $[b^{(n+1)}]_i \to 1$, 该像素点倾向于同质均匀区域。该示性信息将在关于图像 $\boldsymbol{u}^{(n+1)}$ 的迭代步骤中控制扩散的方向性和强度, 达到各向异性选择性扩散。

6.5.5　稀疏正则化

前面提到的正则化方法往往是对全部梯度加以惩罚, 这种基于梯度微分信息的正则化是一种 "光滑性" 正则化。在信号与图像表示领域, 稀疏域模型 (sparse land model) 广受关注。将信号向量称为是稀疏的, 是指只有少量元素是非零的, 绝大多数信号元素为零或者是小幅值的。从统计上看, 信号表现为 "重尾分布"。实际中, 原始域信号可能不是稀疏的, 但经过有限差分、变换或者字典表示后, 往往是稀疏的, 这样可以定义稀疏性度量。信号的稀疏性可以通过 ℓ_p 范数 ($0 \leqslant p \leqslant 1$) 进行刻画。通常进行稀疏表示的过程称为稀疏编码 (sparse coding)。记 $\boldsymbol{x} \in \mathbb{R}^N$ 为长度为 N 的数字信号, 字典 $\mathbf{D}$ 为 L 个 N 维单位长度向量 $\mathbf{d}_\gamma$ 的集合

$$\mathbf{D} = \{\mathbf{d}_\gamma \in \mathbb{R}^N \,|\, \gamma \in \Gamma, \|\mathbf{d}_\gamma\| = 1\} \tag{6.76}$$

在稀疏表示理论中称每一元素 $\mathbf{d}_\gamma$ 为原子（atom），Γ 为可数个原子的指标集，集合 Γ 中元素个数为 L，要求 $L \geqslant N$。一般地，图像向量化信号 $\boldsymbol{x}$ 可分解为字典 $\mathbf{D}$ 中原子的线性组合

$$\boldsymbol{x} = \sum_{\gamma \in \Gamma} \alpha_\gamma \mathbf{d}_\gamma \tag{6.77}$$

其中，$\boldsymbol{\alpha} = \{\alpha_\gamma, \gamma \in \Gamma\}$ 为信号或图像 $\boldsymbol{x}$ 在字典 $\mathbf{D}$ 下的分解系数。如果字典中原子能够张成 N 维欧氏空间 $\mathbb{R}^N$，即 $\mathrm{span}\{\mathbf{d}_\gamma \in \mathbf{D}\} = \mathbb{R}^N$，则字典 $\mathbf{D}$ 是完备的 (complete)。当 $L > N$ 时，原子是线性相关的，字典 $\mathbf{D}$ 是冗余的，如果同时保证能够张成 N 维欧氏空间 $\mathbb{R}^N$，则称字典 $\mathbf{D}$ 是过完备的 (overcomplete)。

信号过完备分解式 (6.77) 为欠定 (underdetermined) 方程，存在无穷多组解向量，即图像在冗余字典下的分解 (表示) 系数 $\boldsymbol{\alpha}$ 并不唯一，进而结合稀疏性度量选择最适合的表示系数。当采用 ℓ_0 范数作为稀疏性度量函数，图像的过完备稀疏表示数学模型如下：

$$\min \|\boldsymbol{\alpha}\|_0, \ \text{s.t.} \ \boldsymbol{x} = \sum_{\gamma \in \Gamma} \alpha_\gamma \mathbf{d}_\gamma \tag{6.78}$$

模型中 ℓ_0 范数定义为 $\boldsymbol{\alpha}$ 中非零系数的个数

$$\|\boldsymbol{\alpha}\|_0 = \#\{\gamma \,|\, \alpha_\gamma \neq 0, \gamma \in \Gamma\} \tag{6.79}$$

将字典中所有原子作为列向量依次排列，可构成一个 $N \times L(L \geqslant N)$ 的矩阵。不妨将该矩阵记为 $\mathbf{D} \in \mathbb{R}^{N \times L}$，也称其为字典，则可将原稀疏表示模型改写为矩阵–向量形式：

$$\min_{\boldsymbol{\alpha}} \|\alpha\|_0, \ \text{s.t.} \ \boldsymbol{x} = \mathbf{D}\boldsymbol{\alpha} \tag{6.80}$$

基于 ℓ_0 范数的稀疏表示模型的求解是一个 NP 难问题。一类方法是将原先非凸的 ℓ_0 范数替换为凸的或更为容易处理的稀疏性度量函数，从而通过转换后的凸规划或非线性规划问题来逼近求解原先的组合优化问题，变换后的模型可采用诸多现有的高效优化算法进行求解，简化了问题的求解，降低了问题的复杂度。将 ℓ_0 替换为 ℓ_1 范数的凸松弛方法称为基追踪 (basis pursuit, BP) 算法 (Rudin et al., 1992)，其数学模型如下：

$$\min_{\boldsymbol{\alpha}} \|\boldsymbol{\alpha}\|_1, \ \text{s.t.} \ \boldsymbol{x} = \mathbf{D}\boldsymbol{\alpha} \tag{6.81}$$

例如，定义图像的梯度算子 $[D\boldsymbol{u}]_i = \left(D_i^v \boldsymbol{u}, D_i^h \boldsymbol{u}\right)^{\mathrm{T}}$，则 TV 模型可描述为

$$\mathrm{TV}(\boldsymbol{u}) = \sum_{i=1}^{MN} |[D\boldsymbol{u}]_i| = \|D\boldsymbol{u}\|_1 \tag{6.82}$$

可见全变差模型可以理解为刻画梯度场的 ℓ_1-稀疏性 (sparsity) 度量，属于分析先验。引入其他稀疏表示变换，ℓ_1-分析先验往往具有如下形式：

$$\Re(\boldsymbol{u}) = \|\boldsymbol{\Phi}\boldsymbol{u}\|_1 = \sum_{i=1}^{MN} |[\boldsymbol{\Phi}\boldsymbol{u}]_i| \tag{6.83}$$

其中，$\boldsymbol{\Phi}$ 可以是有限差分 ($\boldsymbol{\Phi} = D$)、正交变换 (如傅里叶、Wavelet 等正变换)、框架 (frame) 和分析字典等，也可以采取其他稀疏性度量，例如 ℓ_p 范数 $(0 \leqslant p \leqslant 2)$ 等。此时

$$\Re\left(\boldsymbol{u}\right) = \|\boldsymbol{\Phi u}\|_p^p = \sum_{i=1}^{MN}\left|\left[\boldsymbol{\Phi u}\right]_i\right|^p \tag{6.84}$$

稀疏域中另一个代表性模型称为合成先验。令 $\boldsymbol{u} = \boldsymbol{\Phi}^*\boldsymbol{\alpha}$，则 $\boldsymbol{\alpha}$ 称为表示系数，$\boldsymbol{\Phi}^*$ 为合成字典。合成形式要求系数是稀疏的，对表示系数引入稀疏先验

$$\Re\left(\boldsymbol{\alpha}\right) = \|\boldsymbol{\alpha}\|_p^p = \sum_{i=1}^{MN}\left|\left[\boldsymbol{\alpha}\right]_i\right|^p \tag{6.85}$$

同时将数据的最小二乘项替换为 $\|\boldsymbol{f} - \boldsymbol{H}\boldsymbol{\Phi}^*\boldsymbol{\alpha}\|_2^2$。

概言之，在图像复原等反问题研究中，存在分析和合成两类先验正则化方法，我们将其类比如下：

$$\text{分析先验：} \min \|\boldsymbol{f} - \boldsymbol{H}u\|_2^2 + \lambda \cdot \|\boldsymbol{\Phi}u\|_p^p \tag{6.86}$$

$$\text{合成先验：} \min \|\boldsymbol{f} - \boldsymbol{H}\boldsymbol{\Phi}^*\alpha\|_2^2 + \lambda \cdot \|\boldsymbol{\alpha}\|_p^p \tag{6.87}$$

对于正交的合成字典 $\boldsymbol{\Phi}^*$，$\boldsymbol{\Phi}^*\boldsymbol{\Phi} = \boldsymbol{\Phi}\boldsymbol{\Phi}^* = \boldsymbol{I}$，此时合成先验和分析先验形式下的解显然是一样的。当合成字典 $\boldsymbol{\Phi}^*$ 为过完备情形时，两种形式是不同的。对于合成先验，解的集合限制在合成字典 $\boldsymbol{\Phi}^*$ 的列向量空间；对于分析先验，解则是 $\mathbb{R}^{MN}$ 空间中的特定向量。相比于冗余的合成字典 $\boldsymbol{\Phi}^*$，分析形式具有更少的未知量，从而使得问题更加简单。与分析形式相反，合成方法假设信号由系列原子的线性组合形成，可以从更高的冗余性获得好处，以合成更为丰富复杂的信号。

关于分析先验和合成先验优劣性的争论还是一个开放的问题。目前，关于合成形式的先验正则化因其结构通用和计算方便而备受推崇，大量算法层出不穷。尽管如此，关于分析先验的研究也掀起了新的浪潮。Elad(2010) 报道了分析先验优于合成先验的一些成果，但这些现象还没有理论上的较好解释，亟待深入研究。

6.5.6 复合正则化

前面讨论的正则化方法仅仅局限于一个正则化项的形式。由于不同正则化项的惩罚性质或者刻画的解空间不同，获得的解的性质也不同。例如 TV 模型倾向于分片光滑的解，而基于 ℓ_1 的合成先验正则化项倾向于在字典中选择原子信号的线性组合进行解的合成。在一些问题中，希望所获得的解同时满足多个正则化项的性质。这样，研究者提出所谓的多个不同性质的正则化项的叠加，形成复合正则化优化问题。以两个正则化项为例，其基本形式为

$$\hat{\boldsymbol{u}} = \arg \min_{u} \left\{\Im\left(\boldsymbol{f}, \boldsymbol{u}\right) + \lambda_1 \cdot \Re_1\left(\boldsymbol{u}\right) + \lambda_2 \cdot \Re_2\left(\boldsymbol{u}\right)\right\} \tag{6.88}$$

其中 $\Re_1 : \mathbb{R}^N \rightarrow \mathbb{R}, \Re_2 : \mathbb{R}^N \rightarrow \mathbb{R}$ 为两个不同的正则化函数；λ_1 和 λ_2 为正则化参数。

复合正则化方法的关键是如何选择具有不同惩罚性质的正则化项。从函数空间的角度看，两个(或多个)赋范空间分别刻画了解的不同性质,但是各自空间的交集可能是合适的解空间。

一个例子是 TV 分析先验和小波域分析先验的组合：

$$\hat{\boldsymbol{u}} = \arg \min_{\boldsymbol{u}} \frac{1}{2} \|\boldsymbol{H}\boldsymbol{u} - \boldsymbol{f}\|_2^2 + \lambda_1 \mathrm{TV}(\boldsymbol{u}) + \lambda_2 \|\boldsymbol{W}\boldsymbol{u}\|_1 \tag{6.89}$$

其中，$\boldsymbol{W}$ 表示小波变换矩阵。由于 TV 分析先验倾向于分片光滑的解，而小波稀疏性倾向于"点状奇异性"，因此对于一些图像可以获得更优的结果。上述问题的一个挑战在于设计快速复原算法。随着分裂 Bregman 迭代和交替方向乘子（ADMM）等快速算法的出现 (Tom et al., 2009; Osher et al., 2005; Combettes et al., 2011)，上述问题并不难求解。

下面给出分裂 Bregman 迭代方法。记

$$J(\boldsymbol{u}) = \frac{1}{2} \|\boldsymbol{H}\boldsymbol{u} - \boldsymbol{f}\|_2^2 + \lambda_1 \mathrm{TV}(\boldsymbol{u}) \tag{6.90}$$

引入辅助变量 $\boldsymbol{v}$，则上述问题可以转化为约束优化问题

$$\begin{aligned} \hat{\boldsymbol{u}} &= \arg \min_{\boldsymbol{u}} J(\boldsymbol{u}) + \lambda_2 \|\boldsymbol{v}\|_1 \\ \text{s.t.} \quad &\|\boldsymbol{v} - \boldsymbol{W}\boldsymbol{u}\|_2^2 = 0 \end{aligned} \tag{6.91}$$

基于分裂 Bregman 迭代，上述问题可以转化为两步算法：

$$\begin{cases} \left(\boldsymbol{u}^{(n+1)}, \boldsymbol{v}^{(n+1)}\right) = \arg \min_{\boldsymbol{u}} J(\boldsymbol{u}) + \lambda_2 \|\boldsymbol{v}\|_1 + \dfrac{\mu}{2} \left\|\boldsymbol{v} - \boldsymbol{W}\boldsymbol{u} - \boldsymbol{z}^{(n)}\right\|_2^2 \\ \boldsymbol{z}^{(n+1)} = \boldsymbol{z}^{(n)} + \boldsymbol{W}\boldsymbol{u}^{(n+1)} - \boldsymbol{v}^{(n+1)} \end{cases} \tag{6.92}$$

这样，通过交替方向迭代，最小化可以表示为

$$\begin{cases} \boldsymbol{u}^{(n+1)} = \arg \min_{\boldsymbol{u}} L(\boldsymbol{u}, \boldsymbol{v}^{(n)}) \\ \qquad = \dfrac{1}{2} \|\boldsymbol{H}\boldsymbol{u} - \boldsymbol{f}\|_2^2 + \lambda_1 \mathrm{TV}(\boldsymbol{u}) + \dfrac{\mu}{2} \left\|\boldsymbol{v}^{(n)} - \boldsymbol{W}\boldsymbol{u} - \boldsymbol{z}^{(n)}\right\|_2^2 \\ \qquad = \lambda_1 \mathrm{TV}(\boldsymbol{u}) + \dfrac{1}{2} \left\|\widetilde{\boldsymbol{H}}\boldsymbol{u} - \widetilde{\boldsymbol{f}}\right\|_2^2 \\ \boldsymbol{v}^{(n+1)} = \arg \min_{\boldsymbol{u}} L(\boldsymbol{u}^{(n)}, \boldsymbol{v}) = \lambda_2 \|\boldsymbol{v}\|_1 + \dfrac{\mu}{2} \left\|\boldsymbol{v} - \boldsymbol{W}\boldsymbol{u}^{(n)} - \boldsymbol{z}^{(n)}\right\|_2^2 \\ \boldsymbol{z}^{(n+1)} = \boldsymbol{z}^{(n)} + \boldsymbol{W}\boldsymbol{u}^{(n+1)} - \boldsymbol{v}^{(n+1)} \end{cases} \tag{6.93}$$

其中

$$\widetilde{\boldsymbol{H}} = \begin{bmatrix} \boldsymbol{H} \\ \sqrt{\mu}\boldsymbol{I} \end{bmatrix}, \quad \widetilde{\boldsymbol{f}} = \begin{bmatrix} \boldsymbol{f} \\ \sqrt{\mu}\left(\boldsymbol{v}^{(n)} + \boldsymbol{z}^{(n)}\right) \end{bmatrix} \tag{6.94}$$

观察上述迭代格式：① $\boldsymbol{u}$ 问题对应一个关于 $\boldsymbol{u}$ 的 TV 去模糊问题；② $\boldsymbol{v}$ 问题对应一个 ℓ_1 去噪问题。通过初始化迭代值 $(\boldsymbol{u}^{(0)}, \boldsymbol{v}^{(0)}, \boldsymbol{z}^{(0)})$ 进行迭代，当满足终止条件时终止。

6.5.7 形态成分正则化

图像建模的另一个重要思想是形态成分分解模型。2001 年 Meyer 提出 "$\boldsymbol{u}_c + \boldsymbol{u}_t$" 模式的图像分解模型，将图像建模为边缘卡通成分 $\boldsymbol{u}_c$（包括平滑与边缘轮廓等几何结构）和纹理

成分 u_t 的 "和":

$$u = u_c + u_t \tag{6.95}$$

其中, "+" 代表图像中含有这两种结构成分。这样可以建立成分自适应正则化模型

$$(\hat{u}_c, \hat{u}_t) = \arg\min_{u_c, u_t}\left\{\Im(f, u_c + u_t) + \lambda_1 \cdot \Re_1(u_c) + \lambda_2 \cdot \Re_2(u_t)\right\} \tag{6.96}$$

该模型能够较好地逼近真实的图像信号。

另一个思路是通过建立两个合成字典 Φ_c, Φ_t, 分别对应图像成分 u_c, u_t。选择 ℓ_1 范数作为稀疏性度量标准, 基于多成分字典的多形态稀疏表示模型如下:

$$\begin{aligned}&\min \|\boldsymbol{\alpha}_c\|_1 + \|\boldsymbol{\alpha}_t\|_1 \\&\text{s.t. } u = \Phi_c\boldsymbol{\alpha}_c + \Phi_t\boldsymbol{\alpha}_t\end{aligned} \tag{6.97}$$

借助于子字典对图像结构形态的分类稀疏表示能力, 求解此模型在对图像形成稀疏表示的同时能够将其分解为卡通成分 $u_c = \Phi_c\boldsymbol{\alpha}_c$ 与纹理成分 $u_t = \Phi_t\boldsymbol{\alpha}_t$。

进一步, 图像退化模型可表示为

$$f = \mathbf{H}(\Phi_c\boldsymbol{\alpha}_c + \Phi_t\boldsymbol{\alpha}_t) + n \tag{6.98}$$

因此, 多形态稀疏性正则化的图像恢复可建模为如下变分问题 (孙玉宝等, 2010):

$$(\boldsymbol{\alpha}_c^*, \boldsymbol{\alpha}_t^*) = \arg\min_{\boldsymbol{\alpha}_c, \boldsymbol{\alpha}_t}\|\mathbf{H}(\Phi_c\boldsymbol{\alpha}_c + \Phi_t\boldsymbol{\alpha}_t) - f\|_2^2 + \lambda_1\varphi_c(\boldsymbol{\alpha}_c) + \lambda_2\varphi_t(\boldsymbol{\alpha}_t) \tag{6.99}$$

其中, φ_c, φ_t 分别为对重建图像中卡通成分与纹理成分表示系数的稀疏性度量函数。最小能量目标泛函, 可恢复出高分辨率图像

$$\tilde{u} = \tilde{u}_c + \tilde{u}_t = \Phi_c\boldsymbol{\alpha}_c^* + \Phi_t\boldsymbol{\alpha}_t^* \tag{6.100}$$

上述模型的挑战在于, 依据多成分字典的构造要求, 这两个子字典对图像的几何结构和纹理分量应是类内强稀疏的, 而类间是强不相干的。虽然一些文献通过 Curvelet (刻画曲线奇异性) 和 Wavelet (刻画点奇异性) 等构造不同形态成分的稀疏表示变换, 但如何从复杂自然图像学习互补性和形态多样性的字典仍然是挑战性问题。

6.6 贝叶斯推断

对于图像复原甚至更广义的图像超分辨问题, 可以从经典统计学的角度进行估计, 常用的贝叶斯估计方法包括最大似然 (maximum likelihood, ML) 估计、最大后验 (maximum a posteriori, MAP) 估计, 以及分层贝叶斯方法 (Milanfar, 2011; Babacan et al., 2011)。

1. 最大似然

考虑退化模型 (式 (6.16)) 中的模糊图像 f 恢复清晰图像 u 的 ML 估计。假设噪声向量 n 服从多元正态密度:

$$L(u; f) = P(f|u) = \frac{1}{(2\pi)^{KN/2}|C_{nn}|^{1/2}}\exp\left\{-\frac{1}{2}(f - Hu)^{\mathrm{T}}C_{nn}^{-1}(f - Hu)\right\} \quad (6.101)$$

其中, $n = [n_1, \cdots, n_K]^{\mathrm{T}}$; C_{nn} 为协方差矩阵, $|C_{nn}|$ 和 C_{nn}^{-1} 分别是其行列式的值和逆; $(f - Hu)^{\mathrm{T}}$ 是 $f - Hu$ 的转置。协方差矩阵通常是对称的并且半正定。

这样, 待求图像 u 的 ML 估计, 即求: $\hat{u}_{\mathrm{ML}} = \arg\max_{u}\{L(f; u)\}$, 进一步化简后, 得

$$\begin{aligned}
\hat{u}_{\mathrm{ML}} &= \arg\max_{u}\{L(f; u)\} \\
&= \arg\max_{u}\{\log L(u; f)\} \\
&= \arg\min_{u}\{-\log L(u; f)\} \\
&= \arg\min_{u}\left\{\frac{1}{2}(f - Hu)^{\mathrm{T}}C_{nn}^{-1}(f - Hu)\right\} \\
&= \arg\min_{u}\|f - Hu\|^2_{C_{nn}^{-1/2}}
\end{aligned} \quad (6.102)$$

ML 估计等价为加权最小二乘估计。利用广义逆 $(\cdot)^{\dagger}$, 可得 $\hat{u}_{\mathrm{ML}} = (H^{\mathrm{T}}C_{nn}^{-1}H)^{\dagger}H^{\mathrm{T}}C_{nn}^{-1}f$。

一个特殊的例子是当假设噪声向量 n 的各个分量是高斯独立同分布的, 则对于 f, 图像 u 的似然函数定义为

$$L(u; f) = p(f; u) = \left(\frac{1}{\sqrt{2\pi\sigma^2}}\right)^{MN}\exp\left\{-\frac{\|f - Hu\|^2_2}{2\sigma^2}\right\} \quad (6.103)$$

其中, σ 为高斯分布的方差。这样, 图像 u 的 ML 估计为

$$\hat{u}_{\mathrm{ML}} = \arg\max_{u}\{L(u; f)\} = \arg\min_{u}\left\{\|f - Hu\|^2_2\right\} \quad (6.104)$$

其解的广义逆形式为 $\hat{u}_{\mathrm{ML}} = (H^{\mathrm{T}}H)^{\dagger}H^{\mathrm{T}}f$。

比较式 (6.102) 和式 (6.104) 可知, 噪声向量 n 的各个分量满足高斯独立同分布时, LS 估计和 ML 估计之间是相互等价的。

2. 最大后验

根据上文讨论可知, ML 估计只利用了样本信息, 利用 ML 估计求解 SR 重建问题必须引入一定的先验信息进行约束, 以将不适定问题转化为适定问题。事实上, 这正是贝叶斯统计学与经典统计学的本质区别。换句话说, 贝叶斯统计学同时利用样本信息和先验信息进行

统计推断。为此, 将信号恢复重建看作一个贝叶斯统计推断问题, 根据贝叶斯公式和最大后验概率准则, 恢复图像 $\boldsymbol{u}$ 的 MAP 估计为

$$
\begin{aligned}
\hat{\boldsymbol{u}} &= \arg\max_{\boldsymbol{u}} \{P(\boldsymbol{u}|\boldsymbol{f})\} \\
&= \arg\max_{\boldsymbol{u}} \left\{ \frac{P(\boldsymbol{f}|\boldsymbol{u})\,P(\boldsymbol{u})}{P(\boldsymbol{f})} \right\} \\
&= \arg\max_{\boldsymbol{u}} \{P(\boldsymbol{f}|\boldsymbol{u})\,P(\boldsymbol{u})\} \\
&= \arg\max_{\boldsymbol{u}} \{\log P(\boldsymbol{f}|\boldsymbol{u}) + \log P(\boldsymbol{u})\} \\
&= \arg\min_{\boldsymbol{u}} \{-\log P(\boldsymbol{f}|\boldsymbol{u}) - \log P(\boldsymbol{u})\}
\end{aligned}
\tag{6.105}
$$

其中, $P(\boldsymbol{f}|\boldsymbol{u})$ 为 ML 估计中的似然函数, 主要由退化模型的噪声类型决定, 可以取为随机噪声的概率密度函数; $P(\boldsymbol{u})$ 为图像的先验概率密度函数, 对应着图像的统计建模。最具影响力的统计模型就是将图像建模为马尔可夫随机场 (Markov random field, MRF) 以及与之等价的吉布斯随机场 (Gibbs random field, GRF)(邹谋炎, 2001; 邵文泽等, 2007)。当图像模型取为 MRF 时, $P(\boldsymbol{u})$ 可以用吉布斯概率密度函数表示为

$$
P(\boldsymbol{u}) = Z^{-1} \cdot \exp\left\{ -\frac{\Re(\boldsymbol{u})}{T} \right\}
\tag{6.106}
$$

其中, T 称为温度参数; Z 称为配分函数 (partition function), 定义为

$$
Z = \sum \exp\left\{ -\boldsymbol{U}(\boldsymbol{u})/T \right\}
\tag{6.107}
$$

其中, $\boldsymbol{U}(\boldsymbol{u})$ 称为能量函数, 通常定义为如下形式:

$$
\boldsymbol{U}(\boldsymbol{u}) = \sum_{c \in \boldsymbol{C}} V_c(\boldsymbol{u})
\tag{6.108}
$$

其中, c 称为 MRF 的簇; $\boldsymbol{C}$ 为 MRF 的所有簇组成的集合; V_c 称为和簇 c 关联的位势函数 (potential function)。当退化模型中噪声 $\boldsymbol{w}$ 取多元正态密度时, 式 (6.105) 可建模为

$$
\hat{\boldsymbol{u}} = \arg\min_{\boldsymbol{u}} \left\{ \|\boldsymbol{f} - \boldsymbol{H}\boldsymbol{u}\|^2_{\boldsymbol{C}_{w\bar{w}}^{-1/2}} + \lambda \cdot \Re(\boldsymbol{u}) \right\}
\tag{6.109}
$$

当噪声向量各个分量高斯独立同分布, 并且图像统计模型取为式 (6.103) 时, 式 (6.109) 即退化为

$$
\hat{\boldsymbol{u}} = \arg\min_{\boldsymbol{u}} \left\{ \|\boldsymbol{f} - \boldsymbol{H}\boldsymbol{u}\|^2_2 + \lambda \cdot \Re(\boldsymbol{u}) \right\}
\tag{6.110}
$$

6.7　正则化参数作用与选取方法

6.7.1　正则化参数作用

优化模型往往包含数据保真项和先验正则项，正则化参数平衡两项的作用。下面以模型

$$\hat{\boldsymbol{u}}_\lambda = \arg\min_{\boldsymbol{u}} \left\{ E^\lambda(\boldsymbol{u}) := \|\boldsymbol{f} - \boldsymbol{H}\boldsymbol{u}\|_2^2 + \lambda \cdot \Re(\boldsymbol{u}) \right\} \tag{6.111}$$

为例说明正则化参数作用。

从数学上讲，上述模型的解 $\hat{\boldsymbol{u}}_\lambda$ 是正则解，是与参数 λ 相关的。随着参数 λ 逐渐增大，正则化惩罚越来越大，得到的解光滑性（正则性）逐渐增强；但是随着 λ 逐渐增加，数据保真项的作用降低，其正则解也将偏离原始观测图像。Aubert 等 (2002) 从连续形式给出了满足尺度空间的若干不变性质，他们从信噪比（signal to noise ratio, SNR）的角度观察，如果已知参考图像的 $\boldsymbol{H} = \boldsymbol{I}$，则对应图像去噪模型，计算 $\mathbf{SNR}(\lambda) = \mathrm{SNR}(\hat{\boldsymbol{u}}_\lambda, \boldsymbol{u})$，信噪比曲线如图 6.19 所示，呈现一种先升后降的态势。事实上当 $\boldsymbol{H} = \boldsymbol{I}$ 以及 $\Re(\boldsymbol{u})$ 为凸时，参数 λ 可以看作是尺度空间参数。从初始的模糊含噪图像 $\boldsymbol{f}$ 开始，正则解图像族 $\{\hat{\boldsymbol{u}}_\lambda\}_{\lambda>0}$ 构成了一个尺度空间，形成不同尺度下的平滑图像。

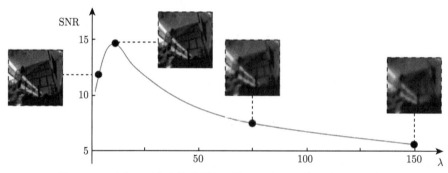

图 6.19　随着正则化参数递增得到的不同去噪图像及其信噪比曲线

6.7.2　正则化参数的选取方法

如何选取正则化参数是非常重要的问题。一般而言，正则化参数选取有两个代表性策略：先验 (prior) 的和后验 (posterior) 的。所谓先验的方法是在求出正则解以前就已将正则化参数确定下来，而且是多值的。这也引起了对使解的误差最小化的正则化参数的存在性与确定方法的研究。不少先验的策略在理论分析方面的价值明显，但在实际图像处理工程中的实施条件难以验证。因此，人们更关注确定参数的后验方法，即在计算正则解的过程中根据一定的原则来确定与原始图像的误差水平相匹配的正则化参数。后验的方法在实际工程中较为实用，且颇为盛行。后验的方法主要包括：以偏差原理及其广义偏差原理为代表的方法、L 曲线和广义交叉验证 (generalized cross-validation, GCV) 方法 (Hochstenbach et al., 2015; Castellanos et al., 2002; Golub et al., 1997)。

1. 偏差原理

一种最普遍的选取正则参数的后验方法是所谓的偏差原理 (discrepancy principle) 和广义偏差原理, 后者是对偏差原理进行改造和推广而得到的。在给出偏差原理之前, 不妨引入如下记号。如果 $\hat{\boldsymbol{u}}_\lambda = \arg\min\limits_{\boldsymbol{u}} \left\{ E^\lambda(\boldsymbol{u}) := \Re(\boldsymbol{u}) + \lambda \cdot \|\boldsymbol{f} - \boldsymbol{H}\boldsymbol{u}\|_2^2 \right\}$, 令 $m(\lambda) = \|\boldsymbol{f} - \boldsymbol{H}\hat{\boldsymbol{u}}_\lambda\|_2^2 + \lambda \cdot \Re(\hat{\boldsymbol{u}}_\lambda)$, $\phi(\lambda) = \|\boldsymbol{f} - \boldsymbol{H}\hat{\boldsymbol{u}}_\lambda\|_2^2$, $\psi(\lambda) = \Re(\hat{\boldsymbol{u}}_\lambda)$。可以证明 $m(\lambda)$ 和 $\phi(\lambda)$ 是关于 λ 的非降函数, 而 $\psi(\lambda)$ 是非增函数。直观而言, 随着 λ 的增加, 正则化惩罚增强, 将得到更为光滑的解, 因此 $\psi(\lambda)$ 会越来越小, 而误差项 $m(\lambda)$ 将增加。这样, 为了防止数据的过拟合（对应欠正则的）, 我们需要选择较大的正则化参数；同时为防止过正则化, 该参数又不能太大。

偏差原理是如下结论: 如果 $\phi(\lambda)$ 是单值函数, 则当 $\|\boldsymbol{f} - \boldsymbol{H}\hat{\boldsymbol{u}}_0\|_2^2 > \delta$ 时, 存在这样的 $\lambda = \lambda(\delta)$, 使得

$$\left\| \boldsymbol{f} - \boldsymbol{H}\hat{\boldsymbol{u}}_{\lambda(\delta)} \right\|_2^2 = \delta \tag{6.112}$$

其中, $\hat{\boldsymbol{u}}_0 \in \left\{ \min\limits_{\boldsymbol{u}} \Re(\boldsymbol{u}) \right\}$。上述结论表明最优的正则化参数是上述等式的根。同时偏差原理也表明, 正则化参数与原始观测数据的误差水平密切相关。当我们已知噪声的能量有最大上界即 $\|\boldsymbol{n}\|_2^2 \leqslant \sigma^2$, 则 $\delta = \sigma^2$；对于随机噪声, 我们可以设置为噪声的方差 $\delta = \mathrm{var}(\boldsymbol{n})$。

在实际中, 我们面临的不仅仅是观测图像 $\boldsymbol{f}$ 含有噪声, 同时 $\boldsymbol{H}$ 的估计也不准确。这样实际的退化模糊矩阵是 $\boldsymbol{H} + \delta_{\mathrm{H}}$；从而考虑关于 $\boldsymbol{H}$ 的扰动, 可以建立更为广义的偏差方程, 其方程的根对应最优的正则化参数。

2. L 曲线

基于偏差原理的正则化曲线方法往往需要知道噪声或者 $\boldsymbol{H}$ 的扰动水平。当不知道这些先验信息时, 偏差原理并不适用。此时一种更实用的方法是考察关于参数 λ 的曲线 $(\phi(\lambda), \psi(\lambda))$。一般而言, 该曲线往往会呈现一种 L 形结构。例如, 图 6.20 给出了 $\phi(\lambda) = \|\boldsymbol{f} - \boldsymbol{H}\hat{\boldsymbol{u}}_\lambda\|_2^2$ 与 $\psi(\lambda) = \|\hat{\boldsymbol{u}}_\lambda\|_2^2$ 的参数曲线。

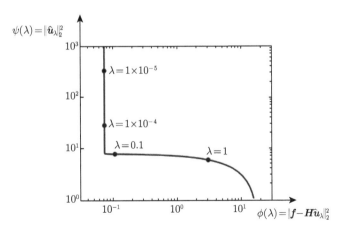

图 6.20　参数化曲线 $(\phi(\lambda), \psi(\lambda))$, 其中当残差取 $\phi(\lambda) = \|\boldsymbol{f} - \boldsymbol{H}\hat{\boldsymbol{u}}_\lambda\|_2^2$, 正则解能量为 $\psi(\lambda) = \|\hat{\boldsymbol{u}}_\lambda\|_2^2$

在实际中, 为了增强 L 曲线, 通过 log-log 尺度来描述 $\phi(\lambda) = \|\boldsymbol{f} - \boldsymbol{H}\hat{\boldsymbol{u}}_\lambda\|_2^2$ 与 $\psi(\lambda) =$

$\Re(\hat{\boldsymbol{u}}_\lambda)$ 之间的对比曲线，进而根据该对比结果来确定正则参数的方法。其名称由来是基于上述尺度作图时将出现一个更为明显的 L 形状的曲线。运用 L 曲线准则的关键是给出 L 曲线隔角（角点）的数学定义，进而应用该准则选取参数 (Castellanos et al., 2002)。

目前有很多寻找 L 曲线隔角的方法。其基本思想是定义 L 曲线的隔角为 L 曲线在 log-log 尺度下的最大曲率，如图 6.21 所示。令 $\rho = \log\phi(\lambda)$，$\theta = \log\psi(\lambda)$，该曲率作为参数 λ 的函数定义为

$$c(\lambda) = \frac{\rho'\theta'' - \rho''\theta'}{\left(\rho'\right)^2 + \left(\theta'\right)^2} \tag{6.113}$$

其中，"′" 表示微分算法。

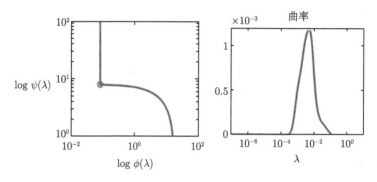

图 6.21   log-log 尺度 L 曲线 $(\log\phi(\lambda), \log\psi(\lambda))$ 及其曲率函数

3. 广义交叉验证 (GCV)

另一个不需要噪声水平的正则化参数估计方法是广义交叉验证方法。传统交叉验证的原理是当式 $\boldsymbol{f} = \boldsymbol{H}\boldsymbol{u}$ 的测量值 $\boldsymbol{f}$ 中的任意一项 $\boldsymbol{f}[i]$ 被移除时，所选择的正则参数应能预测到移除项所导致的变化。广义交叉验证法由 Golub 等 (1997) 提出，其基本思想是使预测误差最小的方法。对于图像恢复的正则化方法而言，如果我们能得到已知观测数据的正则化解

$$\hat{\boldsymbol{u}}_\lambda = \boldsymbol{H}^{\#}\boldsymbol{f} \tag{6.114}$$

其中，$\boldsymbol{H}^{\#}$ 表示正则化逆。例如，对于 Tikhonov 正则化模型，$\boldsymbol{H}^{\#} = (\boldsymbol{H}^{\mathrm{T}}\boldsymbol{H} + \lambda\boldsymbol{I})^{-1}\boldsymbol{H}^{\mathrm{T}}$。广义交叉验证函数（GCV）定义为

$$\boldsymbol{G}(\lambda) = \frac{\|\boldsymbol{f} - \boldsymbol{H}\hat{\boldsymbol{u}}_\lambda\|_2^2}{\left[\mathrm{Trace}\left(\boldsymbol{I} - \boldsymbol{H}\boldsymbol{H}^{\#}\right)\right]^2} \tag{6.115}$$

其中，$\mathrm{Trace}(\cdot)$ 表示矩阵的迹，即矩阵中主对角元素的和。

最优正则化参数为

$$l^* = \arg\min_l \boldsymbol{G}(l) \tag{6.116}$$

从上式可见，GCV 方法并不需要知道噪声的强度水平，因而是一个很实用的正则化参数估计方法。

但是，计算 GCV 的难度在于计算 $\boldsymbol{H}^{\#}$ 时需要知道恢复方法的正则化逆，当一些正则化方法不能显式地表达为正则化逆形式时很不方便。在实际中，GCV 方法是相对鲁棒的方法，但是有时得到的 GCV 曲线过于平坦，因此往往得到的估计值较小，这样应用到图像恢复时，对应的正则解往往是过拟合的。图 6.22 给出了不同正则化参数下的复原结果。

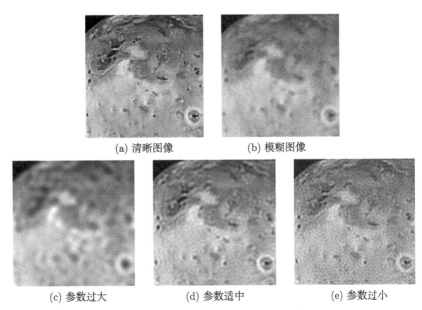

(a) 清晰图像　　　　　(b) 模糊图像

(c) 参数过大　　　　(d) 参数适中　　　　(e) 参数过小

图 6.22　　不同正则化参数下的复原结果

6.8　本章小结

本章系统介绍了图像复原的基本概念及其建模基础。以该问题的基本数学建模方法为主线，重点介绍图像复原的正则化方法，建模思路涉及数据保真项和图像先验正则项的建模。

首先，对成像系统的物理过程建立更加符合实际情况的观测过程模型是解决图像复原问题的核心，也是设计数据保真项的基本出发点，因为数据保真项是需要更精确地拟合成像过程，使其数据拟合误差最小。为此，6.2 节给出了图像退化的信号系统建模，主要通过线性平移不变系统刻画图像成像过程；对这一类观测图像，模糊原因主要是 PSF 的卷积过程。图像的退化往往受到噪声污染，为此，6.3 节主要介绍了常见的几类噪声概率分布建模方法。本章主要是以加性高斯噪声为例来阐述各种图像复原方法。

其次，为了帮助理解正则化方法的抑制噪声放大以及克服图像复原的不适定性，6.4 节介绍了基本的图像复原滤波算法。这些算法是基于傅里叶变换域的，它们具有逆滤波或者正则化逆滤波的形式。在此基础上，6.5 节基于矩阵与向量形式集中介绍了图像复原的正则化方法，从截断 SVD 正则化和 Tikhonov 正则化开始，逐步过渡到非二次正则化，以及目前广泛流行的稀疏正则化及其多个惩罚函数的正则化方法。并在 6.6 节给出了正则化方法的贝叶斯推断机制。

值得指出的是，既然图像的噪声可能出现非高斯分布或者其他概率分布形式，因此从贝叶斯角度看，数据拟合项可以从数据似然进行推导，这对一些特殊的图像复原问题非常重要。最后，正则化方法的一个重要问题是正则化参数的选取，6.7 节给出了一些基本的方法，包括偏差原理、L 曲线和广义交叉验证方法。

扩展阅读

    作为典型的数学反问题，图像复原是图像处理中的经典问题，也是极具挑战性的。图像复原与复杂的退化过程相关，这方面在天文学、遥感和医学图像处理中表现不同。例如在天文图像处理中，常常涉及泊松过程的图像复原问题，这方面的研究可以参阅文献 (Marnissi et al., 2017)；而合成孔径雷达（SAR）等图像复原时，常常涉及相干斑噪声的处理 (Soccorsi et al., 2010)。在方法上，随着深度学习的兴起，智能图像复原方法的发展如火如荼，结合物理模型和数据驱动的深度学习恢复方法是目前的研究热点，读者可以阅读这方面的综述性文章 (Jin et al., 2017)。

习题

1. 常见的图像退化模型有哪几种？不同的 PSF 对复原效果有什么影响？

2. 假设我们有一个 [0, 1] 上的均匀分布随机数发生器 U(0, 1)，请基于它构造指数分布的随机数发生器，推导出随机数生成方程。若我们有一个标准正态分布的随机数发生器 N(0, 1)，请推导出对数正态分布的随机数生成方程。

3. 如下公式给出的是一个被称为逆谐波滤波的方法：

$$\hat{\boldsymbol{f}}(x,y) = \frac{\sum\limits_{(s,t)\in S_{xy}} \boldsymbol{g}(s,t)^{Q+1}}{\sum\limits_{(s,t)\in S_{xy}} \boldsymbol{g}(s,t)^{Q}}$$

回答下列问题：

(1) 解释为什么当 Q 是正值时滤波对去除 "椒" 噪声有效；

(2) 解释为什么当 Q 是负值时滤波对去除 "盐" 噪声有效。

4. 已知一个退化系统的退化函数 $H(u,v)$，以及噪声的均值与方差，请描述如何利用约束最小二乘算法计算出原图像的估计。

5. 考虑在 x 方向均匀加速导致的图像模糊问题。如果图像在 $t=0$ 时静止，并用 $x_0(t) = \frac{1}{2}at^2$ 均匀加速。对于时间 T，找出模糊函数 $H(u,v)$，可以假设快门开关时间忽略不计。

6. 请推导图像卷积模型的矩阵向量表达形式。

7. 请编写实现图像中加入高斯噪声、椒盐噪声和混合噪声的程序。

8. 程序实现图像高斯模糊、运动模糊，并比较不同模糊参数对图像质量的影响。

9. 程序实现维纳滤波去模糊方法，并与 MATLAB 中维纳滤波函数的结果进行对比，验证程序正确性。

10. 利用广义交叉验证原理程序实现全变差 (total variation) 模型图像去噪中参数选择。

小故事 维纳滤波与控制论之父——维纳

诺伯特·维纳 (Norbert Wiener) 可能是 20 世纪最有影响力的科学家之一，在众多理论与工程领域都能看到维纳的大名。

在数学领域，他是第一个从数学上深刻地研究布朗运动的数学家。1923 年，维纳第一次给出随机函数的严格定义，可以证明是布朗运动的理论模型，引进维纳测度，揭示了连续而不可微函数的物理特征，故布朗运动又称维纳过程。维纳推动了泛函分析的发展，与波兰数学家巴拿赫相互独立地完成向量空间的理论，并称为巴拿赫·维纳空间理论，为冯·诺依曼 1927 年提出希尔伯特空间及其算子公理方法奠定了基础。

在信息和通信领域，维纳是信息论的创始人之一。独立于香农，维纳将统计方法引入通信工程，奠定了信息论的理论基础。他把消息看作可测事件的时间序列，把通信看作统计问题，在数学上作为平稳随机过程及其变换来研究。他阐明了信息定量化的原则和方法，类似地用"熵"定义了连续信号的信息量，提出了度量信息量的香农–维纳公式。

创立控制论是维纳对科学发展做出的最大贡献。他的著作《控制论：或关于在动物和机器中控制和通信的科学》(*Cybernetics or Control and Communication in the Animal and the Machine*) 用统一的数学观点讨论了通信、计算机和人类思维活动，提出了自动化工厂、机器人和由数字计算机控制的装配线等新概念。

在第二次世界大战期间，为解决防空火力控制和雷达噪声滤波问题，维纳给出了从时间序列的过去数据推知未来的维纳滤波公式，建立了在最小均方误差准则下将时间序列外推预测的维纳滤波理论。维纳的这项工作为设计自动防空控制炮火等方面的预测问题提供了理论依据，开辟了从效率和质量去评价一个通信和控制系统加工信息的途径。

值得一提的是，维纳与中国早期的电机工程学家李郁荣博士有着非常深厚的友谊。1935~1936 年，维纳和李郁荣在清华大学共同研究傅里叶变换滤波器。维纳在划时代的著作《控制论》中特别提到他和李郁荣之间的合作对于控制论创立所起的重要作用。李郁荣博士不仅是维纳亲密的合作者，还是维纳控制论的传播者。在《李郁荣博士传略》中记载着李郁荣博士对中国大学生的寄语：中国的工科大学生都有远大的抱负，也很刻苦，主观条件上并不弱于外国学生。他鼓励中国学生多动手进行实验，相互之间加强合作，争取赶超国外的先进水准。

第 7 章　图像边缘增强与检测

图像边缘增强与检测是图像处理的基本任务。从计算机视觉系统感知来看，视网膜感知的是三维客观世界的二维投影图像，并根据左右两个视图对物体进行三维理解。为了正确地理解图像，需要从以观察者为中心的输入变换到以物体为中心的描述，此时物体的物理边界是重要的描述子和视觉线索。这些边界有可能在成像过程中产生边缘信息，而在图像中表现为强度信息的跃变。三维场景一般由不同的物体和景物组成，体现在二维图像中往往由不同的封闭区域组成，封闭区域内部满足特定的一致性，边界是区分不同目标特性的重要视觉线索。因此边缘检测是图像理解和计算机视觉的关键技术之一。

本章主要介绍图像处理中的边缘检测的原理与基础算法。

7.1　边缘检测基本概念

在讨论边缘检测之前，我们需要界定 "边缘" 的概念。在三维物理世界，"物理边缘" 通常是由不同物体的形状或者材质因素引起的。一般而言，"物理边缘" 通常具有两种类型：①物理表面的局部方向发生突变的点集；②描述两个或多个材质不同的物理表面的分界线。但是，当三维场景投影到二维图像平面时，图像的边缘与 "物理边缘" 的含义有些不同。虽然精确的定义取决于具体的应用环境，但通常可以将边缘定义为边界或轮廓。该边界或轮廓根据一些感兴趣的特征，分离出相对特征差别明显的相邻图像区域。大多数情况下，特征包括灰度、亮度、甚至纹理、颜色等。例如，儿童对于积木世界的理解，根据不同积木的形状、结构朝向以及积木的颜色，通过视觉与触觉的联合认知，搭建复杂的三维积木模型。

图像中的边缘像素通常指灰度产生突变位置的像素，因此常见的边缘检测方法习惯将亮度作为主要特征。但是由于成像环境复杂，图像中通常具有复杂背景和噪声干扰，检测图像中不同物体分界面的 "不连续性" 并不是容易的任务。例如，我们需要辨别孤立的噪声，以避免将噪声奇异点作为边缘像素，同时我们还希望边缘点能够尽可能组成物体的边缘轮廓连续结构，即边缘点必须是边缘结构的一部分。边缘检测是确定哪些像素是边缘像素的过程，其结果通常是一个边缘图，它是一个描述每个原始像素的边缘分类的新图像，以及可能附加的边缘属性，例如强度大小和方向。

一类边缘检测方法的基本原理是将边缘建模为强度信息的跃变区域，例如基于连续函数的导数或梯度等设计微分检测器。另一类基本方法则是通过局部梯度模的最大值或者局部二阶导数的零交叉点 (zero crossing points) 来确定边缘点。设有 1D 连续可微的函数 $I(x)$，如图 7.1(a) 所示，在两个虚线之间的区域为信号较亮的区域。在第一条虚线左侧，存在由灰暗到明亮的变化过程；而在虚线右侧，存在由明亮到灰暗的变化过程。显然，最佳的边缘位置 (灰度突变点) 是灰度跃变区域中间拐点 (斜率符号变化)x_0 和 x_1 的位置。如果函数是可微的，并对 $I(x)$ 求一阶导数和二阶导数，就可以分别得到其一阶导数函数 $I'(x)$ (图 7.1(b))

和二阶导数函数 $I''(x)$ (图 7.1(c))。由图可见，$I'(x)$ 幅度的最大值/最小值对应了虚线位置，而 $I''(x)$ 在零交叉点 (正负号改变的位置) 处也能够指示亮度突变点。

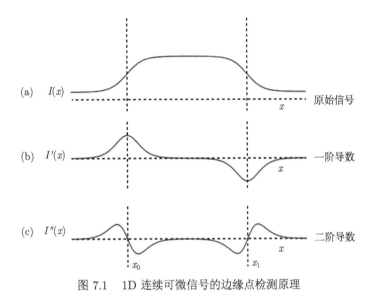

图 7.1　1D 连续可微信号的边缘点检测原理

对于 1D 离散信号，采取差分运算来近似导数。例如向后一阶差分和中心差分为

$$I(i) - I(i-1) \tag{7.1}$$

$$\frac{1}{2}[I(i+1) - I(i-1)] \tag{7.2}$$

由此，可以构造 1D 卷积滤波器

$$\boldsymbol{h}(i) = \delta(i) - \delta(i-1) \triangleq \begin{bmatrix} 1 & -1 \end{bmatrix} \tag{7.3}$$

$$\boldsymbol{h}(i) = \frac{1}{2}[\delta(i+1) - \delta(i-1)] \triangleq \begin{bmatrix} 1 & 0 & -1 \end{bmatrix} \tag{7.4}$$

通常的做法是将维度反转，即将 $\boldsymbol{h}(i)$ 反转为 $\boldsymbol{h}(-i)$，放入滤波器核的模板中，然后执行相关操作而不是卷积操作。这是因为离散卷积与相关算子之间具有密切关系，使用交叉相关操作可能减少些许计算量。实际上，对给定的基于梯度的边缘检测模板，卷积和相关响应结果只在符号上不同。然而，在边缘检测中最重要的是响应幅度的大小，而不是它的符号。因此，滤波器既可以表示为交叉相关模板 (旋转 180° 将被省略)，也可以表示为卷积核模板 (此时可能需要在外围填充 0)。

虽然边缘检测的原理非常直观、简单，但当信号存在噪声干扰时，导数尤其是二阶导数对于噪声非常敏感。如果将该方法推广到二维图像函数，局部微分会由于背景和噪声的干扰变得更为复杂。

正确检测实际边缘和精确定位边缘之间存在一个重要的权衡。边缘检测错误有两种形式：假阳性 (虚警) 和假阴性 (漏警)。前者将非边缘像素误分类为边缘像素，而后者则相反，它将真实边缘像素错误分类为背景像素。两种类型的检测错误都会随着噪声的增加而增加，因此噪声抑制能力对于检测精度非常重要。一方面，噪声抑制的潜力随边缘检测滤波器的空间范围增大而提高，为了达到最高的检测精度，需要一个大尺寸的滤波器。另一方面，为了获得良好的定位效果，滤波器通常应该具有较小的空间范围。因此，检测精度和定位精度是边缘检测算法难以较好兼顾的问题。

7.2 一阶微分边缘检测算子

图像的局部边缘定义为两个强度明显不同的区域之间的阶跃、屋脊等过渡区域，图像的梯度 (即图像灰度变化的速率) 将在这些过渡边界上产生最大值。因此可以通过基于梯度算子或一阶方向偏导数的检测器计算图像灰度变化的梯度向量，并增强这些变化区域，然后通过阈值操作确定边缘像素。最后再将被确定的边缘像素连接，形成包围目标区域的边界或边缘曲线。

7.2.1 一阶微分：连续到离散

设图像函数 $I(x,y)$ 在 (x,y) 处是可微的，那么由微积分知识，函数在沿点 (x,y) 任一方向的方向导数存在，且有

$$\frac{\partial I}{\partial l} = \frac{\partial I}{\partial x}\cos\theta + \frac{\partial I}{\partial y}\sin\theta \tag{7.5}$$

其中，θ 为 x 轴与方向 l 的夹角。这样，变化速率最大的方向为

$$\theta_{\max} = \arctan\left|\frac{\partial I}{\partial y}\bigg/\frac{\partial I}{\partial x}\right| \tag{7.6}$$

此时梯度算子定义为

$$\nabla I(x,y) = \begin{bmatrix} \partial I/\partial x \\ \partial I/\partial y \end{bmatrix} \tag{7.7}$$

其梯度模的大小为

$$|\nabla I(x,y)| = \sqrt{(\partial I/\partial x)^2 + (\partial I/\partial y)^2} \tag{7.8}$$

或可近似为

$$|\nabla I(x,y)| \approx |\partial I/\partial x| + |\partial I/\partial y| \tag{7.9}$$

式 (7.8) 是自然梯度模，具有各向同性，式 (7.9) 为各向异性梯度模，它们在图像边缘梯度检测中经常被使用。

当我们考察离散的数字图像时，基于梯度的边缘检测器将依据对偏导数的不同邻域有限差分 (finite difference) 逼近方法的不同，设计不同的边缘检测模板。对于二维离散图像的偏导数，可采取有限差分近似。

1) 向前差分 (forward difference)

向前差分的滤波器核表示为

$$[\partial I/\partial x]_{i,j} \approx I_A = I(i+1,j) - I(i,j) \tag{7.10}$$

$$[\partial I/\partial y]_{i,j} \approx I_B = I(i,j+1) - I(i,j) \tag{7.11}$$

其脉冲响应 $\boldsymbol{h}_A(i,j)$ 和 $\boldsymbol{h}_B(i,j)$ 将被维度反转 (如前所述 $\boldsymbol{h}(i,j)$ 被反转为 $\boldsymbol{h}(-i,-j)$)，其具体形式如下：

$$\boldsymbol{h}_A(i,j) = \begin{bmatrix} 0 & 0 \\ -1 & \bar{1} \end{bmatrix}, \ \boldsymbol{h}_B(i,j) = \begin{bmatrix} 0 & 1 \\ 0 & -\bar{1} \end{bmatrix}$$

2) 向后差分 (backward difference)

向后差分的滤波器核表示为

$$I_A = I(i,j) - I(i-1,j) \tag{7.12}$$

$$I_B = I(i,j) - I(i,j-1) \tag{7.13}$$

对应滤波器核的脉冲响应为

$$\boldsymbol{h}_A(i,j) = \begin{bmatrix} 0 & 0 \\ -1 & \bar{1} \end{bmatrix}, \ \boldsymbol{h}_B(i,j) = \begin{bmatrix} \bar{1} & 0 \\ -1 & 0 \end{bmatrix}$$

3) 中心差分 (central difference)

中心差分的滤波器核表示为

$$I_A = \frac{1}{2}[I(i+1,j) - I(i-1,j)] \tag{7.14}$$

$$I_B = \frac{1}{2}[I(i,j+1) - I(i,j-1)] \tag{7.15}$$

对应滤波器核的脉冲响应为

$$\boldsymbol{h}_A(i,j) = \frac{1}{2}\begin{bmatrix} 0 & 0 & 0 \\ -1 & \bar{0} & 1 \\ 0 & 0 & 0 \end{bmatrix}, \ \boldsymbol{h}_B(i,j) = \frac{1}{2}\begin{bmatrix} 0 & 1 & 0 \\ 0 & \bar{0} & 0 \\ 0 & -1 & 0 \end{bmatrix}$$

在上述模板中，上方带 "–" 的数字表示原点 (i,j) 的位置。正如 7.1 节所述，卷积和相关运算可互为转换，后面不再加以区分，并且不再标明原点位置。

7.2.2　检测框架：梯度阈值处理与边缘细化

利用差分格式可以设计不同的边缘检测模板或者卷积算子。利用差分格式上的系数，可以形成梯度核 (gradient kernel)，也称为模板 (mask) 或者卷积核，下面采取卷积符号表示。水平方向和垂直方向的表示分别为

$$\boldsymbol{G}_A \Leftrightarrow I \otimes \boldsymbol{h}_A \tag{7.16}$$

$$\boldsymbol{G}_B \Leftrightarrow I \otimes \boldsymbol{h}_B \qquad (7.17)$$

利用图像卷积或者图像与模板的点乘,可以计算离散梯度、梯度模和夹角,其离散梯度向量、离散梯度模、离散梯度绝对值模和夹角分别为

$$\boldsymbol{G}(I) = [\boldsymbol{G}_A, \boldsymbol{G}_B] \qquad (7.18)$$

$$\|\boldsymbol{G}(I)\|_2 = \left((\boldsymbol{G}_A)^2 + (\boldsymbol{G}_B)^2 \right)^{1/2} \qquad (7.19)$$

$$\|\boldsymbol{G}(I)\|_1 = |\boldsymbol{G}_A| + |\boldsymbol{G}_B| \qquad (7.20)$$

$$\theta_{\max} = \arctan \left| \frac{\boldsymbol{G}_A}{\boldsymbol{G}_B} \right| \qquad (7.21)$$

在实际应用中,通常利用简单的卷积核来计算差分,不同的算子对应不同的卷积核,并利用两个方向的偏导数均方值或者绝对值进行梯度估计。严格来说,在进行卷积之前必须将卷积核旋转 $180°$,但是如果核模板是对称的,旋转可忽略。计算完梯度模之后,将其与特定的阈值比较判断是否存在边缘。如果满足 $|\boldsymbol{G}(I(x,y))| \geqslant T$,那么 (x,y) 为边缘像素。换言之,如果梯度模值大于阈值,则判定为边缘;否则判定为非边缘像素。这里,阈值的选择和阈值技术起着重要作用,需要在有效边缘和由噪声引起的错误边缘之间进行优化选择和判别。

最后一步是边缘细化。通过抑制所有候选边缘像素 (其梯度大小不是沿其梯度方向的局部最大值) 使其变细,那些在非最大抑制下幸存下来的被归类为边缘像素。

图 7.2 给出了一阶微分算子边缘检测的基本框图,图 7.3 给出了一个基于 Sobel 算子对 "摄影者"(cameraman) 图像进行边缘检测的梯度阈值和最终边缘细化结果。

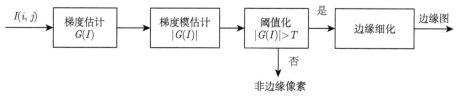

图 7.2　一阶微分边缘检测框图

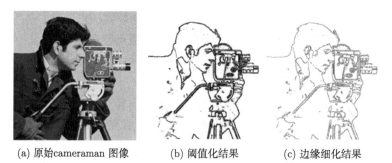

(a) 原始cameraman 图像　　(b) 阈值化结果　　(c) 边缘细化结果

图 7.3　Sobel 算子边缘检测

7.2.3　一阶微分检测的经典算子

1) Roberts 算子

由罗伯茨 (Roberts) 提出的算子是在 2×2 的邻域计算对角导数，图像点 (i,j) 的差分为

$$G_A = I(i+1, j+1) - I(i,j) \tag{7.22}$$

$$G_B = I(i, j+1) - I(i+1, j) \tag{7.23}$$

其对应的 Roberts 模板为 $\boldsymbol{h}_A = \begin{bmatrix} 1 & 0 \\ 0 & -1 \end{bmatrix}, \boldsymbol{h}_B = \begin{bmatrix} 0 & 1 \\ -1 & 0 \end{bmatrix}$。

事实上，可以看出 Roberts 算子相当于把一阶差分算子模板旋转 $45°$。Roberts 算子各分量滤波器主要检测对角边缘，而不是垂直与水平方向的边缘。对于一阶微分的边缘检测器而言，两个分量滤波器的正交性往往是最重要的特征，但其坐标系不一定与 i 和 j 对齐。

Roberts 算子和其他一阶微分梯度算子一样，有两个不好的特性。首先，它的 [–1 1] 对角核的过零点位于网格之外，但边缘位置必须指定给实际的像素位置，即滤波器原点位置。因此，Roberts 算子可能会产生边缘位置偏移，从而导致接近像素间距离的位置错误。如果我们使用中心差分而不是向前（或向后）差分，将有助于改善该问题，因为中心差分算子的固有性质可以将其过零点限制在一个精确的像素位置。此外，Roberts 滤波器的最大问题是计算方向差分时对噪声的敏感度高。将平滑滤波结合到每个滤波器中，可以在一定程度上减少噪声。

2) Prewitt 算子

普鲁伊特 (Prewitt) 提出计算偏导数估计值的方法如下：

$$G_A = \{I(i+1, j-1) + I(i+1, j) + I(i+1, j+1)\}$$
$$- \{I(i-1, j-1) + I(i-1, j) + I(i-1, j+1)\} \tag{7.24}$$

$$G_B = \{I(i-1, j+1) + I(i, j+1) + I(i+1, j+1)\}$$
$$- \{I(i-1, j-1) + I(i, j-1) + I(i+1, j-1)\} \tag{7.25}$$

对应的 Prewitt 的模板表示为

$$\boldsymbol{h}_A = \begin{bmatrix} -1 & -1 & -1 \\ 0 & 0 & 0 \\ 1 & 1 & 1 \end{bmatrix}, \ \boldsymbol{h}_B = \begin{bmatrix} -1 & 0 & 1 \\ -1 & 0 & 1 \\ -1 & 0 & 1 \end{bmatrix} \tag{7.26}$$

事实上，以基于一个方向的中心差分的滤波器设计为例，Prewitt 算子希望用一个简单的三样本平均值沿着正交方向平滑以减少噪声的影响。为此，先定义两个滤波器的脉冲响应

$$\boldsymbol{h}_a(i) = \begin{bmatrix} 1 & 1 & 1 \end{bmatrix}, \ \boldsymbol{h}_b(j) = \begin{bmatrix} -1 & 0 & 1 \end{bmatrix} \tag{7.27}$$

由于 h_a 和 h_b 仅仅与 i 和 j 有关，可利用可分离滤波器的卷积或者**向量外积**得到一个二维滤波器

$$h_A(i,j) = \begin{bmatrix} 1 \\ 1 \\ 1 \end{bmatrix} \begin{bmatrix} -1 & 0 & 1 \end{bmatrix} = \begin{bmatrix} -1 & -1 & -1 \\ 0 & 0 & 0 \\ 1 & 1 & 1 \end{bmatrix} \tag{7.28}$$

在正交方向重复进行同样的过程，即可得 h_B。

由上述分析可以看出 Prewitt 算子在一个坐标方向上利用中心差分完成微分，并在正交方向通过局部平均降低噪声。由于它使用的是中心差分而非简单差分，所以边缘定位偏差较小。

3) Sobel 算子

与 Prewitt 算子类似，索贝尔 (Sobel) 提出了一种方向差分算子与局部加权平均相结合的方法，即 Sobel 算子。该算子是在以 $I(i,j)$ 为中心的 3×3 邻域上计算水平方向和垂直方向的差分，即

$$G_A = \{I(i+1,j-1) + 2I(i+1,j) + I(i+1,j+1)\}$$
$$- \{I(i-1,j-1) + 2I(i-1,j) + I(i-1,j+1)\} \tag{7.29}$$

$$G_B = \{I(i-1,j+1) + 2I(i,j+1) + I(i+1,j+1)\}$$
$$- \{I(i-1,j-1) + 2I(i,j-1) + I(i+1,j-1)\} \tag{7.30}$$

对应的 Sobel 模板为

$$h_A = \begin{bmatrix} -1 & -2 & -1 \\ 0 & 0 & 0 \\ 1 & 2 & 1 \end{bmatrix}, \quad h_B = \begin{bmatrix} -1 & 0 & 1 \\ -2 & 0 & 2 \\ -1 & 0 & 1 \end{bmatrix} \tag{7.31}$$

Sobel 算子也是可分离的，但通过平滑滤波器 $h_a(i) = \begin{bmatrix} 1 & 2 & 1 \end{bmatrix}$ 可以得到更好的噪声抑制。

4) Frei-Chen 算子

Prewitt 算子和 Sobel 算子对对角方向边缘的响应不同于对水平或垂直方向边缘的响应。这是由于它们的滤波器系数不能补偿对角线与水平方向上不同网格像素的间距。与垂直或水平边缘相比，Prewitt 算子对对角方向边缘不太敏感；而 Sobel 算子则正好相反。如果考虑像素距离的影响，在对角、水平和垂直方向，设计与像素距离比值等量的梯度幅度响应，即可构造 Frei-Chen 算子：

$$h_A = \begin{bmatrix} -1 & -\sqrt{2} & -1 \\ 0 & 0 & 0 \\ 1 & \sqrt{2} & 1 \end{bmatrix}, \quad h_B = \begin{bmatrix} -1 & 0 & 1 \\ -\sqrt{2} & 0 & \sqrt{2} \\ -1 & 0 & 1 \end{bmatrix} \tag{7.32}$$

Frei-Chen 算子在梯度量级上保留了一定的方向敏感性，因此它不是真正的距离各向同性的，仍具有一定的各向异性。图 7.4 展示了不同算子的边缘检测实验结果，其不同算子对应的阈值有所不同。

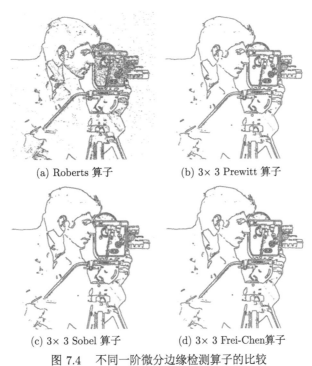

(a) Roberts 算子　　　　　(b) 3× 3 Prewitt 算子

(c) 3× 3 Sobel 算子　　　　(d) 3× 3 Frei-Chen算子

图 7.4　不同一阶微分边缘检测算子的比较

7.3　二阶微分边缘检测算子

7.3.1　连续拉普拉斯算子

一阶微分算子通常检测的是图像的梯度向量，而利用二阶微分算子可以提取斜率的变化率，因此通过二阶偏导数之和的极小值也可以反映和指示图像边缘的位置。基于拉普拉斯算子的方法是二阶微分边缘检测算法中具有代表性的方法之一，其中二元函数的连续拉普拉斯算子定义为

$$\nabla^2 I(x,y) = \frac{\partial^2 I}{\partial x^2}(x,y) + \frac{\partial^2 I}{\partial y^2}(x,y) \tag{7.33}$$

由上可见，拉普拉斯函数的结果是一个标量形式，与梯度的向量形式不同。

拉普拉斯算子的零交叉点将指示可能的边缘像素点 (如图 7.1 所示)。它的一个好的性质是，得到的边缘宽度就是单像素宽的，因为零交叉点是正负号变化的位置，因此不需要边缘细化的操作。

如图 7.5 所示，对连续可微图像 $I(x,y)$ 中的任意点 (x,y)，且 $|\nabla I(x,y)| \neq 0$，建立图

像梯度方向 $\boldsymbol{N}(x,y) = \dfrac{\nabla I(x,y)}{|\nabla I(x,y)|}$，以及与梯度方向垂直的方向 $\boldsymbol{T}(x,y)$，则可以证明 (**留作习题 4**)

$$\nabla^2 I(x,y) = I_{\boldsymbol{TT}} + I_{\boldsymbol{NN}} \tag{7.34}$$

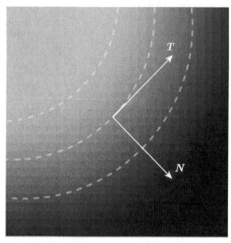

图 7.5　图像梯度方向 ($\boldsymbol{N}$) 与切线 ($\boldsymbol{T}$) 方向示意图

因此，连续拉普拉斯算子是各向同性的，式 (7.34) 可以应用于任何相互垂直的坐标系，结果是相同的，它没有任何的方向敏感性。举一个例子，如果在图像中有一个任意方向的直线边缘，且定义沿着边缘方向为 $\boldsymbol{T}$，法向为 $\boldsymbol{N}$，则式 (7.34) 中第一项即为完整的拉普拉斯算子，第二项为 0。

然而，拉普拉斯算子有两个方面的局限性。

第一个局限性是，零交叉点可能产生大量虚假边缘，特别是对于常值区域。如果图像 $I(x,y)$ 满足一定的平滑度约束，仅仅基于连续拉普拉斯的过零点边缘检测器会产生闭合边缘轮廓。这是因为拉普拉斯算子不考虑边缘强度，轮廓是闭合的，因此最轻微缓变的亮度变化也会产生过零点。实际上，零交叉点轮廓定义了在原始图像中不同分离区域中强度接近恒值的区域的边界。二阶导数过零点出现在一阶导数的局部极值处 (图 7.1)，但许多零交叉点不是梯度幅度的局部极大值。梯度幅值的局部极小值会产生虚假边缘，通过适当的阈值处理可以消除虚假边缘。图 7.6 展示了一个一维的虚假边缘的例子。

第二个局限性是，拉普拉斯边缘检测器对噪声非常敏感。首先，公式 (7.33) 的二阶导数形式使拉普拉斯方程对噪声更加敏感。其次，噪声在无噪声图像中强度为常数的区域位置引入了变化，从而产生许多虚假边缘轮廓。最后，噪声改变了过零点的位置，使得沿边缘轮廓线产生位置误差。通过对过零点进行附加检验，可以解决噪声引起的假边缘问题，只有满足新准则的过零点才被认为是边缘点。

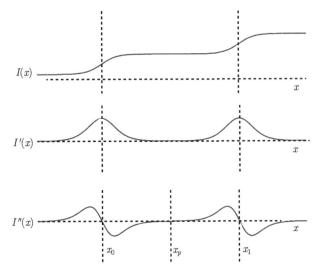

图 7.6　拉普拉斯零交叉点 (或过零点) 容易产生虚假边缘的例子

7.3.2　离散拉普拉斯算子

对于数字图像，其拉普拉斯算子可以利用二阶有限差分方法，即差分的差分，进行近似：

$$\nabla^2 I(i,j) \approx L(i,j) = L_{xx}(i,j) + L_{yy}(i,j) \tag{7.35}$$

其中，二阶导数分别为

$$L_{xx}(i,j) = [I(i+1,j) - I(i,j)] - [I(i,j) - I(i-1,j)]$$
$$= I(i+1,j) - 2I(i,j) + I(i-1,j) \tag{7.36}$$

$$L_{yy}(i,j) = [I(i,j+1) - I(i,j)] - [I(i,j) - I(i,j-1)]$$
$$= I(i,j+1) - 2I(i,j) + I(i,j-1) \tag{7.37}$$

或可整理为

$$L(i,j) = I(i+1,j) + I(i-1,j) + I(i,j+1) + I(i,j-1) - 4I(i,j) \tag{7.38}$$

与此对应的局部相关运算模板表示为

$$\boldsymbol{L} = \begin{bmatrix} 0 & 0 & 0 \\ 1 & -2 & 1 \\ 0 & 0 & 0 \end{bmatrix} + \begin{bmatrix} 0 & 1 & 0 \\ 0 & -2 & 0 \\ 0 & 1 & 0 \end{bmatrix} = \begin{bmatrix} 0 & 1 & 0 \\ 1 & -4 & 1 \\ 0 & 1 & 0 \end{bmatrix} \tag{7.39}$$

还有其他类型的拉普拉斯滤波器，比如通过设计一对合适的一维二阶导数滤波器，并将它们组合成单个二维滤波器。其最终结果取决于导数滤波器的选择、所需滤波器核的大小以及所应用的降噪滤波器的特性。图 7.7 展示了三种常用的变形的二阶离散微分模板。

$$\begin{bmatrix} 1 & -2 & 1 \\ -2 & 4 & -2 \\ 1 & -2 & 1 \end{bmatrix} \qquad \begin{bmatrix} 1 & 1 & 1 \\ 1 & -8 & 1 \\ 1 & 1 & 1 \end{bmatrix}$$

(a) (b)

$$\begin{bmatrix} 0 & 0 & 0 & 1 & 1 & 1 & 0 & 0 & 0 \\ 0 & 0 & 0 & 1 & 1 & 1 & 0 & 0 & 0 \\ 0 & 0 & 0 & 1 & 1 & 1 & 0 & 0 & 0 \\ 1 & 1 & 1 & -4 & -4 & -4 & 1 & 1 & 1 \\ 1 & 1 & 1 & -4 & -4 & -4 & 1 & 1 & 1 \\ 1 & 1 & 1 & -4 & -4 & -4 & 1 & 1 & 1 \\ 0 & 0 & 0 & 1 & 1 & 1 & 0 & 0 & 0 \\ 0 & 0 & 0 & 1 & 1 & 1 & 0 & 0 & 0 \\ 0 & 0 & 0 & 1 & 1 & 1 & 0 & 0 & 0 \end{bmatrix}$$

(c)

图 7.7　三种变形的二阶离散微分模板

从上述模板可看出，二阶微分算子模板元素有正有负，所有元素的和为 0。与一阶微分相比，二阶微分算子对噪声比较敏感，可能会放大噪声。因此在求二阶微分时，必要时需要有机结合图像平滑或者图像去噪方法，减少噪声的影响。一般来说，通过对适当的连续空间函数 (如高斯拉普拉斯函数) 进行采样，可以容易地构造离散空间平滑的拉普拉斯滤波器。同时，在构造拉普拉斯滤波器时，需要确保滤波器核的系数和为零。

在离散空间图像中，可以很直接地定位过零点 $\nabla^2 I(i,j)$。每个像素都应该与它的八个相邻像素进行比较；四向邻域比较虽然速度更快，但可能会产生断开的轮廓。如果像素 $\boldsymbol{p}$ 与其相邻像素 $\boldsymbol{q}$ 的符号不同，则它们之间存在一条边。如果满足公式 (7.40)，那么像素 $\boldsymbol{p}$ 被归类为过零点：

$$\left| \nabla^2 I(\boldsymbol{p}) \right| \leqslant \left| \nabla^2 I(\boldsymbol{q}) \right| \tag{7.40}$$

在拉普拉斯边缘检测中，由于二阶导数对噪声敏感，同样需要阈值操作。一种常用的方法是，如果图像局部灰度方差超过特定阈值 (如在双峰直方图的谷底选取阈值)，则将过零点分类为边缘点。另一种方法是通过对拉普拉斯输出在过零点处的梯度大小或斜率进行阈值处理来选择强边。这两个标准都适用于拒绝噪声引起的零交叉点，因为这类零交叉点更可能是由噪声而不是原始场景中的真实边缘引起的。当然，以这种方式对过零点进行阈值处理会破坏闭合轮廓。图 7.8 给出了一种结合局部方差估计的检测框架。

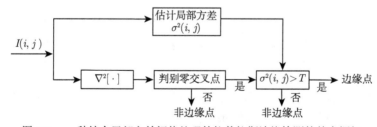

图 7.8　一种结合局部方差阈值处理的拉普拉斯边缘检测的基本框架

7.4 LOG 算子与视觉认知机制

7.4.1 LOG 算子的基本原理

由于拉普拉斯算子对噪声的敏感性，我们可以结合图像平滑克服噪声的影响。其通用做法是通过一高斯函数 $G_\sigma(x, y)$ 先作卷积，然后求取拉普拉斯算子。作简单的演算，可以证明

$$\nabla^2\left(I(x, y) \otimes G_\sigma(x, y)\right) = I(x, y) \otimes \nabla^2 G_\sigma(x, y) \tag{7.41}$$

其中，$\nabla^2 G_\sigma(x, y)$ 称为 LOG 滤波器：

$$\nabla^2 G_\sigma(x, y) = \frac{\partial^2 G_\sigma}{\partial^2 x} + \frac{\partial^2 G_\sigma}{\partial^2 y} = \frac{1}{\pi\sigma^4}\left(\frac{x^2 + y^2}{2\sigma^2} - 1\right)\exp\left(-\frac{x^2 + y^2}{2\sigma^2}\right) \tag{7.42}$$

式 (7.42) 即 LOG 边缘检测算子，它是马尔 (Marr) 和希尔德雷思 (Hildreth) 在 1980 年共同提出的最佳边缘检测算子，也称为 Marr-Hildreth 算子 (简称 M-H 算子)。

图 7.9 分别给出了高斯函数 $G_{\sigma=1}(x, y)$、$\partial_x G_\sigma(x, y)$ 和 $\nabla^2 G_\sigma(x, y)$ 的函数图形。

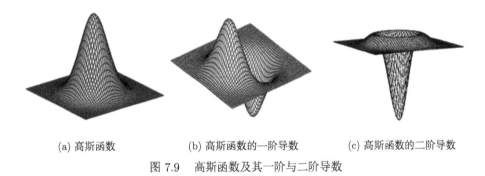

(a) 高斯函数　　　(b) 高斯函数的一阶导数　　　(c) 高斯函数的二阶导数

图 7.9　高斯函数及其一阶与二阶导数

图像中亮度的变化在亮度函数的一阶导数中会产生一个峰，或者等价于二阶导数产生一个零交叉点，并且亮度变化具有多尺度特性。因此，通常期望检测图像边缘奇异性的微分检测器具有如下优良性质：

(1) 能够对图像进行一阶和二阶微分算子的计算，并且对噪声鲁棒；

(2) 具有多尺度分析和调节机制，能够在所需要的尺度进行边缘估计，使得较大尺度的滤波器能够检测图像的模糊边缘，在较小尺度上定位图像细节或小尺度边缘奇异性。

由于图像函数的二阶导数出现的零交叉点是图像中的边缘点，因此边缘点的集合可以表示为

$$E(x, y) = \left\{(x, y) \mid \nabla^2\left(I(x, y) \otimes G_\sigma(x, y)\right) = 0\right\}$$
$$= \left\{(x, y) \mid I(x, y) \otimes \nabla^2 G_\sigma(x, y) = 0\right\} \tag{7.43}$$

从上式可看出，LOG 滤波器是采取高斯函数先对图像进行平滑滤波，然后使二阶微分为零，提取图像边缘点。高斯函数的多尺度特性和低通滤波特性 (高斯函数的傅里叶变换具有

类似的高斯形式), 使其可以消除尺度小于高斯函数尺度 σ 的图像变化和噪声。因此, LOG 算子是满足上述条件的最佳算子。

7.4.2 LOG 滤波器的计算实现

$\nabla^2 G_\sigma$ 算子的结果是类似 "墨西哥草帽" 的函数, 具有无限长拖尾。在实际计算中, 应该取足够大的支撑区间。与前面的高斯滤波类似, 取 $R = 3\sigma$ 的窗口进行截断, 建立 $R \times R$ 大小的卷积模板可以得到较好的边缘检测结果。

为了减少卷积运算的计算量, 通常采取两个不同带宽的高斯函数的差 (difference of two Gaussian functions, DOG) 来近似 $\nabla^2 G_\sigma$:

$$\mathrm{DOG}\,(\sigma_1, \sigma_2) = G_{\sigma_1} - G_{\sigma_2}$$
$$= \frac{1}{2\pi\sigma_1^2} \exp\left(-\frac{x^2 + y^2}{2\sigma_1^2}\right) - \frac{1}{2\pi\sigma_2^2} \exp\left(-\frac{x^2 + y^2}{2\sigma_2^2}\right) \tag{7.44}$$

在图像处理中, 当 $\dfrac{\sigma_1}{\sigma_2} = 1.6$ 时, DOG 可以实现对 $\nabla^2 G_\sigma$ 的最佳逼近。

另一种快速计算 $\nabla^2 G_\sigma$ 的方法是充分利用高斯函数的可分离结构, 对卷积进行行-列可分离实现。实际上, 通过小波分析 (wavelet analysis) 知识, 我们可以看到 $\nabla^2 G_\sigma$ 本质上是一种基于多尺度墨西哥小波的边缘检测算法。

$$\nabla^2 G_\sigma\,(x, y) = \frac{\partial^2 G_\sigma}{\partial^2 x} + \frac{\partial^2 G_\sigma}{\partial^2 y} = \frac{1}{\pi\sigma^4}\left(\frac{x^2 + y^2}{2\sigma^2} - 1\right)\exp\left(-\frac{x^2 + y^2}{2\sigma^2}\right) \tag{7.45}$$

令

$$\begin{cases} \varphi\,(s) = \dfrac{1}{\sqrt{2\pi}\sigma}\exp\left(\dfrac{-s^2}{2\sigma^2}\right) \\ \psi\,(s) = \dfrac{1}{\sqrt{2\pi}\sigma}\left(1 - \dfrac{s^2}{\sigma^2}\right)\exp\left(\dfrac{-s^2}{2\sigma^2}\right) \end{cases} \tag{7.46}$$

则可将 $\nabla^2 G_\sigma$ 等价地写成可分离形式

$$\nabla^2 G_\sigma = H_{12}\,(x, y) + H_{21}\,(x, y) \tag{7.47}$$

其中

$$H_{12}\,(x, y) = \phi\,(x)\,\psi\,(y)$$
$$H_{21}\,(x, y) = \psi\,(x)\,\phi\,(y)$$

据此原理, 我们可以通过可分离滤波器得到等价的快速实现。例如对于一个 11×11 的 LOG 滤波器, 可按照以下方式得到行和列可分离的滤波器。

行滤波器 $\boldsymbol{h}_1$: $\begin{bmatrix} 0 & 1 & 5 & 17 & 36 & 46 & 36 & 17 & 5 & 1 & 0 \end{bmatrix}$

列滤波器 $\boldsymbol{h}_2$: $\begin{bmatrix} -1 & -6 & -17 & -17 & 18 & 46 & 18 & -17 & -17 & -6 & -1 \end{bmatrix}$

算法复杂度: 如果图像大小是 $M \times N$, 滤波器的大小是 $R \times R$, 则 LOG 可分离实现的算法复杂度是 $O\,(MNR)$。

　　图 7.10 给出了 LOG 算子检测的例子，当 $\sigma = 2.0$ 时做了梯度阈值处理 (图 7.10 (d))，其余的均显示了所有零交叉点。我们看到尺度增大时噪声抑制效果更加明显，但阈值处理也会使得边缘断开。

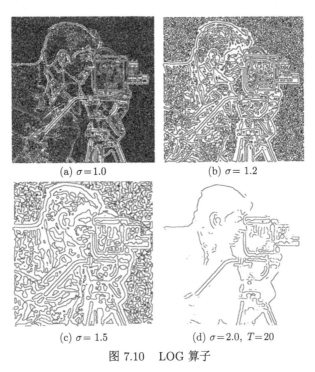

(a) $\sigma = 1.0$　　　　　　　　(b) $\sigma = 1.2$

(c) $\sigma = 1.5$　　　　　　　　(d) $\sigma = 2.0$, $T = 20$

图 7.10　LOG 算子

7.4.3　马尔–希尔德雷思理论

　　大卫·马尔 (David Marr) 和埃伦·希尔德雷思 (Ellen Hildreth) 通过 LOG 算子给出了关于人类低层视觉行为的解释。Marr 认为人类低层视觉的处理目标是构造初始简图，而初始简图包括线、边缘和角点等的 2D 描述。人眼的双目认知机制，是由 2D 描述得到 3D 场景的感知与理解。为此，Marr 和 Hildreth 采取 LOG 算子进行边缘提取，形成初始简图，其中 LOG 算子中的参数 σ 取 4 个或 5 个不同的值。他们发现，LOG 算子的数学特性很好地解释了在人类知觉和动物上的实验结果。参数 σ 取较大的值时，LOG 滤波器能检测较宽的边缘；对于较小的 σ 值，能够集中检测小细节。因此，可以综合大尺度上的粗略定位，指导较小尺度上的边缘检测，实现由粗到精的边缘检测方法。后续介绍的尺度空间 (scale space) 方法，就是通过集成不同尺度检测算子的输出结果，从而获得更好的检测效果。

　　同时，如果对 $\nabla^2 G_\sigma (x, y)$ 进行傅里叶变换 $F\left(\nabla^2 G_\sigma (x, y)\right)$，其频谱响应函数是一个带通滤波器，如图 7.11 所示。这个轮廓与生物视觉中的空间感受野的反应非常相似，因为生物感受野就是具有一个圆形对称的脉冲反应，而中心兴奋区又被一个抑制带包围。

　　Marr 和 Hildreth 关于 LOG 算子与低层视觉认知行为的研究在计算机视觉中反响很大，被推崇为早期计算机视觉的经典文献。但是，近年来，视觉认知复杂性的研究对他们的视觉认知理论提出了新的挑战。

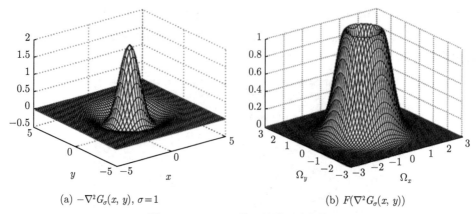

(a) $-\nabla^2 G_\sigma(x, y)$, $\sigma = 1$ (b) $F(\nabla^2 G_\sigma(x, y))$

图 7.11　LOG 函数及其傅里叶变换

7.4.4　LOG 与人工神经网络结构的解释

本节讨论人工神经网络 (artificial neural network, ANN) 结构与 LOG 算子之间的联系。ANN 被认为可以并行实现 LOG 滤波运算。研究者认为 ANN 能够简单模拟人类视觉系统和哺乳类动物的视觉行为。图 7.12 给出了 ANN 对 1D 阶跃刺激信号的感知机制。神经元 (或视网膜细胞) 阵列用于感知不同的阶跃边缘信号，第 1 层的细胞对第 2 层的神经元产生激励信号。第 1 层的每个神经元 i 与第 2 层的神经元 j 之间建立连接关系，其连接权值为 w_{ij}，权值将与激励信号相乘，由此神经元 j 的输出为

$$y_j = \sum_{i=1}^{N} w_{ij} x_i \tag{7.48}$$

其中，x_i 为第 1 层的神经元的输出；N 是第 1 层神经元的个数。连接权值有正有负，体现了第 2 层的神经元 j 对第 1 层的每个神经元 i 之间的刺激响应。正值表示输入信号需要激励，负值表示需要抑制。如图 7.12 所示，当采取简单的权值模板结构 $[-1, 2, -1]$ 时，对第 2 层的每个神经元 j，其输出是 $-a + 2b + c$。这时权值为 2 用于中间的输入，而对于要抑制的输入 a, c 都赋予权值为 -1。

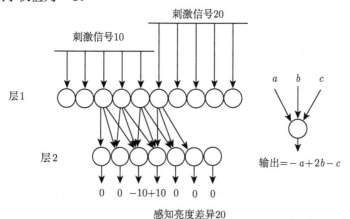

图 7.12　利用 ANN 结构产生马赫带效应，视网膜神经元 (层 1) 感知亮度，然后激励更高层的集算神经元

心理学家马赫 (Mach) 注意到，人类在感知两个区域之间的边缘时，就好像把边缘拉出来以夸大亮度的差异，如图 7.13 所示。注意，该结构和模板在两个神经元之间的边缘处产生零交叉，其中一个产生正输出，另一个产生负输出。马赫带效应能改变连接面的感知形状，在通过被遮挡面显示多面体目标的计算机图形系统中，这种现象尤其明显。

进一步，这种模板结构可以定义任意模板，并且可以推广至二维图像信号感知。由于视网膜具有局部感受野 (receptive field) 机制，可以将与集算层的神经元 j 连接的神经元集合组成一个局部感受野。利用二阶导数进行边缘检测，相当于每个感受野有一个中心神经元，它们相对神经元 j 有正的权值 w_{ij}，还有负值的周围神经元集合。视网膜神经元 b 和 c 在集算神经元 A 的感受野的中心，视网膜神经元 a 和 d 分布在周围，提供抑制性输入。神经元 d 在集算神经元 B 的感受野的中心，神经元 c 分布在周围。中心权值与周边权值之和应该为 0，这样集算神经在恒值区域上就会有中性输出。因为中心和周边区域上都是圆形的，所以当直线型区域边界以任意角度接近中心区域时，其输出都不是中性的。因此，每个集算神经元都是各向同性感知的。另外，如果与背景颜色不同的小区域在感受野中心，集算神经元也会产生响应，因此该神经元也能看作是点检测算子。小尺寸的感受野能够检测到小区域的边结构和高曲率点，大尺寸的感受野具有明显的平滑效应，因此只对较光滑的大区域的边界产生响应。

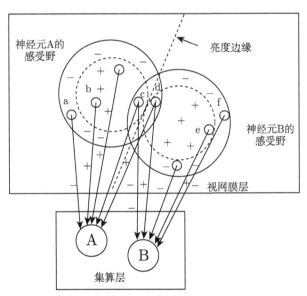

图 7.13　LOG 滤波器的 3D-ANN 结构

7.5　坎尼边缘检测计算理论

在图像边缘检测理论中，坎尼 (Canny) 边缘检测算子无疑是里程碑式的工作，该算子是 John F. Canny 于 1986 年开发出来的一种多方向边缘检测算法。更为重要的是 Canny 创立了 "边缘检测计算理论" (computational theory of edge detection)，揭示了这项技术的工作机制。根据边缘检测的有效性和定位的鲁棒性，Canny 研究了最优边缘检测的特性，推导出最优边缘检测器的数学模型。对于不同类型的边缘，Canny 边缘检测算子的最优形式有所不同。在原理上，Canny 算子与 LOG 算子基本相同，即利用一阶导数的最大值，这和 LOG 算子的零交叉点是一致的。然而，在二维情况下，Canny 算子的方向性使得边缘检测和定位性能优于 LOG 算子，能够更好地估计边缘强度，而且形成边缘强度与边缘方向两个指示量，为后续非极大值抑制和边缘连接等处理提供依据。

7.5.1   边缘检测的坎尼准则

Canny 建立了评价边缘检测性能优劣的三个准则：

(1) 高信噪比，即将非边缘点判定为边缘点的概率要低，而将边缘点判别为非边缘点的概率也要低；

(2) 良好的边缘局部定位性能，即检测出的边缘点要尽可能地在实际边缘的中心；

(3) 较少的错误响应，即单一边缘仅有唯一的响应，或单个边缘产生多个响应的概率要低，同时虚假边缘响应还会通过最大值抑制操作进行消除。

下文通过一个含高斯噪声的阶跃边缘信号 $I(x) = u(x) + n(x)$，检测得到正确的阶跃边缘 $u(x)$，进而理解 Canny 准则。一个滤波器函数 $G(x)$ 如果能够使下式取得最大值，那么它就具有最大的信噪比 (SNR)：

$$\text{SNR} = \frac{\int_{-\infty}^{+\infty} G(x)\, u(-x)\, \mathrm{d}x}{\sigma_0 \sqrt{\int_{-\infty}^{+\infty} G^2(x)\, \mathrm{d}x}} \tag{7.49}$$

其中，σ_0 是高斯加性噪声的标准差。对于一幅图像而言，噪声标准差往往是常量，去掉上式中的 σ_0 并不影响最大信噪比准则，后面的式 (7.50) 和式 (7.51) 同理。

Canny 的准则 (2) 要求，如果滤波器函数 $G(x)$ 的一阶导数和二阶导数可以使下式取得最大值，那么检测边缘与实际位置的偏差最小，即

$$\text{Loc} = \frac{\int_{-\infty}^{+\infty} G''(x)\, u(-x)\, \mathrm{d}x}{\sigma_0 \sqrt{\int_{-\infty}^{+\infty} (G'(x))^2\, \mathrm{d}x}} \tag{7.50}$$

Canny 的准则 (3) 表明，信号与滤波器 $G(x)$ 的卷积结果应该包含最少的假报警，要想达到此目的，函数 $G(x)$ 的一阶导数和二阶导数需要使得下式取得最大值，即

$$\text{Cor} = \sqrt{\frac{\int_{-\infty}^{+\infty} (G'(x))^2\, \mathrm{d}x}{\sigma_0 \sqrt{\int_{-\infty}^{+\infty} (G''(x))^2\, \mathrm{d}x}}} \tag{7.51}$$

综上所述，要想最优边缘增强滤波器 $G(x)$ 满足上述三个指标，需要使下面三项取得最大值

$$\mathrm{SNR}\left(G\left(x\right)\right),\mathrm{Loc}\left(G\left(x\right)\right),\mathrm{Cor}\left(G\left(x\right)\right) \tag{7.52}$$

也即

$$\max_{G}\left[\mathrm{SNR}\left(G\left(x\right)\right)\right]^2\cdot\left[\mathrm{Loc}\left(G\left(x\right)\right)\right]^2\cdot\left[\mathrm{Cor}\left(G\left(x\right)\right)\right]^2 \tag{7.53}$$

7.5.2 坎尼算子的基本原理

基于上述三个准则，Canny 首次提出，将此三个准则用数学模型的方法，优化设计边缘检测算子。但是他并没有基于上述准则进行显式的最优滤波器求解。由于可以利用高斯函数的导数去逼近这些准则，因此他采取高斯函数的导数来设计边缘检测算子。

对于二维图像，采取若干方向的模板分别对图像进行卷积，然后遴选最可能的边缘方向。对于一维阶跃边缘，最优边缘检测器的形状与高斯函数在任一方向上的方向导数一致，然后与图像进行卷积，因此选取高斯函数的一阶导数作为阶跃边缘的次最优边缘检测算子。下面给出 Canny 算子的推导过程。

对于二维高斯函数

$$G_\sigma\left(x,y\right)=\frac{1}{2\pi\sigma^2}\exp\left(-\frac{x^2+y^2}{2\sigma^2}\right) \tag{7.54}$$

在方向 $l=(\cos\theta,\sin\theta)$ 上的一阶方向导数为

$$\nabla_l G_\sigma\left(x,y\right)=\frac{\partial G_\sigma\left(x,y\right)}{\partial l}=\frac{\partial G_\sigma\left(x,y\right)}{\partial x}\cos\theta+\frac{\partial G_\sigma\left(x,y\right)}{\partial y}\sin\theta \tag{7.55}$$

将图像与 $\nabla_l G_\sigma\left(x,y\right)$ 作卷积，同时改变 l 的方向，则 $I\left(x,y\right)\otimes\nabla_l G_\sigma\left(x,y\right)$ 取得极大值的方向 l 就是正交于检测边缘的方向，即满足：

$$\frac{\partial\left(I\left(x,y\right)\otimes\nabla_l G_\sigma\left(x,y\right)\right)}{\partial l}=0 \tag{7.56}$$

将式 (7.55) 代入式 (7.56)，可得

$$\frac{\partial\left(\cos\theta\cdot\frac{\partial G_\sigma\left(x,y\right)}{\partial x}\otimes I\left(x,y\right)+\sin\theta\cdot\frac{\partial G_\sigma\left(x,y\right)}{\partial y}\otimes I\left(x,y\right)\right)}{\partial\theta}=0 \tag{7.57}$$

进而有

$$\tan\theta=\frac{\dfrac{\partial G_\sigma\left(x,y\right)}{\partial y}\otimes I\left(x,y\right)}{\dfrac{\partial G_\sigma\left(x,y\right)}{\partial x}\otimes I\left(x,y\right)}$$

$$\sin\theta=\frac{\dfrac{\partial G_\sigma\left(x,y\right)}{\partial y}\otimes I\left(x,y\right)}{\left|\nabla G_\sigma\left(x,y\right)\otimes I\left(x,y\right)\right|}$$

$$\cos\theta = \frac{\frac{\partial G_\sigma(x,y)}{\partial x} \otimes I(x,y)}{|\nabla G_\sigma(x,y) \otimes I(x,y)|}$$

因此满足 $\frac{\partial(I(x,y) \otimes \nabla_l G_\sigma(x,y))}{\partial l} = 0$ 条件的方向 l 为

$$l = \frac{\nabla G_\sigma(x,y) \otimes I(x,y)}{|\nabla G_\sigma(x,y) \otimes I(x,y)|} \tag{7.58}$$

在该方向上，$I(x,y) \otimes \nabla_l G_\sigma(x,y)$ 具有最大的输出响应，此时边缘强度和边缘方向分别为

$$|\nabla G_\sigma(x,y) \otimes I(x,y)| \tag{7.59}$$

$$l = \frac{\nabla G_\sigma(x,y) \otimes I(x,y)}{|\nabla G_\sigma(x,y) \otimes I(x,y)|} \tag{7.60}$$

在实际应用中，滤波器的模板尺寸取 $R \times R$，当 $R = b\sqrt{2}\sigma + 1$ 时能够取得较好的结果。

7.5.3 坎尼算子计算实现

Canny 算子的实现可采取与 LOG 算子类似的可分离方法，即把 $\nabla G_\sigma(x,y)$ 的二维滤波卷积模板分解为两个一维的行-列滤波器，具体如下：

$$\frac{\partial G_\sigma(x,y)}{\partial x} = kx \exp\left(\frac{-x^2}{2\sigma^2}\right) \exp\left(\frac{-x^2}{2\sigma^2}\right) = \phi(x)\psi(y) \tag{7.61}$$

$$\frac{\partial G_\sigma(x,y)}{\partial y} = ky \exp\left(\frac{-x^2}{2\sigma^2}\right) \exp\left(\frac{-x^2}{2\sigma^2}\right) = \phi(y)\psi(x) \tag{7.62}$$

其中，k 为常数，且有

$$\phi(s) = \sqrt{k}s \exp\left(-\frac{s^2}{2\sigma^2}\right)$$

$$\psi(s) = \sqrt{k} \exp\left(-\frac{s^2}{2\sigma^2}\right)$$

将式 (7.61) 和式 (7.62) 分别与图像 $I(x,y)$ 作行和列分离卷积，得到两个方向的输出

$$E_x = \frac{\partial G_\sigma(x,y)}{\partial x}, \quad E_y = \frac{\partial G_\sigma(x,y)}{\partial y} \tag{7.63}$$

利用两个方向的梯度分量，可以计算下列两项：

$$\text{边缘强度：} A(i,j) = \sqrt{E_x^2(i,j) + E_y^2(i,j)} \tag{7.64}$$

$$\text{与边缘垂直的方向 (法向)：} \theta\left(i,j\right) = \arctan \frac{E_y\left(i,j\right)}{E_x\left(i,j\right)} \qquad (7.65)$$

根据 Canny 的定义，中心边缘点 $I\left(x,y\right) \otimes \nabla_l G_\sigma\left(x,y\right)$ 在边缘梯度方向上，一般为区域中的最大值，因此可以在每一像素的梯度方向上判断边缘强度是否是其邻域的最大值，从而判断该像素是否为边缘点。当一个像素满足如下三个准则时，判定其为边缘点：

(1) 该像素的边缘强度大于沿该像素梯度方向的两个相邻像素的边缘强度；

(2) 与该像素梯度方向上相邻两点的方向差小于 45°；

(3) 以该像素为中心的邻域中的边缘强度可基于双阈值进行判别。

此外，如果 (1) 和 (2) 同时被满足，那么在梯度方向上的两个相邻像素就从候选边缘点中取消，条件 (3) 相当于用区域中梯度最大值组成的阈值图像与边缘点进行匹配，这一过程能够消除虚假的边缘点。

为了对候选边缘像素进行最终边缘确定和虚假边缘点剔除，需要将这些候选像素进行遴选生成一个边缘图，Canny 采取梯度幅度的滞后自适应选定阈值并进行处理。具体而言，是通过估计图像噪声确定双阈值，即一个高阈值 T_U 和一个低阈值 T_L，来区分边缘像素，且高阈值通常是低阈值的 2~3 倍。如果边缘像素点梯度值大于高阈值，则被认为是强边缘点。如果边缘梯度值小于高阈值，大于低阈值，则标记为弱边缘点，而小于低阈值的点则被抑制掉。这种双阈值判别机制有助于减少边缘轮廓断开的问题，同时提高抗噪能力。

图 7.14 给出了不同尺度 Canny 检测的边缘结果，其中 $T_U = 10$，$T_L = 4$。可以看到，合适的尺度对于 Canny 算子的检测效果很重要。

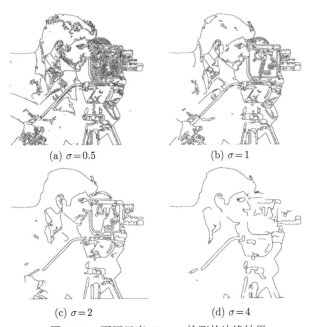

(a) $\sigma = 0.5$　　　　　　(b) $\sigma = 1$

(c) $\sigma = 2$　　　　　　(d) $\sigma = 4$

图 7.14　不同尺度 Canny 检测的边缘结果

7.6 彩色图像的边缘检测

彩色图像 (甚至多通道图像) 由于包含更多的颜色/光谱通道信息，其边缘检测问题相对于灰度图像更具有挑战性。

一种直接的方法是按照彩色图像的亮度成分进行边缘检测，而忽略色度信息。在这种框架下，需要采取颜色空间变换如 YIQ、HSL、CIELUV、CIELAB 等，提取彩色图像的亮度分量。这种仅对亮度图像进行边缘检测的方法，容易造成边缘的丢失，因为亮度图像并不包含完全的图像边缘。因此基于亮度成分并不是彩色图像最为合适的边缘检测方法。

另一种方法是分别对每个颜色分量应用所需的边缘检测方法，并构造累积边缘图。如果将彩色图像建模为向量值函数，即

$$I(x,y) = \begin{bmatrix} I_{\mathrm{R}}(x,y) \\ I_{\mathrm{G}}(x,y) \\ I_{\mathrm{B}}(x,y) \end{bmatrix} \tag{7.66}$$

一种梯度的估计方法为

$$|\nabla I(x,y)| = |\nabla I_{\mathrm{R}}(x,y)| + |\nabla I_{\mathrm{G}}(x,y)| + |\nabla I_{\mathrm{B}}(x,y)| \tag{7.67}$$

选择使用适合目标应用程序的颜色空间通常很重要。例如，用于近似人类视觉系统行为的边缘检测应该利用具有感知基础的颜色空间，例如 CIELUV 或者是 HSL。更关键的是，成分的梯度向量并非总是有类似的方向，这使得沿梯度方向搜索 $|\nabla I(x,y)|$ 的局部极大值变得更加困难。如果要通过对颜色分量梯度向量 (不仅仅是其大小) 求和来计算总梯度图像，则分量梯度的方向不一致性可能会干扰和消除某些边缘。

利用矢量的方法检测彩色图像的边缘，虽然通常计算效率较低，但往往有更好的理论依据。颜色空间中给定像素的颜色向量与其相邻像素之间的欧几里得距离可以作为边缘检测器的依据。对于 RGB 图像，向量梯度的大小如下：

$$|\nabla I(x,y)| = \sqrt{|\nabla I_{\mathrm{R}}(x,y)|^2 + |\nabla I_{\mathrm{G}}(x,y)|^2 + |\nabla I_{\mathrm{B}}(x,y)|^2} \tag{7.68}$$

其基本目的是寻找局部向量在统计上的变化，特别是向量离散度，可以用于指示边缘是否存在。

▌扩展阅读

边缘检测问题是图像处理和计算机视觉的经典问题。最早的工作可以追溯到劳伦斯·罗伯茨 (Lawrence G. Roberts) 于 1963 年出版的学位论文——《三维实体的机器感知》(*Machine Perception of Three-Dimensional Solids*)。这被认为是最早分析图像中的边缘、线、模型和图形学的文章，其部分工作是利用算子检测边缘，后人称为 Roberts 算子。同时，它使用了三维物体的多边形模型，通过计算图像中的灰度数据寻找图像中的"块"，并对其进行最适当的表示，最后通过匹配来寻找物体。复杂的物体是由很多"块"组成的，而"块"是由边

缘组成的。在 20 世纪 70 年代初, 普鲁伊特 (Prewitt) 和基尔希 (Kirsch) 也分别设计了边缘检测的模板。马尔和希尔德雷思设计的 LOG 算子是计算机视觉领域里非常重要的成果, 其结合了多尺度思想和神经生理学感受野特性等, 具有极高的价值。坎尼 (Canny) 在 1983 年的硕士论文中公开了其边缘检测的成果, 并于 1986 年正式在《IEEE 模式分析与机器智能汇刊》(*IEEE Transactions on Pattern Analysis and Machine Inteligence*) 刊物上发表。直到今天, Canny 算子仍是边缘检测最有力的算法标准, Canny 提出的三大边缘检测准则影响着后来者在此基础上进行不断改进和研究。

华人计算机视觉科学家沈俊 (Shen Jun) 提出了基于最优平滑滤波器的边缘检测算法, 其首先构造出了一个指数型滤波器 (称为 ISEF 滤波器), 同时证明了若使用该滤波器对图像进行平滑, 能在去噪的同时最大可能地保持边缘点的位置; 并且这个滤波器与原始图像的差可以非常好地逼近图像的拉普拉斯变换。边缘点包含在这个差值图像的符号中, 通过分析变符号点就可以得到候选边缘点。

广义上讲, 边缘检测可以分为三类方法。①早期微分算子等先驱性工作, 例如上述所提到的边缘检测算法都属于这类方法; ②驱动的方法——基于精心设计的特征之上的信息论方法, 但早期学习的方法仍然主要依赖于人工特征, 并通过分类器进行鉴别, 例如统计边缘方法 (Konishi et al., 2003)、概率边界 (Martin et al., 2004) 和全局概率边缘 (Arbeláez et al., 2011) 学习; ③学习的方法, 例如增强边缘学习 (boosted edge learning, BEL) (Dollár et al., 2006)、多尺度表示 (Ren, 2008)、素描表示 (sketch tokens) (Lim et al., 2013) 和结构化森林 (structured forest)(Dollár et al., 2015) 等。随着卷积深度网络的成功应用, 深度学习在自动学习自然图像高级表示方面展示了其强大能力, 由此诞生了系列数据驱动的深度学习的边缘检测算法, 如 N^4-Fields (Ganin et al., 2014)、Deep Contour(Shen et al., 2015)、DeepEdge(Bertasius et al., 2015)、CSCNN(Hwang et al., 2015)、整体嵌套边缘检测 (holistically-nested edge detection, HED)(Xie et al., 2015)、CASENet(Yu et al., 2017) 等方法。其中, 伯克利的分割数据集 (Berkeley segmentation Dataset 500, BSDS500) 是最具代表性的数据集之一。该数据集可以用于图像分割和物体边缘检测, 包含 200 张训练图、100 张验证图、200 张测试图; 所有真值用.mat 文件保存, 包含 segmentations 和 boundaries, 每张图片对应真值有 5 个 (为 5 个人标注的真值), 训练时真值可采用平均值或者用来扩充数据, 评测代码中会依次对这 5 个真值进行对比。

习题

1. 采取中心差分设计 Roberts 算子对, 并证明其正交性。
2. 写出 Sobel 算子的可分离形式, 说明所分离的 1D 滤波器的作用。
3. 基于程序语言 (如 MATLAB, 语言不限), 根据框图 7.2 的算法流程, 选定一个边缘算子, 分析不同阈值对边缘检测的影响。
4. 对连续可微图像 $I(x,y)$ 中的任意点 $(x,y), |\nabla I(x,y)| \neq 0$, 建立图像梯度方向 $N(x,y) = \dfrac{\nabla I(x,y)}{|\nabla I(x,y)|}$, 以及与梯度方向垂直的方向 $T(x,y)$, 试证明:

$$\nabla^2 I(x,y) = I_{NN} + I_{TT}$$

5. 拉普拉斯边缘检测中，设计一种方案减少接近常值区域的零交叉点产生的虚假边缘。

6. 推导 LOG 函数的傅里叶变换 $F\left(\nabla^2 G_\sigma\left(x,y\right)\right)$，并重新用 MATLAB 作图。

7. 给定两个模板

$$\begin{bmatrix} -1 & 0 & 1 \\ -3 & 0 & 3 \\ -1 & 0 & 1 \end{bmatrix} \qquad \begin{bmatrix} -1 & -3 & -1 \\ 0 & 0 & 0 \\ 1 & 3 & 1 \end{bmatrix}$$

请问它们是可分离的吗？如何利用二维模板的可分离性降低卷积的计算量？

小故事　计算机视觉之父——大卫·马尔

视觉计算理论 (computational theory of vision) 是在 20 世纪 70 年代由大卫·马尔 (David Marr) 提出的。马尔在剑桥大学获得数学硕士、神经生理学博士学位，同时还受过神经解剖学、心理学、生物化学等方面的严格训练，1974 年开始在麻省理工学院 (MIT) 开展知觉和记忆方面的研究工作。他从计算机科学的观点出发，熔数学、心理物理学、神经生理学于一炉，首创视觉计算理论，奠定计算视觉的经典框架，包含两个领域：计算机视觉 (computer vision) 和计算神经科学 (computational neuroscience)。天妒英才，35 岁的马尔于 1980 年因病去世。他的理论由他创建的一个以博士研究生为主体的研究小组继承、丰富和发展，并由其学生归纳总结为一本计算机视觉领域著作 *Vision: A Computational Investigation into the Human Representation and Processing of Visual Information*。马尔将视觉当作一个信号处理系统，并将视觉信号的处理分为三个层次：①计算理论层，视觉计算的目标是什么？②表达与算法层，为了完成计算理论，需要如何表达输入和输出、如何设计计算方法？③硬件实现层，表达和算法的物理实现。经过数十年的发展，计算机视觉仍然延续着马尔在 20 世纪 70 年代提出的三个视觉层面的研究。时隔 40 年后，斯坦福大学计算机科学系助理教授吴佳俊将其著作翻译成了中文：《视觉：对人类如何表示和处理视觉信息的计算研究》。

为了纪念马尔的杰出贡献，计算机视觉国际大会 (ICCV) 设立了马尔奖 (Marr Prize)，授予最佳论文获得者，这是计算机视觉研究方面的最高荣誉之一。值得一提的是，华人学者朱松纯教授于 2003 年获得马尔奖，1999 年和 2007 年两度获得马尔奖荣誉提名奖。2017 年何恺明因其 Mask R-CNN 算法问鼎马尔奖。中国科学技术大学博士生刘泽也因其论文 *Swin Transformer: Hierarchical Vision Transformer using Shifted Windows* 获得 2021 年的马尔奖。

第 8 章 图 像 分 割

图像分割 (image segmentation) 是一项非常重要的图像分析技术，也是计算机视觉的重要内容之一。它根据图像的某些特征或者特征向量的相似度准则，对图像进行分组聚类，把图像区域划分为一系列 "有意义" 的区域。

许多分割任务的目标是让图像区域代表一定的含义。例如，简单的分割是将图像分割为前景 (foreground) 和背景 (background)，这类通常描述为二值分割。而在多目标分割中，希望分割出多个具有不同物理、光谱材质等的 "有意义" 区域。例如在遥感卫星图像中，可以分割出农作物、森林植被、水体、建筑物、城市道路等区域。当人们只对特定的目标感兴趣，而可以忽略复杂的背景时，研究者希望研发针对感兴趣目标的分割方法，例如医学图像中肿瘤物的分割。

在图像分析任务中，区域可以用组成区域的边界像素集合来表示。例如在 3D 工业视觉检测中部件目标的直线或圆弧段等。此外，区域也可定义为既有边界又有特殊形状的像素集合，如圆、椭圆、多边形或者物体的自由边界形状。图像分割是图像处理到图像分析的关键步骤。到目前为止，已有不下于上千种算法。其主要方法体系包括基于边缘的分割方法和基于区域的分割方法。关于边缘检测的方法，本书已经在第 7 章给予了介绍。本章主要聚焦在区域分割的经典方法，包括阈值分割，区域生长、分裂与合并，分水岭方法。这些内容在大多数图像处理教材中重点介绍，本书将更侧重对方法的数学建模与原理的介绍。

8.1 图像分割基本概念

什么是图像分割？到目前为止，学术界还没有非常严谨和统一的定义。相对来说，广泛认可的一种较为正式的方式是采取集合论的方法定义。

设 $I(x,y)$ 为定义在 Ω 的数字图像，根据图像的灰度、颜色、纹理等特征，将区域 Ω 划分为相互连通的均匀子集 $\{\Omega_i\}_{i=1}^N$。设 P 为定义在 Ω 区域上的一致性判别逻辑准则，即

$$P(\Omega) = \begin{cases} 1(\text{True}), & H(\Omega) \in D \\ 0(\text{False}), & \text{其他} \end{cases} \tag{8.1}$$

其中，$H : \Omega \mapsto D$ 是 Ω 的一致性度量函数；D 是预先定义的分割集合 D_0 的子区域。图像分割就是根据一致性度量将图像阵列 I 分割成互不相交的非空子集 $\{\Omega_i\}_{i=1}^N$，并满足如下关系：

(1) $\Omega = \bigcup\limits_{i=1}^N \Omega_i$。

(2) $\Omega_i \cap \Omega_j = \varnothing, i \neq j$。

(3) $P(\Omega_i) = 1, i = 1, 2, \cdots, N$。

(4) $P(\Omega_i \cup \Omega_j) = 0, i \neq j$。

上述条件中，条件 (1) 表示分割所得到的全部子区域的并集应该涵盖图像中所有像素，或者说分割应该将每个像素都划分至某一个子区域；条件 (2) 表示各个子区域是互补重叠的；条件 (3) 指出分割后得到的属于同一个区域的像素应该满足特定的一致性度量要求；条件 (4) 说明分割后得到的属于不同区域中的像素应该不满足一致性。在一些文献中，认为除上述条件之外，还应该保证：

(5) $\forall i, \Omega_i$ 是连通的区域。

这个条件是防止所分割的区域有小孔。从逻辑上讲，这个条件可以归并到式 (8.1) 所定义的谓词条件；但是如果一致性条件不够严格，则分割结果极有可能出现小孔。因此条件 (5) 在很多算法中是需要考虑的因素。

从上述条件可以看出，区域一致性度量函数 (或准则) 是一个非常重要的因素。如何定义像素与像素之间的一致性呢？这实质上归结为像素之间的相似性度量问题，这种相似性往往需要综合像素的灰度、纹理、边缘、颜色，甚至更多上下文语义信息特征，而不能仅仅局限于图像的灰度信息。

可以看到，寻找同时满足上述条件的图像分割算法是非常困难的，因为严格一致和同质的区域一般都充满了孔且边界粗糙。相邻区域的特征差异性 (或异质性) 不够明显或鉴别性不强的话，就很容易将相邻区域归并在一起，从而导致边界丢失。另外，在人类视觉感知上的区域均匀性，在分割系统中获得的低层特征上未必也是均匀的。因此，发展结合高层的语义信息和知识的图像分割算法是非常必要的。

8.2 阈值分割方法

8.2.1 灰度阈值分割的基本概念

灰度阈值分割是最简单的区域分割技术之一。这种方法是把图像的每个像素灰度值与特定阈值 T 或者阈值函数 $T(x, y)$ 进行比较，根据像素灰度值是否超过阈值将像素归为两类中的一类。

基于像素的阈值运算可以定义为：一种对图像中像素进行处理的点运算 (point operator)。一般意义下，阈值运算可以表达为根据某个像素的局部特性 (如像素的邻域平均值) 以及该像素位置进行判断的函数，这种判别函数也可以仿照式 (8.1) 的形式重新定义为

$$P(\Omega) = \begin{cases} 1(目标), & I(x, y) \geqslant T \\ 0(背景), & 其他 \end{cases} \tag{8.2}$$

此时图像的区域被划分为两类区域：

$$目标集合 \quad \Omega_o = \{(x, y) \mid I(x, y) \geqslant T\}$$

$$背景集合 \quad \Omega_b = \{(x, y) \mid I(x, y) < T\}$$

灰度阈值分割中，有三种不同的阈值 (或阈值函数) 类型。

(1) **全局阈值**：一幅图像仅有一个固定的阈值，仅仅与图像的灰度值相关，表示为

$$T = T\left(I\left(x, y\right)\right) \tag{8.3}$$

(2) **局部阈值**：图像中每个像素进行阈值处理时，与该像素及局部邻域相关，表示为

$$T = T\left(N\left(I\left(x, y\right)\right)\right) \tag{8.4}$$

(3) **自适应阈值**：图像中每个像素的阈值皆不同，即动态阈值 (或阈值函数)，与当前位置、图像灰度和局部性质相关，即

$$T = T\left(x, y, I\left(x, y\right), N\left(I\left(x, y\right)\right)\right) \tag{8.5}$$

8.2.2 全局阈值：双峰直方图谷底

最简单的方法是利用直方图阈值。由前面章节所述，如果将灰度等级上的像素个数和灰度等级绘制在坐标上，就可得到图像的直方图。对直方图进行归一化，能得到归一化直方图，等价于图像概率密度函数的离散化。假定有一幅图像，聚集两类灰度性质差异明显的像素，一类是深灰色背景的像素，另一类是明亮目标的像素。我们要从图像中分割出目标，那么对于这种性质的图像而言，一个简单的方法是采取阈值分割法。图像的直方图呈现双峰分布，如图 8.1 所示，在双峰之间存在一个谷底。

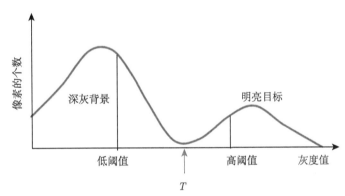

图 8.1 一幅深灰背景中包含明亮目标图像的直方图

这样，我们可以选择直方图谷底位置对应的灰度值 T 作为阈值。如图 8.1 所示，将所有灰度值高于 T 的像素标记为目标像素，而将所有灰度值低于 T 的像素标记为背景。

值得注意的是，当我们从一幅图像中提取一个目标时，通常是把组成该目标的像素看成是一样的。为此，通常给出一个与原始图像一样大小的数组，给每个高于阈值的像素赋予相同的一个标记，而低于阈值的像素赋予相同的另一个标记。这个标记通常可以是一个数字，如 1 表示目标，0 表示背景；也可以是一个字母或者颜色。标记本质上是一个名字，仅仅具有象征的意义。因此，标记不能看作是一个简单的数，我们不能将处理灰度图像的方法用于处理标记图像。通常，标记图像可以看作是每个像素所属类别的分类 (classification) 结果。在图像分类任务中，这通常被称为 "硬标签"。

8.2.3　滞后阈值法

在上述基于阈值的硬分类处理中，当直方图不具备明显的双峰分布时如何处理呢？出现这种类型的直方图主要原因是有些背景的像素的灰度值与目标像素的灰度值相同或非常接近。此时，经常采用滞后阈值法 (hysteresis thresholding) 进行处理。所谓的滞后阈值法，是在谷底的两边选择两个阈值，而不是一个阈值，如图 8.2 所示。其规则为：

(1) 采用高阈值定义目标的 "确定中心"，确定为目标像素；

(2) 低阈值用于区分这些像素在位置上的相邻关系：只有当像素的灰度值大于低阈值且小于高阈值，并且与其相邻的像素确实是目标像素时，该像素才能标记为目标像素；

(3) 低于低阈值的像素被划分为背景 (或非感兴趣) 像素。

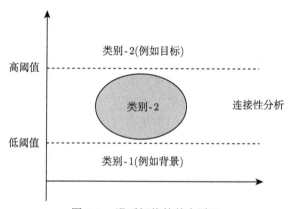

图 8.2　滞后阈值的基本原理

作为滞后阈值法应用的一个例子，通常 Canny 算子中经常采取这种方法，人们有时称之为高低双阈值 (T_H, T_L)。图 8.3 给出了一个 Canny 算子在不同双阈值下的边缘检测结果，高斯标准差参数统一取为 1.5。图 8.3(b) 是滞后阈值法之前的结果，采取非极大值抑制处理；在图 8.3(c) 中，$T_H = T_L = 0.05$；在图 8.3(d) 中，$T_H = 0.05, T_L = 0.01$。由于对梯度图像仅仅进行了非极大值抑制处理，我们看到检测的边缘将具有 $1 \sim 2$ 个像素宽；而高低阈值采取相同阈值时，非极大值抑制后，边缘断裂现象比较多；但是采取 $T_H = 0.05, T_L = 0.01$ 的双阈值处理，$[0.01, 0.05]$ 中的一些弱边缘将得到部分连接，边缘断裂现象得到改善。

8.2.4　全局最优阈值法

1. 最小错误准则

对于阈值分割，可将其建模为二分类问题。那么能否找到一个最优的阈值，使像素错分的概率达到最小呢？这个问题看上去比较复杂，因为我们没有关于背景和目标的任何先验知识。但是，如果我们知道背景和目标的像素灰度值分布，就可以利用先验知识来降低像素错分的概率，使其达到最小。例如，如果我们知道目标像素在整幅图像中的占比是 θ，则背景像素的占比必然是 $1 - \theta$，因此我们可以选择一个阈值使得目标像素与整幅图像像素的占比刚好为 θ。进一步，如果已知目标像素和背景像素的概率密度函数，则我们可以寻找一个阈值使得像素错分的概率达到最小，此时该阈值称为最优阈值。

(a) 含噪声Lena 图像   (b) 梯度图像非极大值抑制处理

(c) $T_H = T_L = 0.05$ (d) $T_H = 0.05,\ T_L = 0.01$

图 8.3　滞后阈值法在 Canny 算子边缘检测中的应用

在建立最小化分类错误模型之后，通常需要令目标函数的一阶导数为零，从而建立欧拉方程求解。在推导过程中，我们需要利用微积分中的莱布尼茨法则或者链式法则。作为一个经常使用的法则，我们给出一类带参数的积分函数的微分的相关结论。

假设带参数 λ 的积分 $E(\lambda)$ 定义如下：

$$E(\lambda) = \int_{\alpha(\lambda)}^{\beta(\lambda)} \rho(x; \lambda) \mathrm{d}x \tag{8.6}$$

关于参数 λ 微分公式可以通过下式给出：

$$\frac{\mathrm{d}E(\lambda)}{\mathrm{d}\lambda} = \frac{\mathrm{d}\beta(\lambda)}{\mathrm{d}\lambda} \rho(\beta(\lambda); \lambda) - \frac{\mathrm{d}\alpha(\lambda)}{\mathrm{d}\lambda} \rho(\alpha(\lambda); \lambda) + \int_{\alpha(\lambda)}^{\beta(\lambda)} \frac{\partial \rho(x; \lambda)}{\partial \lambda} \mathrm{d}x \tag{8.7}$$

基于数理统计的知识，我们知道错误的类型包括第一类型错误和第二类型错误。假设我们知道目标和背景像素分布的概率密度函数分别是 $p_o(x)$ 和 $p_b(x)$，阈值作为自由变量 T，则我们可以分别计算第一类型错误和第二类型错误。

(1) 当像素为目标像素，但被划分为背景像素时，错误概率为

$$\int_{-\infty}^{T} p_o(x)\mathrm{d}x$$

(2) 当像素为背景像素，但被划分为目标像素时，错误概率为

$$\int_{T}^{+\infty} p_b(x)\mathrm{d}x$$

换言之，整体错误的概率应该是由各类型错误概率与其自身可能的先验概率进行乘积，然后相加求和来计算。如果背景像素的占比是 $1-\theta$，意味着像素属于背景的先验概率为 $1-\theta$；目标像素的占比为 θ，则像素属于目标的先验概率为 θ。因此，整体错分概率为

$$E(T) = \theta \cdot \int_{-\infty}^{T} p_o(x)\mathrm{d}x + (1-\theta) \cdot \int_{T}^{+\infty} p_b(x)\mathrm{d}x \tag{8.8}$$

最佳阈值就是使得上述代价函数达到最小的解，即

$$T^* = \arg\min_{T} E(T) = \theta \cdot \int_{-\infty}^{T} p_o(x)\mathrm{d}x + (1-\theta) \cdot \int_{T}^{+\infty} p_b(x)\mathrm{d}x \tag{8.9}$$

这是一个单变量优化的问题，由微积分知识，我们对 $E(T)$ 求导数，然后令其为零，即

$$\frac{\mathrm{d}E(T)}{\mathrm{d}T} = 0 \tag{8.10}$$

经计算，由式 (8.8) 可得

$$\theta \cdot p_o(T) + (1-\theta) \cdot p_b(T) = 0 \tag{8.11}$$

于是，上述方程的解给出了两类像素总体分布下的最小分类错误对应的阈值。

为了帮助理解最小分类错误对应的阈值确定方法，下面我们首先给出一个背景与目标均服从正态分布的结论。

结论 8.1   假设背景和目标同时属于正态分布。背景像素分布中均值为 μ_b，标准方差为 σ_b；目标像素分布的均值和方差分别为 μ_o 和 σ_o；假设目标像素与整幅图像像素的占比为 θ，则使得分类错误最小的阈值满足如下方程的解：

$$\left(\sigma_o^2 - \sigma_b^2\right) T^2 + 2\left(-\mu_b\sigma_o^2 + \mu_0\sigma_b^2\right) T + \mu_b^2\sigma_o^2 - \mu_o^2\sigma_b^2\ln\left(\frac{\sigma_0}{\sigma_b}\frac{1-\theta}{\theta}\right) = 0 \tag{8.12}$$

特别地，当 $\sigma_o = \sigma_b = \sigma$ 时，有

$$T = \frac{\sigma^2}{\mu_o - \mu_b}\ln\left(\frac{1-\theta}{\theta}\right) - \frac{\mu_o + \mu_b}{2} \tag{8.13}$$

证明：将背景和目标的正态分布函数代入式 (8.11) 即可验证 (**留作习题 1**)。

上述结论表明, 当 $\sigma_{\mathrm{o}}^2 \neq \sigma_{\mathrm{b}}^2$ 时, 式 (8.12) 必然存在两个根, 分别为 T_1 和 T_2(不妨设 $T_1 < T_2$), 进一步可以证明这两个阈值分布在最陡 (方差最小) 的分布峰的两边。假设最陡的分布峰刚好反映目标像素的分布, 则正确的阈值处理是将灰度值满足 $T_1 < x < T_2$ 的像素标记为目标像素。第二个阈值表示较平坦的分布有一个长长的尾部, 灰度值满足 $x \geqslant T_2$ 的像素大概率属于较平坦的分布, 而不是属于聚集而较窄的分布。

下面给出了当背景与目标均服从拉普拉斯分布时的结论。同样, 该结论可以利用结论 8.1 进行证明 (**留作习题 2**)。

结论 8.2 假设背景和目标同时属于拉普拉斯分布, 分别表示为

$$p_{\mathrm{o}}(x) = \frac{1}{2\sigma_{\mathrm{o}}} \exp\left(-\frac{|x - \mu_{\mathrm{o}}|}{\sigma_{\mathrm{o}}}\right) \tag{8.14}$$

$$p_{\mathrm{b}}(x) = \frac{1}{2\sigma_{\mathrm{b}}} \exp\left(-\frac{|x - \mu_{\mathrm{b}}|}{\sigma_{\mathrm{b}}}\right) \tag{8.15}$$

其中, 假设目标像素与整幅图像像素的占比为 θ, 则使得分类错误最小的阈值满足如下方程的解:

$$-\frac{|T - \mu_{\mathrm{o}}|}{\sigma_{\mathrm{o}}} + \frac{|T - \mu_{\mathrm{b}}|}{\sigma_{\mathrm{b}}} = \ln\left(\frac{\sigma_{\mathrm{o}}}{\sigma_{\mathrm{b}}}\frac{1 - \theta}{\theta}\right) \tag{8.16}$$

对于上述结论, 可以取式 (8.16) 的有效根作为阈值。

例 8.1 对于结论 8.2 的背景和目标同时属于拉普拉斯分布情形, 如果 $\mu_{\mathrm{o}} = 60$, $\mu_{\mathrm{b}} = 40$; $\sigma_{\mathrm{o}} = 10$, $\sigma_{\mathrm{b}} = 5$; $\theta = 2/3$ 时, 试确定使得分类错误最小的阈值。

由问题及其参数取值, 最佳阈值满足式 (8.16), 而 $\ln\left(\dfrac{\sigma_{\mathrm{o}}}{\sigma_{\mathrm{b}}}\dfrac{1 - \theta}{\theta}\right) = \ln\left(\dfrac{10}{5}\dfrac{1/3}{2/3}\right) = \ln 1 = 0$, 则可知:

(1) 若 $T < \mu_{\mathrm{b}} < \mu_{\mathrm{o}}$, 则 $T = \dfrac{\sigma_{\mathrm{b}}\sigma_{\mathrm{o}}}{\sigma_{\mathrm{b}} - \sigma_{\mathrm{o}}} \ln\left(\dfrac{\sigma_{\mathrm{o}}}{\sigma_{\mathrm{b}}}\dfrac{1 - \theta}{\theta}\right) + \dfrac{\mu_{\mathrm{o}}\sigma_{\mathrm{b}} - \mu_{\mathrm{b}}\sigma_{\mathrm{o}}}{\sigma_{\mathrm{b}} - \sigma_{\mathrm{o}}}$, 此时代入参数值可得 $T_1 = 20$;

(2) 若 $\mu_{\mathrm{b}} < T < \mu_{\mathrm{o}}$, 则 $T = \dfrac{\sigma_{\mathrm{b}}\sigma_{\mathrm{o}}}{\sigma_{\mathrm{b}} + \sigma_{\mathrm{o}}} \ln\left(\dfrac{\sigma_{\mathrm{o}}}{\sigma_{\mathrm{b}}}\dfrac{1 - \theta}{\theta}\right) + \dfrac{\mu_{\mathrm{o}}\sigma_{\mathrm{b}} + \mu_{\mathrm{b}}\sigma_{\mathrm{o}}}{\sigma_{\mathrm{b}} + \sigma_{\mathrm{o}}}$, 代入参数值可得 $T_2 = 47$;

(3) 若 $\mu_{\mathrm{b}} < \mu_{\mathrm{o}} < T$, 则 $T = \dfrac{\sigma_{\mathrm{b}}\sigma_{\mathrm{o}}}{\sigma_{\mathrm{o}} - \sigma_{\mathrm{b}}} \ln\left(\dfrac{\sigma_{\mathrm{o}}}{\sigma_{\mathrm{b}}}\dfrac{1 - \theta}{\theta}\right) + \dfrac{-\mu_{\mathrm{o}}\sigma_{\mathrm{b}} + \mu_{\mathrm{b}}\sigma_{\mathrm{o}}}{\sigma_{\mathrm{o}} - \sigma_{\mathrm{b}}}$, 此时由 $\mu_{\mathrm{b}} < \mu_{\mathrm{o}}$, 则 $T < \dfrac{\sigma_{\mathrm{b}}\sigma_{\mathrm{o}}}{\sigma_{\mathrm{o}} - \sigma_{\mathrm{b}}} \ln\left(\dfrac{\sigma_{\mathrm{o}}}{\sigma_{\mathrm{b}}}\dfrac{1 - \theta}{\theta}\right) + \dfrac{-\mu_{\mathrm{o}}\sigma_{\mathrm{b}} + \mu_{\mathrm{o}}\sigma_{\mathrm{o}}}{\sigma_{\mathrm{o}} - \sigma_{\mathrm{b}}} = \mu_{\mathrm{o}} + \dfrac{\sigma_{\mathrm{b}}\sigma_{\mathrm{o}}}{\sigma_{\mathrm{o}} - \sigma_{\mathrm{b}}} \ln\left(\dfrac{\sigma_{\mathrm{o}}}{\sigma_{\mathrm{b}}}\dfrac{1 - \theta}{\theta}\right)$, 代入参数值 $T < \mu_{\mathrm{o}}$, 矛盾。因此为无效解。

因此只有选取 $T_1 < x < T_2$ 的像素标记为背景才能使得误差最小。

2. 大津法 (Otsu 方法)

对于基于最小错误分类的阈值方法, 其缺点有两个方面: 需要知道属于目标或属于背景的像素的先验概率; 其次还需要知道两类像素的分布类型及其形状参数 (均值与方差)。因此该方法理论上是正确的, 对于实际图像而言, 需要对归一化直方图进行拟合, 判定分布类型, 求出最佳阈值计算公式, 然后通过估计的形状参数进行求解。

日本图像处理科学家大津展之 (Nobuyuki Otsu) 给出了一种无须知道物体和背景概率密度分布的阈值方法，图像处理中经常称之为 Otsu 方法或者大津法。与前述方法不同的是，该方法直接基于离散直方图，采取最大类间方差求取阈值的方法。

考虑一幅 L 个灰度级的图像，生成归一化直方图 $P(k)$，其中 k 表示灰度值，$P(k)$ 为该灰度值出现的概率。将阈值设定为一个变量 T，若待分割的图像中背景的像素值聚集在低亮度灰度等级，而目标的像素值在较高亮度灰度值，则分类为背景像素的比例为

$$\theta(T) = \sum_{k=1}^{T} P(k) \tag{8.17}$$

分类为目标像素的比例为

$$1 - \theta(T) = \sum_{k=T+1}^{L} P(k) \tag{8.18}$$

此时，背景和目标像素的平均灰度值分别为

$$\mu_{\mathrm{b}} = \frac{\sum_{k=1}^{T} kP(k)}{\sum_{k=1}^{T} P(k)} \equiv \frac{\mu(T)}{\theta(T)} \tag{8.19}$$

$$\mu_{\mathrm{o}} = \frac{\sum_{k=T+1}^{L} kP(k)}{\sum_{k=T+1}^{L} P(k)} = \frac{\sum_{k=1}^{L} kP(k) - \sum_{k=1}^{T} kP(k)}{1 - \theta(T)} \equiv \frac{\mu - \mu(T)}{1 - \theta(T)} \tag{8.20}$$

其中，$\mu(T) = \sum_{k=1}^{T} kP(k)$，$\mu = \sum_{k=1}^{L} kP(k)$ 表示整幅图像的平均值 (注意，对于归一化直方图，满足 $\sum_{k=1}^{L} P(k) = 1$)。

同样，若利用选定阈值 T 确定背景和目标像素集合，其方差为

$$\sigma_{\mathrm{b}}^2 = \frac{\sum_{k=1}^{T} (k - \mu_{\mathrm{b}})^2 P(k)}{\sum_{k=1}^{T} P(k)} = \frac{1}{\theta(T)} \sum_{k=1}^{T} (k - \mu_{\mathrm{b}})^2 P(k) \tag{8.21}$$

$$\sigma_{\mathrm{o}}^2 = \frac{\sum_{k=T+1}^{L} (k - \mu_{\mathrm{o}})^2 P(k)}{\sum_{k=1}^{T} P(k)} = \frac{1}{1 - \theta(T)} \sum_{k=T+1}^{L} (k - \mu_{\mathrm{o}})^2 P(k) \tag{8.22}$$

而图像的整体方差为

$$\sigma^2 = \sum_{k=1}^{L}(k-\mu)^2 P(k) = \sum_{k=1}^{T}(k-\mu)^2 P(k) + \sum_{k=T+1}^{L}(k-\mu)^2 P(k) \tag{8.23}$$

可以证明 (**留作习题 6**)，图像的方差等价于以阈值为变量的类内方差和类间方差之和，即

$$\sigma^2 = \underbrace{\theta(T)\sigma_{\mathrm{b}}^2 + (1-\theta(T))\sigma_{\mathrm{o}}^2}_{\text{类内方差}} + \underbrace{(\mu_{\mathrm{b}}-\mu)^2\theta(T) + (\mu_{\mathrm{o}}-\mu)^2(1-\theta(T))}_{\text{类间方差}}$$

$$= \sigma_{\mathrm{W}}^2(T) + \sigma_{\mathrm{B}}^2(T) \tag{8.24}$$

其中，σ_{W}^2 表示类内方差；σ_{B}^2 表示类间方差。由于整幅图像的方差 σ^2 是常数，所以对于二分类问题，我们希望类内方差尽可能小 (背景与目标像素值各自尽可能聚集)，而类间方差尽可能大 (背景与目标像素值尽可能分开)。

进一步将 μ_{b}(式 (8.19)) 和 μ_{o}(式 (8.20)) 代入 σ_{B}^2，可得

$$\sigma_{\mathrm{B}}^2(T) = (\mu_{\mathrm{b}}-\mu)^2\theta(T) + (\mu_{\mathrm{o}}-\mu)^2(1-\theta(T))$$

$$= \left(\frac{\mu(T)}{\theta(T)}-\mu\right)^2\theta(T) + \left(\frac{\mu-\mu(T)}{1-\theta(T)}-\mu\right)^2(1-\theta(T))$$

$$= \frac{[\mu(T)-\mu\theta(T)]^2}{\theta(T)(1-\theta(T))} \tag{8.25}$$

这个公式表明只要知道阈值 T 所对应的直方图，就可以计算 $\sigma_{\mathrm{B}}^2(T)$。选择关于阈值 T 的类间方差函数 $\sigma_{\mathrm{B}}^2(T)$ 作为优化目标，选择使得 $\sigma_{\mathrm{B}}^2(T)$ 达到最大值的 T 作为阈值，即

$$T^* = \arg\max_T \sigma_{\mathrm{B}}^2(T) = \frac{[\mu(T)-\mu\theta(T)]^2}{\theta(T)(1-\theta(T))} \tag{8.26}$$

在实际计算中，从直方图左端开始，选定一个阈值序列的数组 $T=[1,2,\cdots,L]$，逐次计算 $\mu(T)$ 和 $\theta(T)$，计算类间方差的 $\sigma_{\mathrm{B}}^2(T)$，逐次进行比较，确定阈值 T 使得 $\sigma_{\mathrm{B}}^2(T)$ 达到最大。另一种简单的方法是，从直方图左端开始计算 $\sigma_{\mathrm{B}}^2(T)$，当 $\sigma_{\mathrm{B}}^2(T)$ 减小时终止。这种方法的前提是假设类间方差函数 $\sigma_{\mathrm{B}}^2(T)$ 的性质好，且只有唯一的最大值。

讨论：

(1) Otsu 方法没有对背景和目标像素的概率分布作限制和假设，仅仅采取了两个基本的统计量：均值和方差。因此，Otsu 方法并没有综合考虑其他统计性质。

(2) 当背景和目标的统计分布差异明显时，这个方法将失效。因为，当背景和目标的统计分布差异特别大时，$\sigma_{\mathrm{B}}^2(T)$ 可能有两个最大值，而且全局最大值还不一定是实际处理中最佳的分割阈值。因此，可能需要比较两者的分割效果，人工进行再次检验。

(3) 在最大类间方差的推导过程中，其前提假设是图像中仅仅存在两类样本，且具有较为明显的双峰分布。当图像中存在多个分类时，需要进行推广，使得各类之间的类间方差达到最大。

(4) 当图像中存在非均衡的光照现象时，Otsu 方法也不能取得很好的结果。

8.2.5　局部与自适应阈值法

1. 光照非均衡问题

全局阈值法的一个重要缺点是，对于光照非均衡的图像难以取得较好的分割结果。下面，我们从数学上给出这种现象的理论分析。

当图像中存在非均衡光照时，图像的形成过程必然受到光照的影响。假设采取简单的图像生成模型进行分析，即

$$I(x,y) = r(x,y)s(x,y)$$

其中，$s(x,y)$ 表示光照函数；而 $r(x,y)$ 表示反射率函数。换言之，在所拍摄的图像中，反射率函数都会受到光照的空间变化引起的乘性干扰。通过对数变换，可以将其转化为加性干扰 $\ln I(x,y) = \ln r(x,y) + \ln s(x,y)$。

令 $Z(x,y) = \ln I(x,y)$，$X(x,y) = \ln r(x,y)$，$Y(x,y) = \ln s(x,y)$，同时假设 $Z(x,y)$，$X(x,y)$ 和 $Y(x,y)$ 为随机变量，基于概率论知识，**两个随机变量之和的概率密度函数是两个随机变量概率密度函数的卷积** (证明见图 8.4)。

设 (X, Y) 的联合密度函数为 $f(x, y)$，现求 $Z = X + Y$ 的概率密度。

令 $D_z = \{(x, y) | x + y \leq z\}$，则 Z 的分布函数为

$$\begin{aligned} F_Z(z) &= P\{Z \leq z\} \\ &= P\{X + Y \leq z\} \\ &= \iint_{D_z} f(x, y)\mathrm{d}x\mathrm{d}y \\ &= \int_{-\infty}^{+\infty}(\int_{-\infty}^{z-y} f(x, y)\mathrm{d}x)\mathrm{d}y \end{aligned}$$

固定 z 和 y 对积分 $\int_{-\infty}^{z-y} f(x, y)\mathrm{d}x$ 作换元，令 $x + y = u$，得

$$\int_{-\infty}^{z-y} f(x, y)\mathrm{d}x = \int_{-\infty}^{z} f(u - y, y)\mathrm{d}u$$

于是

$$F_Z(z) = \int_{-\infty}^{+\infty}\int_{-\infty}^{z} f(u - y, y)\mathrm{d}u\mathrm{d}y = \int_{-\infty}^{z}[\int_{-\infty}^{+\infty} f(u - y, y)\mathrm{d}y]\mathrm{d}u$$

由概率论定义，即得 Z 的概率密度为

$$f_Z(z) = \int_{-\infty}^{+\infty} f(z - y, y)\mathrm{d}y$$

由 X 与 Y 的对称性，又可得

$$f_Z(z) = \int_{-\infty}^{+\infty} f(x, z - x)\mathrm{d}x$$

特别地，当 X 与 Y 相互独立时，有

$$F_Z(z) = \int_{-\infty}^{+\infty} f_X(z - y)f_Y(y)\mathrm{d}x = \int_{-\infty}^{+\infty} f_X(x)f_Y(z - x)\mathrm{d}x$$

其中，$f_X(x)$、$f_Y(y)$ 分别是 X 和 Y 的密度函数。

图 8.4　数理统计中的一个结论

因此，如果存在非均衡光照的情况，直方图将产生严重的变形，因此直接对 $Z(x,y)$ 应用直方图求取最佳阈值的方法在理论上就存在问题。图 8.5 给出了非均衡光照影响的图像全局阈值分割失效的例子。其中，图 8.5(a) 为原始图像，其光照非均衡；图 8.5(b) 为其直方图，并满足 $T=128$；图 8.5(c) 为阈值分割结果，由图可知，大部分目标并没有分割正确。

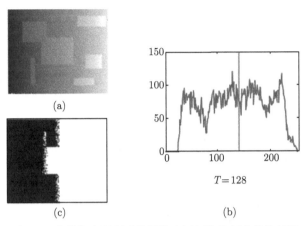

图 8.5　非均衡光照影响的图像全局阈值分割失效的例子

2. 局部与自适应

解决非均衡光照图像的阈值分割引起的大量错分问题，基本途径是假设图像中局部光照是均衡的，因此可以对图像进行局部直方图计算，求取每个分块图像内部的局部最佳阈值，然后进行阈值分割。这种方法有助于改善光照非均衡引起的错误分割问题，如图 8.6 所示。

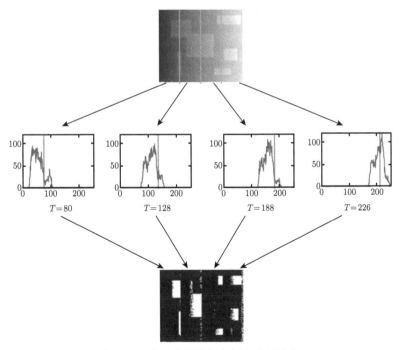

图 8.6　基于分块的局部阈值分割结果

但是基于分块的方法也会导致相邻块的阈值发生跳跃，还会产生因阈值跳跃引起的分割错误。因此我们需要进一步改进基于分块的局部阈值方法，将其推广到每个像素的邻域，通过邻域直方图求取阈值，并对像素进行阈值处理。此时，阈值不仅和像素的坐标有关，还和邻域相关，称之为动态阈值或者自适应阈值，如图 8.7 所示。

(a) 具有非均衡光照的文档图　　　　(b) 全局阈值分割结果　　　　(c) 自适应阈值分割结果

图 8.7　　全局阈值分割与自适应阈值分割的对比

8.3　区域生长方法

区域生长法是将具有"相似性"的像素集合，形成分割区域。基本思想是对待分割的每个区域重新寻找一个种子点作为生长的起点，然后将种子的邻域像素与种子像素进行特征相似性比较，将相似性邻域像素合并到种子像素所在的区域。将这些新像素的均值或者中值当作新的种子继续重复上述过程，直到没有满足条件的像素可被合并。

图 8.8 给出了一种区域生长算法的伪代码形式描述。

在实际的应用中，区域生长法需要解决三个关键问题：

(1) 选择能表示区域特征的代表性种子点；

(2) 确定判别邻域 p' 和像素 p 的"相似性"准则；

(3) 算法的终止性准则是可以调整的，我们可以采取更为灵活的准则。

其中，"相似性"的定义显然是区域生长算法的核心。什么是像素之间的相似性呢？一种简单的方法是采取亮度一致性准则，即 $|I(p') - I(p)| \leqslant \varepsilon$，则认为像素 p' 与像素 p 归属于同一个区域。

图 8.9 给出了一幅磁共振成像 (MRI) 脑切片的区域生长分割例子，分别在 3 个不同区域设置种子点，分别是白质、脑室和灰质，区域生长后得到对应分割结果。此实验中，我们注意到灰质并没有被完全分割。这说明了当要分割的解剖结构在图像空间上没有均匀的统计分布时，区域生长方法具有脆弱性。

对于图像而言，衡量像素的相似性至少应该是特征级别，而不仅仅是灰度级别的相似性度量。形式上，我们可以定义邻域像素 p' 和像素 p 之间的特征向量之间的欧氏距离

```
定义数据结构：
    集合 S // 区域内的像素集合
    队列 Q // 需要检查的像素队列
    (x₀, Y₀) // 区域内的一个种子点像素
区域增长算法：
    初始化：s = ∅ // 初始式区域为空集
            Q = {(x₀, y₀)}
    第一步：从队列 Q 中提取像素 p
    第二步：将像素 p 加入集合 S
    第三步：定义像素 p 的邻域 N(p)，
            for 任意邻域 p' do
                if 邻域 p' 和像素 p 是 "相似的"，且 p' ∈ S，则
                    将邻域 p' 加入队列 Q
                end if
            end for
    第四步：如果 Q = ∅，则算法终止；否则转到第一步。
输出：区域的集合 S
```

图 8.8　一种区域生长算法的伪代码

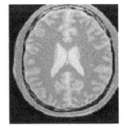  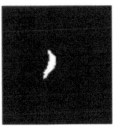 

(a) 原始MRI　　(b) 白质区域，初始　　(c) 分割的脑室区域，　　(d) 灰质分割结果(107, 69)
　　　　　　　　种子点位置(60, 116)　　初始种子点位置(81, 112)

图 8.9　MRI 脑切片的区域生长分割实例

$$\|f(p') - f(p)\| \leqslant \varepsilon \tag{8.27}$$

越小越相似。或者采用相似性度量，如向量的归一化内积

$$\mathrm{sim}\left(f\left(p'\right), f\left(p\right)\right) = \frac{\langle f\left(p'\right), f\left(p\right)\rangle}{\|f\left(p'\right)\|\,\|f\left(p\right)\|} \tag{8.28}$$

该指标越接近 1 越相似。其中特征向量的选取不仅依赖问题本身，还跟图像类型相关。例如，处理彩色图像时，需要综合颜色信息；处理多光谱图像时，需要综合光谱信息，同时局部模式特征、像素之间的连通性和邻近性等都可以综合考虑，以避免出现无意义的分割结果。

　　一般的生长过程，在进行到没有满足生长准则的像素时需要终止。但是，常用的基于灰度、颜色、纹理等的准则都是基于图像的局部信息，并没有综合生长的过程与空间上的路径。若要进一步提升区域生长的分割性能，还需要综合图像上下文和全局信息，通过建立合适的数学模型进行改进。

此外，种子点像素的选取对于区域生长法也是非常重要的环节。种子点的选择并没有通用的方法，主要依赖于图像本身的特性和数据内容。例如对于细胞图像，选择细胞核的位置可能是最好的；对于红外图像，则应选择较亮的像素。种子点的检测也是目前实例分割 (instance segmentation) 的重要研究内容之一。

综合而言，区域生长方法是一种由底至上 (bottom to up) 的方法，即从单个种子像素开始，通过不断归并相似性像素得到整个区域。

8.4 分裂与合并方法

分裂与合并 (split and merge) 方法是另一个重要的区域分割技术，与区域生长不同，它是一种自顶向下 (top to down) 的方法。具体做法是从整幅图像开始，通过不断分裂将图像分成大小不一却不重叠的区域，然后再基于区域一致性指标合并相似性区域，直到满足分割的要求，代表性方法是基于图像四叉树的迭代分裂合并算法，它主要包括四个步骤。

1) 四叉树分裂

根据图 8.10，令 R 表示整幅图像的区域，按照式 (8.1) 定义的一致性判别逻辑准则 $P(R)$，来判断四叉树某个中间层上的节点层的正方形区域是否满足一致性指标。如果不满足，即 $P(R) = $ False，则该节点分裂为 4 个 1/4 大小的正方形区域；如果 $P(R) = $ True，则不分裂。如果 $P(R_i) = $ False，则继续分裂为 4 等份，以此类推，直至分裂至指定的深度，甚至可分裂至单个像素。形式上可以表达为

$$R_i \Rightarrow \begin{cases} R_i, & P(R_i) = \text{True} \\ \overset{4}{\underset{j=1}{\cup}} R_{ij}, & P(R_i) = \text{False} \end{cases} \tag{8.29}$$

在上述四叉树分裂表示过程中，一致性判别逻辑准则 $P(R)$ 需要根据目标任务和图像属性等灵活设计。例如我们可以基于区域的方差来判别区域是否具有均匀性，即

$$P(R_i) = \{\text{var}(R_i) \leqslant \varepsilon_i\} \tag{8.30}$$

也可以基于最大和最小灰度差异进行判别，即

$$P(R_i) = \{(\max(R_i) - \min(R_i)) \leqslant \varepsilon_i\} \tag{8.31}$$

其中，ε_i 表示给定的阈值。

2) 四叉树合并

如果四个节点的子区域具有一致性，则进行合并。形式上表达为

$$(R_{i1}, R_{i2}, R_{i3}, R_{i4}) = \begin{cases} R_i \Leftarrow \overset{4}{\underset{i=1}{\cup}} R_{ij}, & P\left(\overset{4}{\underset{i=1}{\cup}} R_{ij}\right) = \text{True} \\ (R_{i1}, R_{i2}, R_{i3}, R_{i4}), & P\left(\overset{4}{\underset{i=1}{\cup}} R_{ij}\right) = \text{False} \end{cases} \tag{8.32}$$

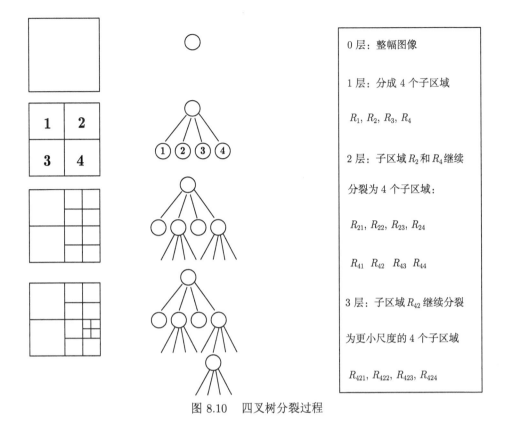

图 8.10 四叉树分裂过程

3) 不同分支上的节点的合并

在图像分裂操作中，会出现将某一区域同时分裂到不同分支上的情况，此时需要将具有相邻关系，却又在不同分支上的子节点进行合并。表达为

$$(R_i, R_j) = \begin{cases} R_i \Leftarrow R_i \cup R_j, & P(R_i \cup R_j) = \text{True} \\ (R_i, R_j), & P(R_i \cup R_j) = \text{False} \end{cases} \tag{8.33}$$

其中，R_i, R_j 为相邻子区域。

4) 微小区域合并

由于较大区域之间往往存在窄跳变区域，以及由于图像中噪声的影响，分裂中可能出现许多微小的区域，应该将其合并到与其相邻的大区域。

上面只是给出一种四叉树分裂与合并的方法。事实上，该方法可以有很多变形，两种可行的分裂与合并策略模式如下。

第一种模式：一次性分裂至最深层，然后由深层叶子节点开始合并，形成目标和背景区域，再由底向上逐个按照目标和背景进行节点合并。

第二种模式：分裂与合并同时进行，从四叉树的某一个中间层开始。为了进一步分裂，需要检验每一块的内部；而为了进一步合并，又需要按照特定规则检验相邻的块；最后为了合并相邻的块，再次检验所有相邻的块。

分裂与合并方法对于一些简单的图像，如二值图像，能够得到有效的分割。但是对于复杂的图像，该方法的使用比较困难。

例 8.2   图 8.11 给出了分裂与合并分割一个简单图像的示意。设图像中黑色区域为目标，浅灰色的区域为背景。对整个图像区域 R，设一致性判别逻辑准则 $P(R) = \text{True}$ 定义为在区域 R 上灰度值相同。若 $P(R) = \text{False}$，则按照四叉树分裂规则，逐步可以分裂为第一层 (图 (a))、第二层 (图 (b)) 和第三层 (图 (c))。最终形成一棵四叉树 (图 (e))。合并过程可以从最深层叶子节点开始，分别合并目标和背景叶子节点，然后回溯到上层，进行相似区域合并，得到最终分割结果 (图 (d))。

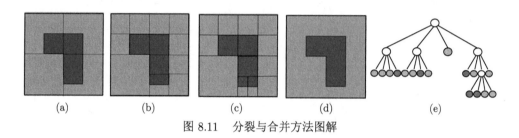

(a)   (b)   (c)   (d)   (e)

图 8.11   分裂与合并方法图解

8.5   分水岭方法

本节介绍一种基于拓扑学与数学形态学计算的区域分割方法，称为分水岭算法 (watershed algorithm)。核心思想是把图像看作是测地学上的拓扑地貌，图像中每一点像素的灰度值表示该点的海拔，每一个局部极小值及其影响区域称为集水盆，而集水盆的边界则形成分水岭，如图 8.12 所示。

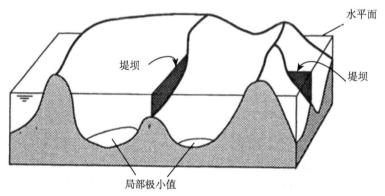

图 8.12   分水岭原理示意：相邻两个局部极小值处的水位即将汇合时，构筑坝形成分水岭

分水岭的概念和形成可以通过模拟浸入过程来说明。设想在每一个局部极小值表面的位置打一个小孔，然后将地形图模型慢慢浸入水中，全局极小值点的盆地先进水，随着浸入的加深，每一个局部极小值的影响域慢慢向外扩展，水位逐渐升高漫过盆地，当相邻两个集水盆即将汇合时，在这两个集水盆之间构筑堤坝拦截，即形成分水岭。此过程将图像划分为许多山谷和集水盆，分水岭就是分割这些集水盆的堤坝。

分水岭的计算过程是一个迭代标注过程，它由 L. Vincent 在 1990 年提出。该算法中，分水岭计算分两个步骤：排序和淹没过程。首先对每个像素的灰度级进行从低到高排序，然后在从低到高实现淹没过程中，对每一个局部极小值在 h 阶高度的影响域采用先进先出 (first in first out, FIFO) 结构进行判断并标注。图 8.13 给出了分水岭淹没过程的一维示意图。

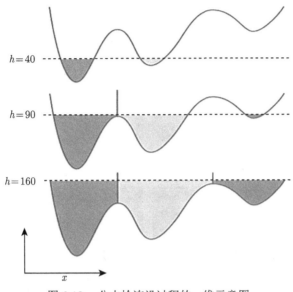

图 8.13　分水岭淹没过程的一维示意图

分水岭变换得到的是输入图像的集水盆图像，集水盆之间的边界点称为分水岭，表示输入图像极大值点。因此，为得到图像的边缘信息，通常把梯度图像作为输入图像，即

$$g(x,y) = |\nabla I(x,y)| = \sqrt{(I(x,y) - I(x-1,y))^2 + (I(x,y) - I(x,y-1))^2} \qquad (8.34)$$

其中，$I(x,y)$ 表示原始图像，$g(x,y) = |\nabla I(x,y)|$ 表示梯度幅度运算。当图像中含噪声时，通常对梯度函数进行修改，一种方法是对梯度图像进行阈值处理，以消除灰度的微小变化，即 $g(x,y) = \max(|\nabla I(x,y)|, T)$，其中 T 为阈值。另一种方法是对图像进行高斯滤波，以消除噪声，然后求取梯度，即 $g(x,y) = |\nabla(I \otimes G_\sigma(x,y))|$。

分水岭的主要步骤如下：

步骤 1：计算图像的梯度图，令 max_level 表示最大梯度幅值；

步骤 2：选择合适的淹没水平面的高度值 (drowning_level)，实际算法中采用 drowning_level = max_level/n；

步骤 3：依次处理梯度图像中的每个像素，如果当前像素值在淹没水平面下，则将同样也处于淹没水平面之下的相邻点与其合并；否则，如果当前像素值超过了淹没水平面，而且当前点在其所属邻域中不是局部极小，则将该点与比该点像素值小且差值最小的点合并。

分水岭算法的主要不足是，输出图像容易产生过度分割 (分割的区域数超过图像中包含的实际对象数)。过度分割的区域数目取决于 drowning_level 参数的大小。该方法的一个分割示例如图 8.14 所示。

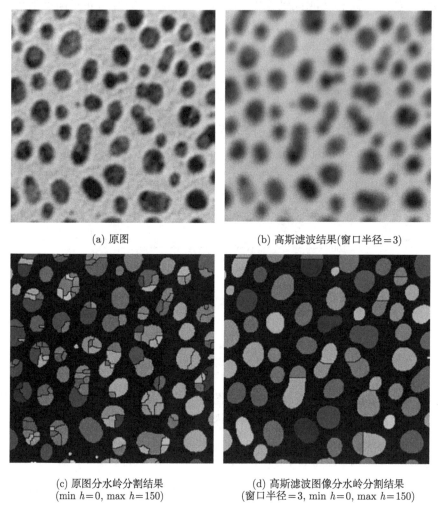

(a) 原图   (b) 高斯滤波结果(窗口半径＝3)

(c) 原图分水岭分割结果   (d) 高斯滤波图像分水岭分割结果
(min h＝0, max h＝150)   (窗口半径＝3, min h＝0, max h＝150)

图 8.14　一幅细胞图像分水岭分割示例

8.6　基于形变模型的方法

　　形变模型有两种基本类型：参数形变模型和主动轮廓模型。参数形变模型在其形变过程中用参数形式显式地表示曲线和曲面，这种表示使得用户更易于与模型直接进行交互，并且适合于快速实时实现。但是，参数模型的拓扑自适应能力较差，要在形变过程中进行分裂或合并比较困难。主动轮廓模型的理论基础是曲线演化 (curve evolution) 理论和水平集 (level set) 方法，它用一个更高维向量函数的水平集，来隐含表示多条曲线或者多个曲面，曲线或曲面的演化与参数无关，因此它具有拓扑灵活性。除了显式表示和隐含表示这一基本差别，这两种方法的基本原理都是类似的。本节将分别介绍这两种类型的形变模型。

8.6.1　参数形变模型——Snake 模型

在本节中，我们将首先介绍参数形变模型，该模型由 Kass 等在 1988 年提出，称为 Snake 模型。它将图像分割问题转换为求解能量泛函最小值的问题，主要思路是通过构造能量泛函，经过算法迭代，轮廓曲线由初始位置逐渐向使能量函数最小 (或局部极小) 的图像边缘逼近，最终分割出目标。

能量最小化的基本思想是，寻找一条参数化的曲线，使其内能 (internal energy) 和势能 (potential energy) 的加权和最小。内能体现了轮廓的张力或光滑性。根据势能在图像空间中定义，通常在对象的边缘处具有较小的值。要使整个能量最小化，需定义内力和势力 (potential force)。内力可以使曲线收缩，并且不会弯曲得太厉害。

首先需要人为地在图像上给出初始轮廓曲线，确切地说是一组用于控制曲线形状的控制点：$v(s) = [x(s), y(s)], s \in [0, 1]$，这些点首尾相连构成一个封闭的轮廓线。其中 $x(s)$ 和 $y(s)$ 分别表示每个控制点在图像中的坐标位置，s 是描述边界的自变量，也可以理解为弧长。那么 Snake 曲线的能量函数表示为

$$
\begin{aligned}
E_{\text{snake}}^* &= \int_0^1 E_{\text{snake}}(v(s))\mathrm{d}s \\
&= \int_0^1 E_{\text{int}}(v(s)) + E_{\text{image}}(v(s)) + E_{\text{con}}(v(s))\mathrm{d}s \\
&= \int_0^1 E_{\text{int}}(v(s)) + E_{\text{ext}}(v(s))\mathrm{d}s
\end{aligned} \tag{8.35}
$$

其中，E_{int} 为内部能量；E_{image} 为图像能量；E_{con} 为外部约束能量。图像能量和外部约束能量统称为外部能量，即 $E_{\text{ext}} = E_{\text{image}} + E_{\text{con}}$。

1) 内部能量 E_{int}

内部能量 E_{int} 由保证曲线连续性的一阶导数和保证曲线平滑的二阶导数组成，表示为

$$
E_{\text{int}} = \frac{1}{2}(\alpha(s)|v_s(s)|^2 + \beta(s)|v_{ss}(s)|) \tag{8.36}
$$

通过调整权值 $\alpha(s)$ 和 $\beta(s)$ 可以控制曲线的形状。例如，将 $\beta(s)$ 置为 0 可以让曲线可能会出现拐角，即曲线二阶导数不连续的情况。

2) 图像能量 E_{image}

在低层次的计算机视觉中，需要能够将轮廓吸引到特定图像特征的能量函数。原始的 Snake 轮廓模型中提出了 3 种不同的能量函数，分别将 Snake 轮廓吸引到线、边和末端。完整的图像能量 E_{image} 可以表示为这 3 个能量函数的权值组合，通过调整这 3 个权值，可以形成不同的轮廓形状：

$$
E_{\text{image}} = \omega_{\text{line}}E_{\text{line}} + \omega_{\text{edge}}E_{\text{edge}} + \omega_{\text{term}}E_{\text{term}} \tag{8.37}
$$

3）线能量 E_{line}

最简单直接且有用的图像能量函数是图像本身，即图像本身的灰度，可令

$$E_{\text{line}} = I(x, y) \tag{8.38}$$

控制 ω_{line} 的正负号，可以控制轮廓被吸引到较暗的线或是较亮的线，也就是使轮廓试图靠近轮廓的最暗或最亮处。然而，如果 Snake 轮廓的一部分到达了一个低能量的图像特征位置，这将推动 Snake 轮廓邻近的部分朝着这个特征可能的延续方向移动，这会使其在一个最优的局部最小位置引入一个较大的能量。一种解决方案是允许 Snake 轮廓和模糊能量函数平衡，然后慢慢降低模糊程度。

Marr 和 Hildreth 研究表明，灰度的跃变会在一阶导数中引起波峰或波谷，或在二阶导数中等效地引起零交点。为了显示图像尺度空间连续性和 Marr-Hildreth 边缘检测理论的关系，Snake 模型中采用了高斯平滑的边能量函数，即

$$E_{\text{line}} = -(G_\sigma \otimes \nabla^2 I)^2 \tag{8.39}$$

其中，G_σ 是标准差为 σ 的高斯函数，该函数的最小值位于在 Marr-Hildreth 理论中被定义的 $G_\sigma \otimes \nabla^2 I$ 的零交点处。在能量函数中加入这一项意味着 Snake 轮廓在被吸引到零交点的同时，仍然受到它自己的平滑限制。

4）边能量 E_{edge}

在图像上找边缘可以通过梯度来实现，定义为

$$E_{\text{edge}} = -|\nabla I(x, y)|^2 \tag{8.40}$$

在某个点上，梯度越大，上式的能量越小，则 Snake 轮廓将被吸引到梯度较大的区域。

5）末端能量 E_{term}

为了找到轮廓的终止位置，将平滑过图像中等高线的曲率加入能量函数中。令 $C(x, y) = G_\sigma(x, y) \otimes I(x, y)$ 是高斯平滑图像，$\theta = \arctan\left(\dfrac{C_y}{C_x}\right)$ 是梯度角，$\boldsymbol{n} = (\cos\theta, \sin\theta)$ 和 $\boldsymbol{n}_\perp = (-\sin\theta, \cos\theta)$ 分别是沿着水平和垂直梯度方向的单位向量，则 $C(x, y)$ 中等高线的曲率可以表示为

$$\begin{aligned}
E_{\text{term}} &= \frac{\partial\theta}{\partial\boldsymbol{n}_\perp} \\
&= \frac{\partial C^2/\partial\boldsymbol{n}_\perp^2}{\partial C/\partial\boldsymbol{n}} \\
&= \frac{C_{yy}C_x^2 - 2C_{xy}C_xC_y + C_{xx}C_y^2}{(C_x^2 + C_y^2)^{3/2}}
\end{aligned} \tag{8.41}$$

通过组合 E_{edge} 和 E_{term} 就能够创建一个被边和末端吸引的 Snake 曲线。

6）外部能量 E_{con}

外部能量 E_{con} 来自外部的约束力。Kass 给了一个外部约束的例子，包括外部的固定点、连接两条 Snake 曲线的锚点或鼠标拖动的点。例如，为了在 x_1 和 x_2 点之间创建一个连接的弹性力，就可以将 $-k(x_1 - x_2)^2$ 添加到外部能量 E_{con} 中。

7) 模型求解

求解能量 E_{snake}^* 的最小值 (局部极小值)，满足欧拉方程

$$\alpha v_{ss}(s) - \beta v_{ssss}(s) - \nabla E_{\text{image}}(v(s)) - \nabla E_{\text{con}}(v(s)) = 0 \tag{8.42}$$

由 $v(s) = [x(s), y(s)]$，将上式改写成 x 和 y 两个方向，有

$$\begin{cases} \alpha x_{ss}(s) - \beta x_{ssss}(s) - \dfrac{\partial E_{\text{ext}}}{\partial x} = 0 \\[3mm] \alpha y_{ss}(s) - \beta y_{ssss}(s) - \dfrac{\partial E_{\text{ext}}}{\partial y} = 0 \end{cases} \tag{8.43}$$

利用顺序连接的锚点的坐标差分来近似导数

$$\begin{cases} x_{ss}(s) = x(s+1) + x(s-1) - 2x(s) \\ x_{ssss}(s) = (x(s+2) + x(s) - 2x(s+1)) \\ \qquad\qquad + (x(s) + x(s-2) - 2x(s-1)) \\ \qquad\qquad - 2(x(s+1) + x(s-1) - 2x(s)) \end{cases} \tag{8.44}$$

将式 (8.43) 代入式 (8.44)，同时令 $f_x = \dfrac{\partial E_{\text{ext}}}{\partial x}, f_y = \dfrac{\partial E_{\text{ext}}}{\partial y}$，有

$$\begin{cases} \beta x(s-2) - (\alpha+4\beta)x(s-1) + (2\alpha+6\beta)x(s) - (\alpha+4\beta)x(s+1) + \beta x(s+2) + f_x = 0 \\ \beta y(s-2) - (\alpha+4\beta)y(s-1) + (2\alpha+6\beta)y(s) - (\alpha+4\beta)y(s+1) + \beta y(s+2) + f_y = 0 \end{cases} \tag{8.45}$$

令

$$\begin{cases} a = 2\alpha + 6\beta \\ b = -(\alpha + 4\beta) \\ c = \beta \end{cases} \tag{8.46}$$

则可将式 (8.45) 写成矩阵形式，即

$$\begin{cases} \boldsymbol{A}\boldsymbol{x} + \boldsymbol{f}_x(x, y) = 0 \\ \boldsymbol{A}\boldsymbol{y} + \boldsymbol{f}_y(x, y) = 0 \end{cases} \tag{8.47}$$

其中，$\boldsymbol{A}$ 为五对角带状矩阵，具体为

$$\boldsymbol{A} = \begin{bmatrix} a & b & c & \cdots & c & b \\ b & a & b & c & \cdots & c \\ c & b & a & b & c & \cdots \\ \vdots & \vdots & \vdots & \vdots & \vdots & \vdots \\ \cdots & c & b & a & b & c \\ c & \cdots & c & b & a & b \\ b & c & \cdots & c & b & a \end{bmatrix}, \boldsymbol{x} = \begin{bmatrix} x_1 \\ x_2 \\ x_3 \\ \vdots \\ x_{n-1} \\ x_n \\ x_1 \end{bmatrix}, \boldsymbol{f}_x = \begin{bmatrix} f_{x_1} \\ f_{x_2} \\ f_{x_3} \\ \vdots \\ f_{x_{n-1}} \\ f_{x_n} \\ f_{x_1} \end{bmatrix} \tag{8.48}$$

利用梯度下降法，在第 t 次迭代有

$$
\begin{cases}
\boldsymbol{A}x_t + \boldsymbol{f}_x(x_{t-1}, y_{t-1}) = -\gamma(x_t - x_{t-1}) \\
\boldsymbol{A}y_t + \boldsymbol{f}_y(y_{t-1}, y_{t-1}) = -\gamma(y_t - y_{t-1})
\end{cases}
\tag{8.49}
$$

其中，γ 是迭代步长，式 (8.49) 的解为

$$
\begin{cases}
x_t = (\boldsymbol{A} + \gamma\boldsymbol{I})^{-1}(x_{t-1} - \boldsymbol{f}_x(x_{t-1}, y_{t-1})) \\
y_t = (\boldsymbol{A} + \gamma\boldsymbol{I})^{-1}(y_{t-1} - \boldsymbol{f}_y(x_{t-1}, y_{t-1}))
\end{cases}
\tag{8.50}
$$

由于 $\boldsymbol{A}$ 为五对角带状矩阵，因此 $\boldsymbol{A}+\gamma\boldsymbol{I}$ 也是一个五对角带状矩阵，可采取矩阵 LU 分解来求其逆矩阵。图 8.15 展示了一幅医学图像的分割实验结果，在初始设置曲线 (Ite=0) 后，分别运行 50 步、500 步和 2000 步得到的分割结果。

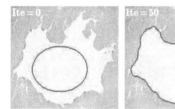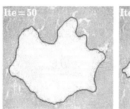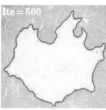

图 8.15　医学图像分割实验结果

8.6.2　主动轮廓模型——水平集方法

Caselles 等 (1997)、Osher 和 Sethian (1988) 以及 Malladi 等 (1995) 提出了几何形变模型，从另一个角度解决参数形变模型的局限性。这些模型的理论基础是曲线演化理论和水平集方法。几何形变模型的基本思想是，将曲线的形状变化用曲线演化理论来描述，即用曲率或法向量等几何度量表示曲线或曲面演化的速度函数，并将速度函数与图像数据关联起来，从而使曲线在对象边缘处停止演化。由于曲线的演化与参数无关，几何形变模型能被自动处理对象拓扑的变化，演化过程中的曲线和曲面只能被隐含表示为一个更高维函数的水平集，因此曲线演化过程采用了水平集方法加以实现。

下面简单介绍曲线演化理论和水平集方法的一些基本概念。

1) 曲线演化理论

曲线演化理论的研究目的是，利用几何度量描述曲线的形状变化。其中，几何度量包括单位法向量和曲率等，而并非一些与参数有关的数量 (如任意参数曲线的导数)。试想一条运动中的曲线 $X(s, t) = [x(s, t), y(s, t)]$，其中 s 是任意参数，t 是时间变量，$\boldsymbol{N}$ 是向内的单位法向量，k 是曲率。曲线沿着法线方向的形变可用以下偏微分方程描述：

$$
\frac{\partial X}{\partial t} = V(k)\boldsymbol{N}
\tag{8.51}
$$

其中，$V(k)$ 被称为速度函数 (speed function)，它决定了曲线演化的速度。其方程的直观解释是，切线方向的形变只影响曲线的参数，而不改变形状和几何特征。在曲线形变理论中，

研究得最多的是曲率形变 (curvature deformation) 和常数形变 (constant deformation)。曲率形变用一个几何热方程 (geometric heat equation) 可表示为

$$\frac{\partial X}{\partial t} = \alpha k \boldsymbol{N} \tag{8.52}$$

其中，α 是一个正常数。此方程将使一条曲线平滑并最终收缩为一个圆点。使用曲率形变的效果类似于在参数形变模型中使用弹性内力。常数形变表示为

$$\frac{\partial X}{\partial t} = V_0 \boldsymbol{N} \tag{8.53}$$

其中，V_0 是决定形变速度和方向的系数。常数形变的作用与参数形变模型中的相同。曲率形变和常数形变的性质是互补的，曲率形变通过平滑曲线除去了奇异点，而常数形变可以在初始平滑曲线上创造奇异点。

2) 水平集方法

下面介绍基于水平集的曲线演化实现方法。水平集方法用于解决拓扑的自动变化，它也提供了几何形变模型的数学实现基础。Osher 和 Sethian (1988) 最先将水平集方法用于实现曲线的演化。

在水平集方法中，曲线可隐含表示为一个更高维曲面函数的水平集，该高维函数称为水平集函数 (level set function)，其定义域通常为图像空间。水平集是由那些水平集函数值相等的点组成的集合。图 8.16 所示为一条嵌入为零水平集的曲线，展示了水平集方法的基础原理：一条闭合曲线可被视为高维函数的 0-水平的集合，例如函数可以是到曲线的有符号距离，内部为负，外部为正。

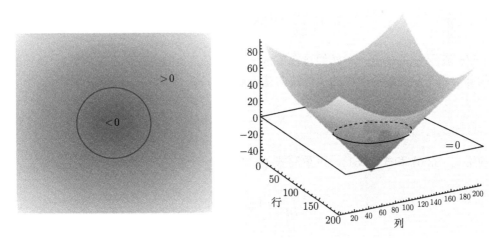

图 8.16　水平集方法的基础原理图

与参数形变模型不同，水平集方法没有跟踪不同时刻曲线的运动情况，而是在固定坐标系中更新不同时刻下的水平集函数来模拟曲线的演化。这里有个重要的性质，基于高维曲面水平集方法得到的这条零水平集曲线是封闭的、连续的、处处可导的，这就为后面的

图像分割提供了基础。水平集的概念可理解为通过外力作用移动曲面 (或水平集函数) 而不是二维的曲线 (或零水平集)，即通过更高维的水平集曲面的收缩、扩展、上升或下降等变化来完成分割。图 8.17 展示了水平集演化中的拓扑变化，通过水平集函数的各种变化与 x-y 平面相交后可以得到任意形状。

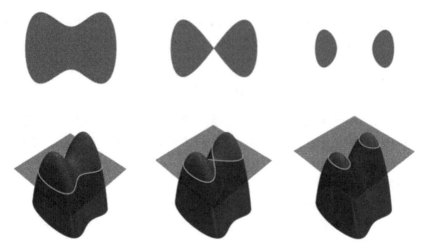

图 8.17   水平集演化的拓扑适应性示例

给定一个水平集函数 $\phi(x, y, t)$，其零水平集对应为轮廓曲线 $X(s, t)$，则有

$$\phi(X(s, t), t) = 0 \tag{8.54}$$

使用链式规则令方程 (8.54) 对 t 求导，可得到

$$\frac{\partial \phi}{\partial t} + \nabla\phi \cdot \frac{\partial X}{\partial t} = 0 \tag{8.55}$$

其中，$\nabla\phi$ 表示 ϕ 的梯度。不妨假设在零水平集内 ϕ 是负的，在零水平集外 ϕ 是正的。

因此，水平集曲线的向内的单位法向量可以表示为

$$\boldsymbol{N} = -\frac{\nabla\phi}{|\nabla\phi|} \tag{8.56}$$

利用式 (8.56) 和式 (8.51)，可重写式 (8.55) 为

$$\frac{\partial \phi}{\partial t} = V(k)|\nabla\phi| \tag{8.57}$$

其中，零水平集对应曲线的曲率

$$k = \mathrm{div}\left(\frac{\nabla\phi}{|\nabla\phi|}\right) = \frac{\phi_{xx}\phi_y^2 - 2\phi_x\phi_y\phi_{xy} + \phi_{yy}\phi_x^2}{(\phi_x^2 + \phi_y^2)^{3/2}} \tag{8.58}$$

式 (8.56) 和式 (8.57) 的关联提供了用水平集方法实现曲线演化的基础。

为实现几何形变模型，需要解决如下三个问题：

(1) 初始化函数中 $\phi(x, y, t = 0)$ 的构造，必须使其零水平集对应于初始轮廓的位置。通常的做法是：设置 $\phi(x, y, 0) = D(x, y)$。其中，$D(x, y)$ 是从每个网格点到零水平集的符号距离。

(2) 速度函数的设计。Caselles 等 (1997) 和 Malladi 等 (1995) 后续提出改进的主动轮廓方法，其曲线演化方程为

$$\frac{\partial \phi}{\partial t} = g\left(|\nabla I|\right) \cdot (k + V_0)|\nabla \phi| \tag{8.59}$$

其中，$V_0 > 0$ 时使曲线收缩，$V_0 < 0$ 时使曲线扩展；而函数 $g\left(|\nabla I|\right)$ 一般选择为

$$g\left(|\nabla I|\right) = \frac{1}{1 + |\nabla (G_\sigma \otimes I)|} \tag{8.60}$$

函数 g 用于控制曲线演化的运动速度，与图像内容关联。从上式可以明显看出，当轮廓曲线位于目标边界时，图像的梯度模最大，此时的函数 g 趋近于零，曲线不再运动，停在目标边界处。当轮廓曲线在灰度均匀的区域时，图像的梯度模近似为零，函数 g 近似于 1，驱动轮廓曲线继续运动，因而 g 函数也被称为图像边缘指示函数。对于边界清晰、对比度明显的图像，该模型的分割效果较好；当目标边界模糊或为弱边界时，该模型会出现边界泄漏现象，严重影响分割精度。因此该方法对于分割对比度高的对象效果不错。但是，当对象的边缘不清晰或者有狭窄缺口 (gap) 时，几何形变模型可能出错，而且一旦曲线跨过边缘，它不会被拉回到正确的边缘位置上。

(3) 常数形变通常被用于解决大尺度的形变，以及发现窄边缘锯齿 (indentation) 和突起 (protrusion)。但是，常数形变可能使曲线从初始光滑的零水平集形变成锋利的角点 (corner)。一旦出现角点，由于其法向量方向有二义性，因此曲线形变具有不确定性。

扩展阅读

本章介绍了图像分割的经典方法，这些方法在很多教科书中都能找到，是早期图像分割的基础。在这方面，可以追溯到的早期文献有：关于区域分割的场景分析技术 (Brice et al., 1970)，关于建立纹理测度的图像分割技术 (Bajcsy, 1973)，以及关于区域分裂与合并方法 (Ohlander et al., 1978)。基于直方图进行最优阈值分割的文章可以见文献 (Otsu, 1979)，虽然现在我们理解这种方法是如此简单，但它是图像分割，特别是二值化分割技术中常用的方法，并且蕴含巧妙的最优化思想和模式分类原理。自 Najman 等 (1996) 提出分水岭分割方法，这种启发于拓扑理论的数学形态学的分割方法，就受到研究者的广泛关注。分水岭分割方法也属于区域生长的分割方法，但其有一个致命的弱点，那就是容易产生过分割，对于噪声和细密纹理非常敏感，使其常常产生严重的过分割结果。

许多研究者针对水平集分割方法，建立了一系列新模型和改进方法。水平集函数演化的偏微分方程也可以从极小化能量函数直接推导，这类方法被称为变分水平集方法 (Chan et al., 2001; Osher et al., 2003; Zhao et al., 1996)。与纯偏微分方程驱动的水平集方法

相比，变分水平集方法可以更方便、更自然地将基于区域的信息和形状先验信息等直接融入用水平集表示的能量泛函中，产生更加精确和鲁棒的结果。变分水平集是解决计算机视觉和医学图像分析等众多领域中问题的一个非常方便有效的方法。经典的 CV 模型就是使用变分水平集方法得到的主动轮廓模型，该模型将基于区域的信息作为额外的外部约束加入能量泛函中，使得活动轮廓模型具有更广泛的收敛范围，并可以采取更灵活的初始化方法。Vemuri 和 Chen (2003) 提出了另一种变分水平集方法，将形状先验信息融入变分水平集方法中，使得该模型能够联合图像分割和配准。Li 等 (2005, 2008, 2010) 提出了无须重新初始化的水平集方法、距离正则化水平集演化 (distance regularized level set evolution, DRLSE) 模型等，解决了水平集函数的演化过程中需要额外的重新初始化的问题，并加快曲线演化的速率，初始水平集函数可以是更一般的函数，可以使得水平集分割应用范围更广；同时将局部平均灰度信息引入活动轮廓模型中，针对灰度不均匀图像提出了可变尺度区域拟合 (region-scalable fitting, RSF) 模型，其可以提升灰度不均匀图像中目标分割的鲁棒性和分割精度。

本章主要论述传统的基于模型的分割方法。图像分割是图像分析的经典问题，广泛应用于自动驾驶、视频分析、图像操作和机器人抓取等领域。目前的发展趋势是数据驱动的深度学习以及联合模型驱动的深度学习方法，人们已经发展出实例分割、语义分割等深度学习新技术。例如，浙江大学的研究人员提出基于参数形变模型驱动的深度学习方法，称为 DeepSnake，通过引入圆卷积结构处理输入轮廓顶点，并基于学习到的特征得到每个顶点需要调整的偏移量以尽可能地准确包围实例，而后通过迭代得到更为精确的轮廓结果 (Peng et al., 2020)。Wang 等 (2019) 给出了一种水平集演化的深度学习实例分割对象标注方法，而 Kim 等 (2019) 给出了基于水平集损失函数的深度学习语义分割方法。感兴趣的读者可以进一步关注模型驱动的深度学习分割的新进展。

习题

1. 证明结论 8.1。
2. 证明结论 8.2。
3. 图像中目标像素灰度值的分布由以下概率密度函数给出：

$$p_{a,b}(x) = \begin{cases} \dfrac{3}{4a^3}\left[a^2 - (x-b)^2\right], & b-a \leqslant x \leqslant b+a \\ 0, & \text{其他} \end{cases}$$

其中，背景的概率密度函数是 $p_{1,5}(x)$；目标的概率密度函数是 $p_{2,7}(x)$。在平面坐标上绘制这两个分布的图形，并且确定阈值的范围。

4. 令图像中目标像素占整幅图像中的比例为 $\dfrac{8}{9}$，对习题 3 中的问题，如何确定最佳的阈值使得错误分类的像素最小？

5. 图像中目标与背景像素灰度值的分布可以建模为如下函数：

$$p_{a,b}(x) = \begin{cases} \dfrac{\pi}{4a}\cos\dfrac{(x-b)\pi}{2a}, & b-a \leqslant x \leqslant b+a \\ 0, & \text{其他} \end{cases}$$

其中，背景的概率密度函数是 $p_{1,1}(x)$；目标的概率密度函数是 $p_{2,3}(x)$。在平面坐标上绘制这两个分布的图形；假如图像中物体像素占了总像素的 $\frac{1}{3}$，如何确定最佳的阈值使得错误分类的像素最小？

6. 试由式 (8.23) 推导式 (8.24)。

7. 一幅图像背景部分的均值是 25，方差是 625，在背景上分布着一些互补重叠的均值为 150、方差为 400 的小目标。设所有目标合起来占图像的总面积是 20%，设计一个基于阈值的分割算法，将这些目标分割出来。

8. 一张白纸上放多枚硬币，拍照片后，设计一个区域生长算法实现多枚硬币的分割。

9. 了解开源软件 ImageJ 的基本功能，尝试操作几种图像分割算法。

10. 基于 OpenCV 实现 8.6.1 节参数形变模型，并进行演示。

 小故事　全变差、水平集和斯坦利·奥舍

斯坦利·奥舍 (Stanley Osher) 于 1966 年在纽约大学获得博士学位，曾在加利福尼亚大学伯克利分校和纽约州立大学石溪分校任教，现为加利福尼亚大学洛杉矶分校 (UCLA) 教授，美国三院院士，他在不同的时代均引领了不同领域应用数学的发展。在数值偏微分方程 (partial differential equation, PDE) 方面，奥舍提出了 ENO 格式、WENO 格式、Osher 格式、Engquist-Osher 格式等，以及 Hamilton-Jacobi 版本的方法，这些成果被广泛应用于计算流体力学。在图像处理方面，奥舍开创性地提出了基于 PDE 的图像处理方法。代表性的工作包括和 Sethian 在 1988 年联合提出的水平集 (level set) 方法，一种从界面传播等研究领域中逐步发展起来的，并能处理封闭运动界面随时间演化过程中几何拓扑变化的有效的计算工具。其主要思想是将移动的界面作为零水平集嵌入高一维的水平集函数中，这样由闭超曲面的演化方程可得到水平集函数的演化方程，而嵌入的闭超曲面总是其零水平集，最终只要确定零水平集即可确定移动界面演化的结果。奥舍与 Rudin 等在 1992 年提出了基于总变差 (total variation，TV) 的图像处理方法。这些方法在图像处理、计算机视觉、反问题等方面有着成功应用。在优化领域，奥舍重新研究和推广了 Bregman 迭代法和增广拉格朗日迭代法等，并广泛应用于压缩感知、矩阵补全、鲁棒主成分分析等。奥舍与 Rudin 一起创建了一家刑侦软件公司 Congnitech，并将其商业化。2014 年奥舍获得应用数学领域的最高奖——高斯奖，其颁奖词称"奥舍一生都是一名应用数学家，他不断发明简单而巧妙的方案和公式，让数学界大吃一惊。他的广泛发明改变了我们对物理、知觉和数学概念的理解，并为我们理解世界提供了新的工具。"

第 9 章　特征、分类器与视觉应用

计算机视觉中的模式识别任务一般包含四个步骤：数据获取、数据预处理、特征提取和模式分类。其中，数据获取主要通过数字成像设备获得目标和场景的图像 (第 1 章)，数据预处理通过图像校正、噪声去除等方法对获取的图像进行增强 (第 4 章、第 6 章)。图像特征是图像某方面属性的描述，良好的特征应该具有丰富的鉴别信息，例如对图像分类而言，来自同一类图像样本的特征应该具有相似性，而来自不同类的图像样本的特征应该具有不同的特性。特征不受噪声干扰，对图像旋转、缩放、平移等变换保持不变性。特征提取 (feature extraction) 是根据计算机视觉中的模式识别任务，从图像中计算具有辨识不同模式的属性。特征经过编码 (encoding)、池化 (pooling) 等操作后，传递给分类器以确定图像模式的类别，如图 9.1 所示。特征提取和分类是计算机视觉应用的两个关键步骤，计算机视觉系统的准确性、鲁棒性和效率很大程度上取决于图像的特征和分类器的选取。

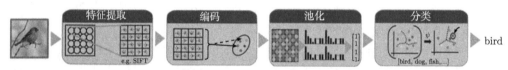

图 9.1　计算机视觉任务一般处理流程，包含手工特征提取、特征编码和池化，以及特征分类

特征提取可以分为两大类，手工特征和数据驱动的自动学习特征。手工特征包括方向梯度直方图 (histograms of oriented gradient, HOG)(Dalal et al., 2005)、尺度不变特征变换 (scale-invariant feature transformation，SIFT)(Lowe, 2004)、加速鲁棒特征 (speed-up robust features，SURF)(Bay et al., 2006) 等；特征的自动学习主要是通过深度神经网络等模型自动学习有用特征。本章将对这两种特征进行介绍，并分析其各自特点。

模式分类的性能不仅取决于特征，还和分类器相关。在实际计算机视觉任务中，分类存在诸多挑战：噪声、阴影、遮挡等干扰，异常值 (如某个类别的图像可能包含其他类别)，模糊性 (如相同的形状可以对应于不同类别物体)，标签缺失，小样本问题及正负样本不平衡问题。因此，如何设计分类器是一项有挑战性的任务。本章将介绍常见的分类器及其在计算机视觉任务中的应用。

9.1　手工特征描述符

传统手工特征可以分为两大类：全局特征和局部特征。全局特征主要描述整幅图像，往往忽略形状细节，因此受遮挡等干扰影响。局部特征描述关键点周围的局部区域，对遮挡等干扰具有一定的鲁棒性。本章的重点是介绍局部特征及其描述符。

局部特征描述符主要包含检测关键点，并在其周围构建描述符。典型的局部描述符包括 HOG、SIFT、SURF 等，这些特征已经应用于大多数计算机视觉任务中。值得注意的是，基于深度学习网络等方法提取的特征，在本质上和这些手工特征并没有太大不同，深度学习的底层网络利用梯度学习，提取了类似 HOG、SIFT 的特征，但通过自动学习的方法提取。本节介绍这些常见的手工特征检测器和描述符。

9.1.1 HOG 特征描述符

HOG 是一个特征描述符，用于自动检测图像中的对象。HOG 描述符对图像中局部部分的梯度方向的分布进行编码，核心思想是通过边缘方向的直方图来描述图像内的对象外观和形状，主要包含以下四个步骤 (Dalal et al., 2005)。

1. 梯度计算

第一步是计算梯度值，在图像的水平和垂直方向上，进行一维中心点离散微分。具体地，用以下滤波器模板处理图像：

$$f_x = [-1, 0, +1], \ f_y = [-1, 0, +1]^{\mathrm{T}} \tag{9.1}$$

因此，给定一个图像 I，通过卷积得到在水平和垂直两个方向的导数

$$I_x = I \otimes f_x, \ I_y = I \otimes f_y \tag{9.2}$$

梯度的方向和幅值计算如下：

$$\theta = \arctan \frac{I_y}{I_x}, \ |g| = \sqrt{I_x^2 + I_y^2} \tag{9.3}$$

2. 单元方向直方图

第二步是计算单元方向直方图。将图像分成小的图像块单元 (例如尺寸 8×8)，每个单元都有固定数量的梯度方向区间，它们均匀分布在 $0 \sim 180°$ 或 $0 \sim 360°$ 之间。单元内的每个像素，基于该像素处的梯度的幅值对每个梯度方向区间投票，投票权重可以是梯度幅值、梯度幅值的平方根或梯度幅值的平方。

3. 描述符块

为了处理光照和对比度的变化，通过将单元组合在一起形成更大的空间上相连的块，局部地归一化梯度强度。然后，来自所有块区域内的、归一化的单元直方图部件的向量构成 HOG 描述符。

4. 块的归一化

最后一步是块描述符的归一化。设 ν 是包含给定块中所有直方图的非归一化向量，$\|\nu\|_k$ 为其 k 阶范数 $(k = 1, 2)$，ε 是常量，归一化因子可以是下列算法之一：

$$\nu = \frac{\nu}{\sqrt{\|\nu\|_2^2 + \varepsilon}}$$

$$或 \ \nu = \frac{\nu}{\|\nu\|_1 + \varepsilon}$$

$$\text{或 } \boldsymbol{\nu} = \sqrt{\frac{\boldsymbol{\nu}}{\|\boldsymbol{\nu}\|_1 + \varepsilon}}$$

上述的归一化方法都可取得较好的性能。通过连接所有归一化的块描述符，形成最终的图像或感兴趣区域的 HOG 特征描述符，如图 9.2 所示。

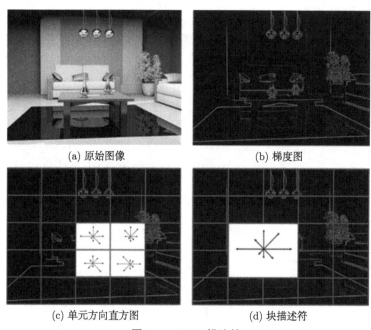

(a) 原始图像   (b) 梯度图

(c) 单元方向直方图   (d) 块描述符

图 9.2   HOG 描述符

9.1.2   SIFT 特征描述符

SIFT 特征描述符提供了一组对象的特征，这种特征对图像缩放和旋转具有不变性。SIFT 特征描述符在多源图像配准、视词袋图像分类等任务中得到广泛应用。SIFT 特征描述符的计算也包含以下四个步骤 (Lowe, 2004)。

1. 尺度空间极值检测

这一步的目的是确定对缩放和方向不变的潜在关键点。虽然可以有多种检测方法确定尺度空间的关键点位置，但 SIFT 使用高斯差分 (DOG) 技术。高斯差分是将两个不同尺度的图像 (其中一个尺度为 σ，另一个是其 k 倍即 $k\sigma$) 的高斯模糊进行差分得到的。对高斯金字塔中的图像的不同分组执行该过程，如图 9.3 所示。

然后，在所有尺度和图像位置上搜索高斯差分图像以确定局部极值。例如，将图像中的像素与当前图像中的八个邻域以及上下尺度中的九个邻域进行比较，如图 9.3 所示。如果它是所有这些邻域中的最小值或最大值，则它是潜在的关键点。

2. 关键点精确定位

该步骤通过查找具有低对比度或在边缘上局部性最弱的点，从潜在的关键点中移除不稳定点。为了移除低对比度关键点，计算尺度空间的泰勒级数展开以获得更准确的极值位置，并且如果每个极值处的强度小于阈值，则移除该关键点。此外，高斯差分在边缘具有强响应，这导致在边缘上具有大的主曲率，但在高斯差分函数中的垂直方向上具有小曲率。为了移除位于边缘上的关键点，关键点处的主曲率是由关键点位置和尺度的 2×2 的黑塞 (Hesse) 矩阵计算的。如果第一和第二特征值之间的比率大于阈值，则移除关键点。

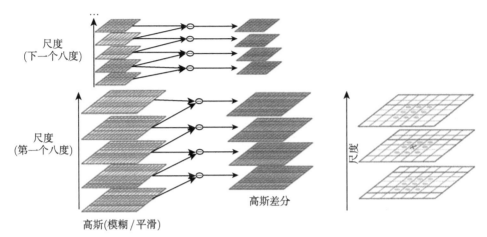

(a) 子八度高斯金字塔的相邻相减以产生高斯差分　　(b) 将像素与其 26 个邻居比较以检测极值

图 9.3　使用子八度高斯差分金字塔进行尺度空间特征检测

3. 关键点主方向分配

关键点主方向分配就是基于图像局部的梯度方向，分配给每个关键点位置一个或多个方向。所有后面的对图像数据的操作都相对于关键点的方向、尺度和位置进行变换，使得描述符具有旋转不变性，包含以下过程：

(1) 选择具有最接近高斯模糊图像的尺度，作为关键点的尺度；

(2) 在该尺度下为每个图像像素计算梯度大小和方向；

(3) 从关键点周围的局部区域内像素的梯度方向构建方位直方图，覆盖 360° 方向范围，由 36 个区间组成；

(4) 局部方位直方图中的最高峰 (图 9.4) 对应于局部梯度的主导方向。此外，在最高峰的 80％范围内的任何其他局部峰也被认为是该方向的关键点。

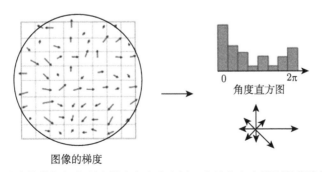

图 9.4　创建由梯度的模加权的所有梯度方向直方图，在该分布中找到显著峰值，估计主方向

4. 关键点描述符的生成

局部梯度的主导方向 (直方图中的最高峰) 也用于创建关键点描述符。梯度方向相对于关键点的主方向旋转，并且根据一个方差为关键点尺度 1.5 倍的高斯窗口对各向量加权，以增强稳定性。最后，将关键点周围的 16×16 邻域分成 16 个大小为 4×4 的子块，对每个子块，创建 8 个分组的方向直方图，形成一个名为 SIFT 描述符的 128 维特征向量，如图 9.5 所示。

原始图像　　　　　　SIFT关键点　　　　　　SIFT描述符

图 9.5　SIFT 检测器和描述符示意图

9.1.3　SURF 特征描述符

SURF 是 SIFT 描述符的加速版，在 SIFT 中高斯拉普拉斯算子用高斯差分近似，以构造尺度空间。SURF 描述符通过盒式滤波器来近似高斯拉普拉斯算子，以实现加速。SURF 特征描述符包含以下三个步骤 (Bay et al., 2006)。

1. 关键点定位

该步骤基于黑塞矩阵的斑点检测，定位关键点。黑塞矩阵的行列式用于选择潜在关键点的位置和尺度。对图像 I 上的给定点 $p(x, y)$，$H(p, \sigma)$ 表示在关键点 p 处尺度为 σ 的黑塞矩阵，定义为

$$H(p, \sigma) = \begin{bmatrix} L_{xx}(p, \sigma) & L_{xy}(p, \sigma) \\ L_{xy}(p, \sigma) & L_{yy}(p, \sigma) \end{bmatrix} \tag{9.4}$$

其中，$L_{xx}(p, \sigma)$ 是图像在关键点 p 处的高斯二阶导数的卷积 $\dfrac{\partial^2}{\partial x^2} g(\sigma)$。实际中，SURF 描述符使用近似的高斯二阶导数，而不是高斯滤波器，以降低计算成本。然后，将非极大值抑制应用于图像中每个点的 3×3×3 邻域中，实现图像关键点定位，在尺度和图像空间中对黑塞矩阵的行列式的最大值进行插值。

2. 方位定向

为了实现旋转不变性，计算围绕关键点的半径为 $6s$ 的圆形邻域内的水平和垂直方向上的 Haar 小波响应，其中，s 是检测关键点的标尺。然后，用以关键点为中心的高斯函数对水平和垂直方向上的小波响应加权，并表示为二维空间中的点。通过计算 60° 的滑动方向窗口内的所有响应的总和来估计关键点的主导定向，然后对窗口内的水平和垂直响应求和，两个求和的响应被认为是局部向量。所有窗口上的最长方向向量确定关键点的方向。为了在鲁棒性和角度分辨率之间取得平衡，需要仔细选择滑动窗口的尺寸。

3. 关键点描述符

为了描述每个关键点 p 周围的区域，将 p 点周围的一个 $20s \times 20s$ 的正方形区域提取出来，沿着 p 的方向定向。p 周围的归一化取向区域被分成较小的 4×4 正方形子区域。对每个子区域，在 5×5 的规则间隔的采样点处提取水平和垂直方向上的 Haar 小波响应。为了提高对变形、噪声和平移等的鲁棒性，对 Haar 小波响应用高斯加权。然后，在每个子区域上对水平和垂直方向求和，结果形成特征向量中的第一组条目。计算响应的绝对值之和，将其添加到特征向量，以对强度的变化信息编码。由于每个子区域具有 4 维特征向量，因此连接所有 4×4 子区域会产生 64 维的描述符。

9.1.4　手工特征的局限性

手工特征提取技术的进步伴随着计算机视觉发展，然而，手工特征的提取是困难的、耗时的，并且需要大量的问题领域的专家知识。手工特征的另一个问题是特征的选择取决于具体应用，手工特征捕获的信息不一定有助于实际应用。例如，对图像分类和目标检测而言，一阶图像微分特征并不是充分信息。此外，手工特征的设计受限于计算复杂性。使用深度学习模型等特征自动学习方法可以解决这些问题，这些将在后面章节介绍。

9.2　分类器

分类器是很多计算机视觉任务的核心，通常分为三个主要类型，即有监督、无监督和半监督。就有监督方法而言，目的是在给定一组标记的输入–输出对的情况下，学习从输入到输出的映射。在无监督机器学习中，我们只给出输入，自动在数据中找到感兴趣的模式。半监督机器学习通常将少量标记数据与大量未标记数据组合以生成适当的功能或分类器。大型数据集的标记过程的成本是不可承受的，而未标记数据的获取相对便宜。在这种情况下，半监督学习方法具有很大的实用价值。

在本书中，我们的重点主要是有监督学习方法，这是在实践中使用最广泛的机器学习方法。本章介绍三种广泛使用的分类器：逻辑回归分类器 (Khan et al., 2018)、支持向量机 (Cortes et al., 1995) 和随机决策森林 (Breiman, 2001)。

9.2.1　逻辑回归分类器

逻辑回归 (logistic regression) 是机器学习的入门分类器，属于广义线性回归，解决了线性回归不擅长的分类问题，常用于二分类。虽然名字中含有 "回归"，但它实际是一种分类方法。逻辑回归分类器有很多优点，它直接对分类可能性建模，无须事先假设数据分布，避免了假设分布不准确导致的问题。逻辑回归分类器不仅预测类别，还可以得到近似的概率预测，对利用概率辅助决策很有帮助。逻辑回归模型求解的目标函数是任意阶可导的凸函数，有很好的数学性质，现有的很多数值优化算法都可以求取最优解。

考虑二分类任务，输出标签 $y \in \{0,1\}$，x 是一个 m 维的特征向量。线性回归模型的预测值 $z = w^{\mathrm{T}} x + b$ 是实值，需要将实值转换为 0/1 值，理想的方法是经过单位阶跃函数

$$y = \begin{cases} 0, & z < 0 \\ 0.5, & z = 0 \\ 1, & z > 0 \end{cases} \tag{9.5}$$

若预测值 z 大于零就判为正例，小于零就判为反例，预测值为临界值零，则可以任意判别。但是，阶跃函数不是连续函数，不能直接用于分类。逻辑函数 (logistic function) 单调可微，可用来近似阶跃函数：

$$y = \frac{1}{1 + \mathrm{e}^{-z}} \tag{9.6}$$

该函数可以将 z 值转化为接近 0 或 1 的 y 值，并且其输出在 0 附近变化很陡。将线性回归模型代入逻辑函数

$$y = \frac{1}{1 + \mathrm{e}^{-(\boldsymbol{w}^{\mathrm{T}}\boldsymbol{x}+b)}} \tag{9.7}$$

两边取对数

$$\ln \frac{y}{1-y} = \boldsymbol{w}^{\mathrm{T}}\boldsymbol{x} + b \tag{9.8}$$

其中，y 为样本为正例的概率；$1-y$ 为样本为反例的概率。为了求解参数 $\boldsymbol{w}$ 和 b，将 y 视为类的后验概率估计 $p(y=1|x)$，上式重写为

$$\ln \frac{p(y=1|\boldsymbol{x})}{p(y=0|\boldsymbol{x})} = \boldsymbol{w}^{\mathrm{T}}\boldsymbol{x} + b \tag{9.9}$$

显然

$$p(y=1|\boldsymbol{x}) = \frac{\mathrm{e}^{\boldsymbol{w}^{\mathrm{T}}\boldsymbol{x}+b}}{1 + \mathrm{e}^{\boldsymbol{w}^{\mathrm{T}}\boldsymbol{x}+b}} \tag{9.10}$$

$$p(y=0|\boldsymbol{x}) = \frac{1}{1 + \mathrm{e}^{\boldsymbol{w}^{\mathrm{T}}\boldsymbol{x}+b}} \tag{9.11}$$

可通过极大似然法估计 $\boldsymbol{w}$ 和 b，给定样本集 $\{(\boldsymbol{x}_1, y_1), \cdots, (\boldsymbol{x}_n, y_n)\}$，对逻辑回归模型最大化 "对数似然"

$$l(\boldsymbol{w}, b) = \sum_{i=1}^{n} \ln p(y_i|\boldsymbol{x}_i; \boldsymbol{w}, b) \tag{9.12}$$

即令每个样本属于真实标记的概率越大越好。

为便于讨论，令 $\boldsymbol{\beta} = (\boldsymbol{w}, b)$，$\hat{\boldsymbol{x}} = (\boldsymbol{x}; 1)$，则 $\boldsymbol{w}^{\mathrm{T}}\boldsymbol{x} + b$ 可写为 $\boldsymbol{w}^{\mathrm{T}}\boldsymbol{x} + b = \boldsymbol{\beta}^{\mathrm{T}}\hat{\boldsymbol{x}}$。再令 $p_1(\hat{\boldsymbol{x}}; \boldsymbol{\beta}) = p(y=1|\hat{\boldsymbol{x}}; \boldsymbol{\beta})$，$p_0(\hat{\boldsymbol{x}}; \boldsymbol{\beta}) = p(y=0|\hat{\boldsymbol{x}}; \boldsymbol{\beta}) = 1 - p_1(\hat{\boldsymbol{x}}; \boldsymbol{\beta})$，则上述似然项可写为

$$p(y_i|\hat{\boldsymbol{x}}_i; \boldsymbol{w}, b) = y_i p_1(\hat{\boldsymbol{x}}_i; \boldsymbol{\beta}) + (1 - y_i) p_0(\hat{\boldsymbol{x}}_i; \boldsymbol{\beta}) \tag{9.13}$$

将上式代入似然项 $l(\boldsymbol{w}, b)$，最大化似然项等价于

$$l(\boldsymbol{\beta}) = \sum_{i=1}^{n} \left(-y_i \boldsymbol{\beta}^{\mathrm{T}} \hat{\boldsymbol{x}}_i + \ln(1 + \mathrm{e}^{\boldsymbol{\beta}^{\mathrm{T}} \hat{\boldsymbol{x}}_i}) \right) \tag{9.14}$$

该式是关于参数 $\boldsymbol{\beta}$ 的可导连续凸函数,经典的数值优化算法如梯度下降法、牛顿法等都可以求其最优解。于是

$$\hat{\boldsymbol{\beta}} = \arg\min_{\boldsymbol{\beta}} l(\boldsymbol{\beta}) \tag{9.15}$$

以牛顿法为例,其第 $t+1$ 次迭代的更新为

$$\boldsymbol{\beta}^{t+1} = \boldsymbol{\beta}^t - \left(\frac{\partial^2 l(\boldsymbol{\beta})}{\partial\boldsymbol{\beta}\partial\boldsymbol{\beta}^{\mathrm{T}}}\right)^{-1} \frac{\partial l(\boldsymbol{\beta})}{\partial\boldsymbol{\beta}} \tag{9.16}$$

其中,一阶和二阶导数分别为

$$\frac{\partial l(\boldsymbol{\beta})}{\partial\boldsymbol{\beta}} = -\sum_{i=1}^{n} \hat{\boldsymbol{x}}_i(y_i - p_1(\hat{\boldsymbol{x}}_i; \boldsymbol{\beta})) \tag{9.17}$$

$$\frac{\partial^2 l(\boldsymbol{\beta})}{\partial\boldsymbol{\beta}\partial\boldsymbol{\beta}^{\mathrm{T}}} = \sum_{i=1}^{n} \hat{\boldsymbol{x}}_i\hat{\boldsymbol{x}}_i^{\mathrm{T}} p_1(\hat{\boldsymbol{x}}_i; \boldsymbol{\beta})(y_i - p_1(\hat{\boldsymbol{x}}_i; \boldsymbol{\beta})) \tag{9.18}$$

9.2.2 支持向量机

支持向量机 (support vector machine, SVM) 是一种用于分类或回归问题的有监督机器学习算法。SVM 的工作原理是找到一个线性超平面,将训练数据集分为两类。由于存在许多这样的线性超平面,SVM 算法试图找到最佳分离超平面 (图 9.6),当与最近的训练数据样本的距离 (也称为边距) 尽可能大时,这种超平面就直观地实现了。这是因为,通常情况下,边际越大,模型的泛化误差越低。

在数学上,SVM 是最大边际线性模型。给定由 n 个数据样本组成的训练集 $\{(\boldsymbol{x}_1, y_1), \cdots, (\boldsymbol{x}_n, y_n)\}$,其中 $\boldsymbol{x}_i$ 是一个 m 维的特征向量,$y_i = \{1, -1\}$ 是样本 $\boldsymbol{x}_i$ 所属的类别,SVM 的目标是找到最大边际的超平面,将 $y_i = 1$ 的数据样本组与 $y_i = -1$ 的样本组分离开。如图 9.6(b)(粗线) 所示,该超平面可以写为满足以下等式的一组样本点:

$$\boldsymbol{w}^{\mathrm{T}}\boldsymbol{x}_i + b = 0 \tag{9.19}$$

其中,$\boldsymbol{w}$ 是超平面的法向量。更确切地说,超平面上方的任何样本都应该有标签 1,即所有满足 $\boldsymbol{w}^{\mathrm{T}}\boldsymbol{x}_i + b > 0$ 的 $\boldsymbol{x}_i$,其对应的 y_i 为 1。类似地,超平面下的任何样本都应该有标签 -1,即所有满足 $\boldsymbol{w}^{\mathrm{T}}\boldsymbol{x}_i + b < 0$ 的 $\boldsymbol{x}_i$,其对应的 y_i 为 -1。

图 9.6 给出了二分类数据在空间中的分布和可分类情况。图 9.6(a) 所示的数据有许多可能的线性分类器 (细线),图 9.6(b) 所示的硬间隔 SVM 决策边界 (粗线) 好于图 9.6(a),SVM 定义了最远离任何数据点的决策边界的标准。从决策面到最近数据点的距离确定了分类器的边距。单个异常值可以确定决策边界,使得分类器对数据中的噪声过于敏感。图 9.6(c) 的软间隔 SVM 分类器为每个样本引入松弛变量,允许一些样本出现在决策边界的另一侧,图 9.6(d) 的例子中,类别不能通过线性决策边界分离,将原始空间 $\mathbb{R}^2$ 投影到 $\mathbb{R}^3$ 上 (图 9.6(e)),可以找到线性决策边界,即使用核技巧超平面 (Cortes et al., 1995)。

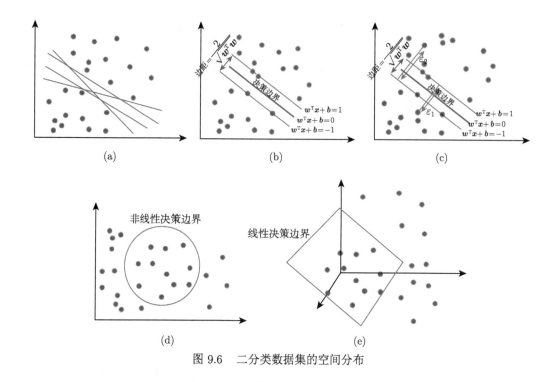

图 9.6 二分类数据集的空间分布

SVM 试图最大化这两个新超平面之间的距离，这两个平面分割两个类，这相当于最小化 $\boldsymbol{w}^{\mathrm{T}}\boldsymbol{w}/2$。因此，SVM 通过解决以下的原始优化问题来学习：

$$\min_{\boldsymbol{w},b} \boldsymbol{w}^{\mathrm{T}}\boldsymbol{w}/2 \quad \text{s.t.} \quad y_i\left(\boldsymbol{w}^{\mathrm{T}}\boldsymbol{x}_i + b\right) \geqslant 1 \,(\forall \text{样本}\boldsymbol{x}_i) \tag{9.20}$$

1. 软间隔扩展

在训练样本不能完全线性分离的情况下，SVM 可以通过引入松弛变量，允许某一类的一些样本出现在超平面 (边界) 的另一侧，每个样本 $\boldsymbol{x}_i$ 对应一个变量，优化问题变为

$$\min_{\boldsymbol{w},b,\xi} \boldsymbol{w}^{\mathrm{T}}\boldsymbol{w}/2 + C\sum_i \xi_i \quad \text{s.t.} \ y_i\left(\boldsymbol{w}^{\mathrm{T}}\boldsymbol{x}_i + b\right) \geqslant 1 - \xi_i, \xi_i \geqslant 0 \,(\forall \text{样本}\boldsymbol{x}_i) \tag{9.21}$$

与深度神经网络不同，线性 SVM 只能解决线性可分的问题，即属于类 1 的数据样本可以通过超平面与属于类 2 的样本分离，如图 9.6 所示。但是，在许多情况下，数据样本不是线性可分的。

2. 非线性决策边界

通过将原始输入空间 ($\mathbb{R}^d$) 投影到高维空间 ($\mathbb{R}^D$)，可以将 SVM 扩展到非线性分类，有希望找到分离超平面。因此，二次规划问题的表达方式如上，但是，所有的 $\boldsymbol{x}_i$ 用 $\phi(\boldsymbol{x}_i)$ 替代，其中 ϕ 提供了一个向更高维空间的映射。

$$\min_{\boldsymbol{w},b,\xi} \boldsymbol{w}^{\mathrm{T}}\boldsymbol{w}/2 + C\sum_i \xi_i \quad \text{s.t.} \quad y_i\left(\boldsymbol{w}^{\mathrm{T}}\phi\left(\boldsymbol{x}_i\right) + b\right) \geqslant 1 - \xi_i, \xi_i \geqslant 0 \,(\forall \text{样本}\boldsymbol{x}_i) \tag{9.22}$$

3. 对偶支持向量机

当 D 远大于 d 时，学习 $\boldsymbol{w}$ 还需要更多的参数。为了避免这种情况，对偶形式的 SVM 求解优化问题

$$\max_{\alpha} \sum_i \alpha_i - \frac{1}{2} \sum_{i,j} \alpha_i \alpha_j y_i y_j \phi(\boldsymbol{x}_i)^{\mathrm{T}} \phi(\boldsymbol{x}_j) \quad \text{s.t.} \quad \sum_i \alpha_i y_i = 0, 0 \leqslant \alpha_i \leqslant C \quad (9.23)$$

其中，C 是一个超参数，它控制模型的错误分类程度，以防各类不能线性可分。

4. 核技巧

由于 $\phi(\boldsymbol{x}_i)$ 处于高维空间 (甚至是无限维空间)，因此 $\phi(\boldsymbol{x}_i)^{\mathrm{T}} \cdot \phi(\boldsymbol{x}_j)$ 可能难以计算。然而，存在特殊的核函数，例如线性、多项式、高斯和径向基函数 (radial basis function, RBF)，其对较低维向量 $\boldsymbol{x}_i$ 和 $\boldsymbol{x}_j$ 进行操作以产生等效于较高维向量的点积。例如，函数 $\phi: \mathbb{R}^3 \to \mathbb{R}^{10}$：$\phi(\boldsymbol{x}) = \left(1, \sqrt{2}\boldsymbol{x}^{(1)}, \sqrt{2}\boldsymbol{x}^{(2)}, \sqrt{2}\boldsymbol{x}^{(3)}, [\boldsymbol{x}^{(1)}]^2, [\boldsymbol{x}^{(2)}]^2, [\boldsymbol{x}^{(3)}]^2, \sqrt{2}\boldsymbol{x}^{(1)}\boldsymbol{x}^{(2)}, \sqrt{2}\boldsymbol{x}^{(1)}\boldsymbol{x}^{(3)}, \sqrt{2}\boldsymbol{x}^{(2)}\boldsymbol{x}^{(3)}\right)$，有如下等式：

$$K(\boldsymbol{x}_i, \boldsymbol{x}_j) = \left(1 + \boldsymbol{x}_i^{\mathrm{T}} \boldsymbol{x}_j\right)^2 = \phi(\boldsymbol{x}_i)^{\mathrm{T}} \cdot \phi(\boldsymbol{x}_j) \quad (9.24)$$

不用计算 $\phi(\boldsymbol{x}_i)^{\mathrm{T}} \cdot \phi(\boldsymbol{x}_j)$，而是计算 $K(\boldsymbol{x}_i, \boldsymbol{x}_j) = \left(1 + \boldsymbol{x}_i^{\mathrm{T}} \boldsymbol{x}_j\right)^2$，它的值等价于更高维的向量的点积 $\phi(\boldsymbol{x}_i)^{\mathrm{T}} \cdot \phi(\boldsymbol{x}_j)$。除了点积 $\phi(\boldsymbol{x}_i)^{\mathrm{T}} \cdot \phi(\boldsymbol{x}_j)$ 被核函数 $K(\boldsymbol{x}_i, \boldsymbol{x}_j)$ 替代之外，优化问题完全相同。新空间中的点积 $\phi(\boldsymbol{x}_i)^{\mathrm{T}} \cdot \phi(\boldsymbol{x}_j)$ 对应于核函数 $K(\boldsymbol{x}_i, \boldsymbol{x}_j)$。

$$\max_{\alpha} \sum_i \alpha_i - \frac{1}{2} \sum_{i,j} \alpha_i \alpha_j y_i y_j K(\boldsymbol{x}_i, \boldsymbol{x}_j) \quad \text{s.t.} \quad \sum_i \alpha_i y_i = 0, 0 \leqslant \alpha_i \leqslant C \quad (9.25)$$

总之，线性 SVM 可视为单层分类器，并且核方法 SVM 可视为 2 层神经网络。然而，与 SVM 不同，深度神经网络通常是通过接几个非线性隐藏层来构建的，因此可以从数据样本中提取更复杂的模式。

9.2.3 随机决策森林

随机决策森林 (random decision forest, RDF) 是决策树的集成，是快速有效的多类分类器 (Breiman, 2001)。如图 9.7(a) 所示，每棵树由分支节点和叶节点组成。分支节点基于特征向量的特定特征的值执行二元分类。如果特定特征的值小于阈值，则将样本分配给左分区，否则分配给右分区。图 9.7(b) 显示了用于确定照片是代表室内还是室外场景的可解释性的决策树。如果类是线性可分的，则在经过 $\log_2 c$ 次决策之后，每个样本类将与剩余的 $c-1$ 类分离并到达叶节点。对于给定的特征向量 $\boldsymbol{f}$，每棵树独立地预测其标签，并且使用多数投票方案用于预测特征向量的最终标签。

1. 训练

在随机选择的训练样本上训练每棵树 (通常采用 2/3 的训练数据)。剩余样本用于验证。为每个分支节点随机选择一个特征子集。然后，我们搜索最好的特征 $\boldsymbol{f}[i]$ 和相关的阈值 τ_i，

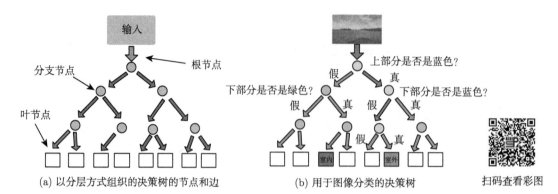

(a) 以分层方式组织的决策树的节点和边   (b) 用于图像分类的决策树   扫码查看彩图

图 9.7   决策树示例

最大化分区后的训练数据的信息增益。设定 $H\left(Q|\left\{\boldsymbol{f}\left[i\right],\tau_i\right\}\right)$ 是将训练数据集 Q 分割成左分区 Q_1 和右分区 Q_r 之后的信息熵。信息增益 G 等式如下：

$$G\left(Q\mid\left\{\boldsymbol{f}[i],\tau_i\right\}\right)=H(Q)-H\left(Q\mid\left\{\boldsymbol{f}[i],\tau_i\right\}\right) \tag{9.26}$$

其中，

$$H\left(Q|\left\{f\left[i\right],\tau_i\right\}\right)=\frac{|Q_1|}{|Q|}H\left(Q_1\right)+\frac{|Q_r|}{|Q|}H\left(Q_r\right) \tag{9.27}$$

其中，$|Q_1|$ 和 $|Q_r|$ 表示左分区和右分区的数据样本数量。$|Q_1|$ 的信息熵由如下等式给出：

$$H\left(Q_1\right)=-\sum_{i\in Q_1}p_i\log_2 p_i \tag{9.28}$$

其中，p_i 是在 Q_1 中类 i 的数据样本的数量除以 $|Q_1|$。将最大化增益的特征及其相关的阈值选择为那个节点的分裂测试条件

$$\left\{\boldsymbol{f}\left[i\right],\tau_i\right\}^*=\arg\max_{\left\{f[i],\tau_i\right\}}\sum G\left(Q|\left\{\boldsymbol{f}\left[i\right],\tau_i\right\}\right) \tag{9.29}$$

如果分区只包含一个类，则将其视为叶节点。由多个类组成的分区将被进一步划分，直到它们包含单个类或树达到其最大高度。如果达到树的最大高度并且其中一些叶节点包含来自多个类的标签，则将与已到达该叶节点的训练样本 $\boldsymbol{\nu}$ 的子集所关联的类的经验分布用作其标签。因此，第 t 棵树的概率叶预测器模型是 $\boldsymbol{p}_t(c|\boldsymbol{\nu})$，其中 $c\in\{c_k\}$ 表示该类。

2. 分类器

一旦训练了一组决策树，给定先前未见的样本 $\boldsymbol{x}_j$，每棵决策树逐层地应用多个预定义的测试。从根开始，每个分割节点将其关联的拆分系数应用于 $\boldsymbol{x}_j$。根据二分测试的结果，将数据发送到右子分区或左子分区。重复此过程，直到数据点到达叶节点。通常，叶节点包含预测器 (如分类器)，其将输出 (如类标签) 与输入 $\boldsymbol{x}_j$ 相关联。将许多树预测器组合在一起以形成单个森林预测：

$$\boldsymbol{p}(c|\boldsymbol{x}_j)=\frac{1}{T}\sum_{t=1}^{T}\boldsymbol{p}_t(c|\boldsymbol{x}_j) \tag{9.30}$$

其中，T 表示森林中决策树的数量。

9.3　深度特征

前文介绍了计算机视觉中常见的手工特征描述符和分类器，这些手工特征需要问题域的专业知识，缺乏对其他领域的泛化能力，并且昂贵耗时。手工特征提取和后续的分类器学习实际上是独立的。深度学习具有端到端的框架，通过学习深度神经网络进行特征提取和分类，与传统的手工特征 + 分类器方法不同，深度学习同时提取特征并对数据分类，如图 9.8 所示。

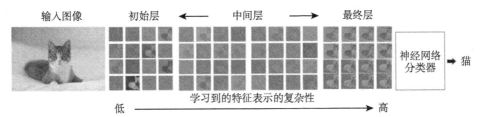

图 9.8　深度神经网络图像分类示意图，底层网络学习低级特征，高层网络学习用于分类的高级抽象特征

在深度神经网络中，卷积神经网络 (convolutional neural network, CNN) 是最流行的神经网络模型之一 (Cortes et al., 1995)，特别是对于计算机视觉中的高维数据 (如图像和视频)，本章重点介绍卷积神经网络。CNN 的运行方式与标准神经网络非常相似，区别在于 CNN 层中的每个单元是二维 (或高维) 的滤波器 (也叫卷积核) 与该层的输入进行卷积运算。CNN 滤波器通过与输入图像的空间计算来获得空间上下文，并且使用参数共享以显著减少可训练参数。如图 9.8 所示，CNN 通过提取抽象的特征表示，从简单的到更复杂的，这些可辨别特征在网络内预测输入图像的正确类别。在特征提取和模式分类的总体流程上，CNN 和传统手工特征 + 分类器流程类似，关键区别在于，CNN 模型中的特征表示具有层次结构，且可以自动学习，特征提取和模式分类以端到端的方式训练，减少了对手工设计和专家人工干预的需要。

CNN 由几个基本块组成，在本节中，我们介绍常见的构建块及其在 CNN 中的功能。

9.3.1　卷积层

卷积层是 CNN 中最重要的组成部分，它包括一组滤波器 (卷积核)，与给定输入进行卷积以生成输出特征图。

1) 滤波器

卷积层中的每个滤波器都是离散数字的网格。如图中的 2×2 滤波器，在 CNN 训练期间，每个滤波器的权重 (网格中的数字) 可以学习得到，在训练开始时首先随机初始化滤波器权重，之后给定输入-输出对，在学习期间，经过多次迭代调整滤波器权重。

卷积层在滤波器和该层的输入之间执行卷积运算，给定一个二维输入特征图和一个卷积滤波器，尺寸分别为 4×4 和 2×2，卷积层将 2×2 滤波器与输入特征图的高亮小块 (2×2) 相乘，并将所有值相加，从而生成输出特征图中的一个值。滤波器沿输入特征图的宽度和高度方向滑动，此过程将持续，直到滤波器遍历输入特征。如图 9.9 所示，图 9.9(a)~(i) 显示了每个步骤的计算，滤波器在输入特征图上滑动以计算输出特征图的对应值。2×2 滤波器 (绿色) 在 6×6 输入特征图 (包括零填充) 内与相同大小的区域 (橙色) 相乘，并将得到的值相加以获得相应的条目，如每个卷积步骤的输出特征图中的蓝色所示。滤波器沿水平或垂直移动的步长称为步幅 (stride)。在卷积层中，可以通过在输入特征图的周围进行零填充，来保持输出特征的尺寸，假设 p 表示沿每个维度给输入特征图增加的像素数 (零填充)，h 和 w 分别为输入特征的高度和宽度，s 为步幅，f 为滤波器尺寸，则卷积后的输出特征图尺寸为

$$h' = \left\lfloor \frac{h - f + s + p}{s} \right\rfloor, \quad w' = \left\lfloor \frac{w - f + s + p}{s} \right\rfloor$$

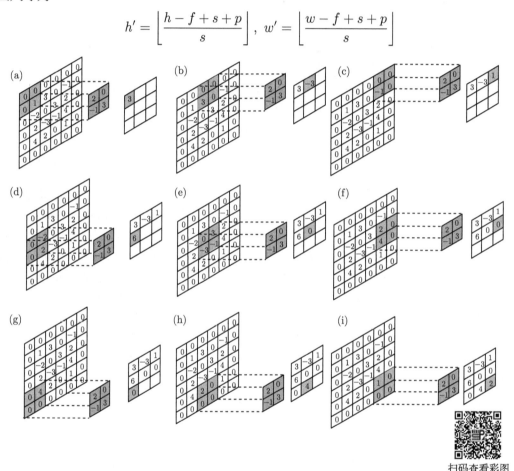

扫码查看彩图

图 9.9　零填充步幅为 2 的卷积层操作

2) 感受野

滤波器的大小 (高度和宽度) 定义了一个区域的空间范围，该区域可以被滤波器在每个卷积步骤中进行卷积运算，因而对每层卷积层而言，滤波器的大小决定了该层的 "感受野"。当堆叠多个卷积层时，每层的 "有效感受野"(相对于网络的输入) 是所有先前卷积层的感受野的函数。对于堆叠 N 个卷积层的 (每层的卷积核大小为 f) 网络而言，其有效感受野为

$$\text{RF} = f + n(f - 1), \ n \in [1, N]$$

9.3.2　池化层

池化层对输入特征图的块进行操作，并组合其特征激活。该组合操作由诸如平均函数或最大函数之类的池化函数定义。与卷积层类似，需要指定池化区域和步幅大小。图 9.10(a)~(i) 显示了最大池化操作的每个步骤，输入特征图中的池化域 (橙色) 滑动，选择最大值作为输出特征图的对应值 (蓝色)。此窗口在输入特征图上滑动，步长由步幅定义 (图 9.10 的步幅为 1)。池化操作有效地对输入特征图进行下采样，这种下采样对于获得紧凑的特征表示是有用的，该特征表示对于图像中的对象尺度、姿势和平移的变化呈现出不变性。

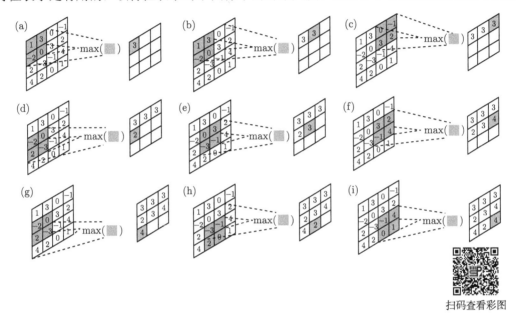

扫码查看彩图

图 9.10　池化区域大小为 2×2 且步幅为 1 时，最大池化层的操作

9.3.3　全连接层

在典型的 CNN 中，架构的末端通常放置全连接层。全连接层中的每个单元密集地连接到前一层的所有单元。其操作可以表示为简单矩阵乘法，加上偏置项向量，然后执行逐元素方式的非线性函数 $f(\cdot)$ 计算：

$$\boldsymbol{y} = f(\boldsymbol{w}^{\mathrm{T}}\boldsymbol{x} + \boldsymbol{b}) \tag{9.31}$$

其中，$\boldsymbol{x}$ 和 $\boldsymbol{y}$ 分别是输入向量和输出激活向量；$\boldsymbol{w}$ 表示层间各单元之间连接的权重矩阵；$\boldsymbol{b}$ 表示偏置项向量。

9.3.4　非线性函数

CNN 中的权重层 (例如卷积层和全连接层) 之后通常是非线性激活函数。激活函数采用实值输入并将其压缩到小范围内，例如 [0, 1] 和 [−1, 1]。在权重层之后应用非线性函数可以允许神经网络学习非线性映射。在没有非线性函数的情况下，权重层的堆叠网络等效于从输入域到输出域的线性映射。非线性函数也可以理解为切换或选择机制，决定在所有给定输入的情况下神经元是否触发。深度神经网络中常用的激活函数是可微分的，以实现误差反向传播。图 9.11 列出了深度神经网络中最常用的激活函数。

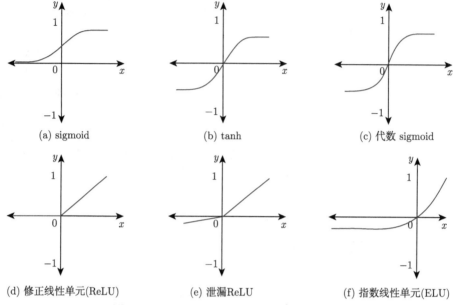

(a) sigmoid   (b) tanh   (c) 代数 sigmoid

(d) 修正线性单元(ReLU)   (e) 泄漏ReLU   (f) 指数线性单元(ELU)

图 9.11   部分深度神经网络中的常见激活函数

1) tanh 函数

tanh 激活函数实现双曲正切函数，以将输入压缩到 $[-1, 1]$ 范围内。定义如下：

$$f_{\text{tanh}}(x) = \frac{e^x - e^{-x}}{e^x + e^{-x}}$$

2) sigmoid 函数

sigmoid 激活函数 (S 形激活函数) 将实数作为其输入，并输出 $[0, 1]$ 范围内的数字。定义如下：

$$f_{\text{sigm}}(x) = \frac{1}{1 + e^{-x}}$$

3) 代数 sigmoid 函数

代数 sigmoid 函数也将输入值映射到 $[-1, 1]$ 范围内。定义如下：

$$f_{\text{a-sigm}}(x) = \frac{x}{\sqrt{1 + x^2}}$$

4) 修正线性单元 (ReLU)

ReLU 是一种简单的激活函数，其灵感来自人类视觉皮层的处理，计算快速，具有实际意义。如果输入为负，则 ReLU 函数将输入映射为 0；如果输入为正，则保持其值不变。表示如下：

$$f_{\text{relu}}(x) = \max(0, x)$$

5) 泄漏 ReLU(LeakyReLU)

ReLU 激活函数存在一些缺点,例如输入为负时存在"杀死"神经元的问题。LeakyReLU 不会将负输入完全减少到零，而是输出负输入的缩小版本。表示如下：

$$f_{\text{leakyrelu}}(x) = \begin{cases} x, & x > 0 \\ cx, & x \leqslant 0 \end{cases}$$

其中，泄漏因子 c 是常数，通常设置为较小值 (例如 0.01)。

6) 指数线性单元 (ELU)

ELU 具有正值和负值，试图将平均激活推向零 (类似于批量归一化)。它有助于加快训练过程，同时实现更好的性能。

$$f_{\text{elu}}(x) = \begin{cases} x, & x > 0 \\ a(\text{e}^x - 1), & x \leqslant 0 \end{cases}$$

其中，a 是非负的超参数，为负值输入添加一个非零输出，决定指数线性单元的饱和水平。

9.3.5　CNN 损失函数

CNN 的训练通过优化 "损失函数"(也称 "目标函数")，以估计网络对训练数据做出的预测质量 (其中真实标签已知)，来求解网络各层参数的权重。其中，损失函数能够定量地区分模型的估计输出 (预测) 与正确输出 (据实标注) 之间的差异，根据该差异实现对网络参数的学习。损失函数的类型需根据网络任务设计。一般来说，使用 CNN 模型的通用问题 (以及相关的损失函数) 可以分为两类：

(1) 分类辨识，一般采用柔性最大传递损失 (softmax loss) 函数；

(2) 回归分析，一般采用误差函数 (如欧几里得损失函数、ℓ_1 范数等)。

1) 交叉熵损失函数

交叉熵损失 (也称 "对数损失" 或 "柔性最大传递损失")，定义如下：

$$L(\boldsymbol{p}, \boldsymbol{y}) = -\sum_n y_n \log p_n, \ n \in [1, N]$$

其中，$\boldsymbol{y}$ 表示所需的输出；$\boldsymbol{p}$ 是每个输出类别的概率。输出层中总共有 N 个神经元，因此，$\boldsymbol{p}, \boldsymbol{y} \in \mathbb{R}^N$。可以使用柔性最大传递损失函数 (softmax 函数) 计算每个类的概率 $p_n = \exp(\hat{p}_n) / \sum_k \exp(\hat{p}_k)$，其中 $\hat{p}_n$ 是网络中前一层的非归一化输出分数。由于损失的归一化函数的形式，交叉熵损失也称为柔性最大传递损失。

值得注意的是，使用交叉熵损失来优化网络参数等同于最小化预测输出 (生成分布 $\boldsymbol{p}$) 和期望输出 (真实分布 $\boldsymbol{y}$) 之间的 K-L 散度。$\boldsymbol{p}$ 和 $\boldsymbol{y}$ 之间的 K-L 散度可以表示为交叉熵 (用 $L(\cdot)$ 表示) 和熵 (用 $H(\cdot)$ 表示) 之间的差异，如下：

$$\text{KL}(\boldsymbol{p}\|\boldsymbol{y}) = L(\boldsymbol{p}, \boldsymbol{y}) - H(\boldsymbol{p})$$

由于熵只是一个常数值，因此最小化交叉熵等同于最小化两个分布之间的 K-L 散度。

2) 欧几里得损失函数

欧几里得损失 (也称为二次损失、均方误差或 ℓ_2 误差) 是根据预测 ($\boldsymbol{p} \in \mathbb{R}^N$) 和其真实标签 ($\boldsymbol{y} \in \mathbb{R}^N$) 之间的平方误差来定义的：

$$L(\boldsymbol{p}, \boldsymbol{y}) = \frac{1}{2N} \sum_n (p_n - y_n)^2, \ n \in [1, N]$$

3) ℓ_1 误差损失函数

ℓ_1 误差损失函数可以用于回归问题，并且其已经被证明在某些情况下表现优于欧几里得损失函数。它的定义如下：

$$L(\boldsymbol{p}, \boldsymbol{y}) = \frac{1}{N} \sum_n |p_n - y_n|, \ n \in [1, N]$$

9.3.6 深度特征可视化

卷积神经网络应用于计算机视觉任务时，通常表现为 "黑盒子" 模型，为了表示和分析每层网络学习的深度特征，可以通过一些可视化方法，对每层的特征进行可视化。例如，可以对每层学习的滤波器可视化分析其提取的特征，或者对每层的滤波响应可视化，绘制每层对应于输入图像的输出特征响应。图 9.12 给出了一个典型的卷积神经网络 (Gonzalez, 2018)，输入是 277×277 大小的彩色图像，将第一层的输出特征响应可视化。卷积层输出的特征数为 96，滤波器大小为 11×11，考虑到彩色图像具有 RGB 三个通道，滤波器尺寸为 11×11×96×3。

图 9.12(a) 共显示了卷积层输出的 96 个特征响应，选取其中的 6 个特征响应，如图中浅色框中所示。从图中看出，编号 04 和 35 的输出特征响应捕获了输入图像不同方向的边缘，编号 23 的特征响应反映了输入图像的低频特性，编号 10 和 16 的特征描述了互补的阴影效果 (如头发部分强度相反)，编号 39 的特征描述了眼睛部位。不同的滤波器描述了输入图像的不同方面的特性，共同构成了第一个卷积层的特征响应。值得指出的是，图显示的是第一个卷积层的特征响应，后续的卷积层以该层输出为输入，计算更高层次的更抽象的输出响应，具体可参考文献 (Zeiler et al., 2014)。

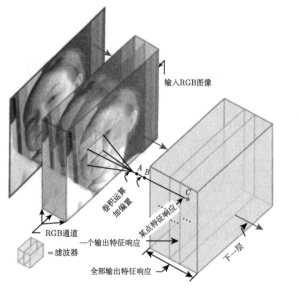

(a) 卷积层计算示意图

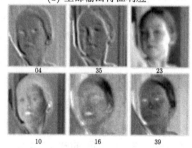

(b) 全部输出特征响应

(c) 部分特征响应局部放大显示

图 9.12　卷积层示意图和输出特征响应可视化

9.4　典型视觉应用

计算机视觉应用涵盖了多种方法，不仅可以处理图像，还试图理解图像内容，包括图像的场景分类、分割、物体检测和场景理解等。传统手工特征和基于深度神经网络的深度特征都被大量应用于计算机视觉任务，包括对象分类 (识别给定图像的对象，给出对象的类标签)、物体检测 (用每个对象的边界包围和标注对象)、分割 (标记输入图像像素类别) 等。本节简要介绍典型的计算机视觉任务。

9.4.1　实例识别

一般对象识别分为两大类，即实例识别和类识别。前者涉及重新识别已知的 2D 或 3D 刚性对象，可能是从一个新的视角观察，背景杂乱，部分遮挡。后者也称为类别级或通用对象识别，这是识别特定通用类的任何实例的更具挑战性的问题，例如 "猫"、"汽车" 或 "自行车"。多年来，已经开发了许多不同的算法用于实例识别。早期的实例识别方法侧重于从图像中提取线条、轮廓或 3D 表面，并将它们与已知的 3D 对象模型进行匹配，如图 9.13 所示。近年来的方法倾向于使用视点不变的 2D 特征，从新图像和数据库中的图像中提取信息丰富的稀疏二维特征后，使用稀疏特征匹配策略将图像特征与对象数据库进行匹配 (Szeliski, 2010)。

图 9.13　在杂乱的场景中识别物体，左侧为数据库中的两个训练图像，使用 SIFT 特征与中间杂乱的场景相匹配，右图中的平行四边形表示每个已识别的数据库图像在场景上的仿射扭曲 (Lowe, 2004)

9.4.2　图像分类

虽然实例识别技术相对成熟，并用于商业应用，例如交通标志识别 (Stallkamp et al., 2012)，但是通用类别的识别仍然是一个充满挑战的研究领域。类别识别最简单的算法之一是词袋 (bag of words) 方法 (Lazebnik et al., 2006)，该算法简单地计算在图像中发现的视觉词分布 (直方图)，并将该分布与在训练图像中发现的分布进行比较，通过 SIFT 等手工特征描述符、聚类构建视觉词汇，以及利用朴素贝叶斯分类器和支持向量机实现图像分类。

随着深度学习的发展，更深的网络、更好的训练算法，以及更大的数据集在图像分类中得到应用，推动了图像分类识别准确率的提高。现在有一些开源框架可用于训练和微调图像和视频分类模型。值得一提的是，除了识别 ImageNet(Russakovsky et al., 2015)(图 9.14) 和 COCO (Lin et al., 2014) 等数据集中常见的类别之外，细粒度识别问题近年来得到研究人员的关注 (Yang et al., 2018)，在细粒度识别中，子类别之间的差异可能很细微，示例的数量非常少。具有细粒度子类的类别示例包括花卉、鸟类和汽车等。

图 9.14　ImageNet 数据库图像分类示意图 (Russakovsky et al., 2015)

9.4.3　物体检测

在计算机视觉的物体检测中,人脸和行人的检测算法是最早被广泛研究的,近年来学者开始大量关注如何检测和标记一般的对象,如图 9.15 所示。物体检测的第一阶段通常是提出一组合理的矩形候选区域,在其中运行分类器以确定候选区域中的物体是否为待检测物体。代表性的基于深度学习的目标检测方法之一是区域的卷积网络 (regional CNN, R-CNN),该检测器首先使用选择性搜索算法提取约 2000 个候选区域,然后将每个候选区域重新缩放 (扭曲) 为 224 × 224 大小的图像,传递给带有支持向量机的深度神经网络以辨识待检测物体。

图 9.15　物体检测示意图

关于物体检测的其他方法可参考相关文献 (Zhao et al., 2019)。值得指出的是，近年来大量数据的出现促进了深度学习在物体检测中的应用。2010 年发布的 ImageNet 大规模视觉识别挑战赛数据库 (ILSVRC) 包含超过 140 万张图像的物体检测 (Russakovsky et al., 2015)，对象类别数目达到 1000 个。这些数据库的发布恰逢图像分类、物体检测和分割由传统手工特征方法向深度特征方法的全面转变，海量数据库的发布大大促进了深度学习模型在物体检测中的应用。

9.4.4 语义分割

对象识别和场景理解中的一个挑战是如何同时识别物体并且准确地分割边界，即语义分割 (逐像素的类标注)，如图 9.16 所示。同时识别物体和分割物体边界的基本方法是将问题表述为用其类别成员标记图像中的每个像素。早期的方法通常使用能量最小化或贝叶斯推理技术来做到这一点，即条件随机场。图像特定颜色分布、位置先验 (如前景物体更可能位于图像中间，天空可能更高，道路可能会更低) 等信息均可被用于分割。深度学习模型，比如全卷积网络 (Long et al., 2015)，也在场景语义分割中得到大量应用，可使用单个神经网络实现逐像素的语义标记。图像分割最有前途的应用之一是在医学成像领域，用于分割解剖组织以进行后续定量分析，而在语义分割算法成熟和深度学习技术发展之前，需要对每个图像进行费力的手动标注。

图 9.16 语义分割示意图 (Shotton et al., 2009)

扩展阅读

本章介绍了计算机视觉任务中常见的特征提取方法，包括传统手工特征和深度特征。得益于算力的提高、海量数据的出现，深度学习迅速发展，深度神经网络以其能够高效地提取鲁棒、辨识和灵活的特征，成为计算机视觉任务中主流的特征学习方法。除了本章介绍的卷积神经网络，循环神经网络 (Liang et al., 2015)、残差网络 (He et al., 2016)、对抗

生成网络 (Creswell et al., 2018)、注意力机制 (Hu et al., 2018) 等多种网络架构和机制也如雨后春笋般出现，为深度特征的表示和学习提供了新的思路。尽管深度特征具有极大优势，但其还存在一些不足和挑战：

(1) 深度神经网络的训练需要大量的标记数据和强大的算力。对海量数据进行标记需要耗费大量的人力，在无监督的情况下提取深度特征，可以大大减少对标记数据的要求。此外，需要进一步研究高效的训练算法，降低对算力的需求。

(2) 深度神经网络的轻量化方法。深度神经网络包含大量的可学习参数，存储这些参数耗费大量的内存，使得它们难以适用于计算资源有限的移动设备和其他移动平台。如何在不损失深度特征学习性能的情况下，简化深度神经网络的模型使其轻量化非常重要。

(3) 现有的深度神经网络的可解释性有待提高。深度神经网络以"黑盒子"的方式工作，深度特征的提取是数据驱动的方式学习，缺乏数学和物理解释。如何提高深度特征的可解释性，并指导深度网络的每层特征学习，也是亟待解决的重复问题。

习题

1. 简述计算机视觉中的模式识别的一般处理流程。

2. 分析 SIFT 特征描述子和 SURF 特征描述子差别。

3. 输入特征 F 和滤波器 w 如下所示，激活函数为 ReLU，步幅为 2，计算滤波器中心在下面输入特征的灰色区域滑动时，输出的卷积特征。

$$F = \begin{bmatrix} 5 & 9 & 2 & 8 & 2 & 4 & 1 \\ 4 & 7 & 5 & 6 & 8 & 3 & 7 \\ 7 & 3 & 3 & 4 & 2 & 5 & 8 \\ 8 & 7 & 1 & 2 & 3 & 7 & 8 \\ 3 & 8 & 0 & 9 & 4 & 2 & 3 \\ 1 & 6 & 4 & 4 & 3 & 5 & 7 \\ 0 & 7 & 5 & 0 & 9 & 4 & 4 \end{bmatrix}, \quad w = \begin{bmatrix} 1 & 4 & 6 \\ 4 & 8 & 5 \\ 7 & 3 & 7 \end{bmatrix}$$

4. 输入特征 F 如下所示，计算步幅为 2 的最大池化特征。

$$F = \begin{bmatrix} 5 & 9 & 2 & 4 & 7 & 8 \\ 7 & 8 & 5 & 0 & 0 & 4 \\ 9 & 6 & 4 & 2 & 1 & 7 \\ 4 & 8 & 3 & 5 & 6 & 6 \\ 5 & 0 & 7 & 4 & 0 & 4 \\ 1 & 6 & 4 & 6 & 4 & 7 \end{bmatrix}$$

5. 简述图像分类、物体检测和实例识别的差异。

小故事 深度学习之父——杰弗里·欣顿

杰弗里·欣顿 (Geoffrey Hinton) 被称为"神经网络之父""深度学习教父",是美国人工智能学会 AAAI 会士,谷歌人工智能首席科学家,首先将反向传播 (back-propagation,BP) 算法应用到神经网络与深度学习领域。Hinton 在 1972 年获得博士学位,神经网络是他一直坚持不懈研究的问题,虽然他的导师认为这是在浪费时间。20 世纪 80 年代,Hinton 提出了将人工神经网络用于机器学习的想法,当时的计算机硬件和算力还不足以处理复杂算法,也没有大量的数据,几乎所有研究人员都不看好他的观点。因为在小数据集处理上,使用少量标记数据可以有效判别分类的 SVM 比神经网络效果更好。很多曾经支持图灵想法的研究员都开始退缩了,但这并没有动摇 Hinton 对神经网络的信念。然而,这类研究在主流学术圈中是"边缘课

题",神经网络的工作原理的研究者一直寥寥无几。即使到了 2004 年,距 Hinton 等最初开发出 BP 算法已经过去近 20 年,学术界和工业界的绝大部分研究者对此还是不感兴趣。换言之,在长达几十年的时间里,Hinton 一直徘徊在人工智能研究的边缘,以一个局外人的角色坚持着一个简单的命题:计算机可以像人类一样思考,使用直觉而不是规则。之所以用"边缘"一词,因为当时学术界的主流观点是:计算机在规则和逻辑上学得最好。Hinton 在访谈中吐露了他一直坚持研究神经网络的原因:"人脑工作只有一种方式——通过学习神经元之间的连接强度来运作。如果想让计算机变得智能,只有两个选择,编程或者让机器自己学习。排除编程,我们只能想办法让机器学习。"因此他坚信,模拟人脑工作的人工神经网络一定是实现机器智能的正确方式。直到 2006 年,Hinton 发表了一篇论文《深度信念网络的快速学习算法》(*A fast learning algorithm for deep belief nets*),加之华人学者李飞飞创建 ImageNet 的巨大推动作用,深度学习领域逐步掀起基于深度神经网络的人工智能的研究热潮。之后,Hinton 在 2012 NIPS 提出了 AlexNet 模型,在图片识别上取得了重大突破,他多年研究工作的重要性才被整个工业界认可。2019 年 3 月 27 日,ACM(美国计算机协会) 宣布,有"深度学习三巨头"之称的 Yoshua Bengio、Yann LeCun、Geoffrey Hinton 共同获得了 2018 年的图灵奖,这是图灵奖 1966 年设立以来少有的一年颁奖给三位获奖者。2021 年,Hinton 获得了迪克森科学奖 (the Dickson Prize in Science)。此奖项设立于 1969 年,每年颁发一次,旨在奖励那些为美国科学进步做出重大贡献的学者。2016 年贝叶斯网络之父 Judea Pearl 曾获此殊荣。对于 Hinton 的贡献,委员会描述道:在过去四年里,他对神经网络方面的开创性贡献,让我们更加深刻地理解了机器如何从经验中学习。他的贡献支撑了人工智能领域的进步,例如语音识别、机器翻译以及计算机视觉等的飞速发展。

第 10 章　图像处理实践案例

本章主要介绍图像处理经典案例的 Python 实现，涉及多个图像处理库，包括 scikit-image、PIL、OpenCV 等。scikit-image 是 SciPy 科学计算库打造的图像处理算法库，是基于 Python 脚本语言开发的数字图片处理包，其由 data、color、draw 等许多子模块组成，各个子模块提供不同的功能。PIL 作为 Python 中最常用的图像处理库之一，支持图像存储、显示和处理，它几乎能够处理所有的图片格式，可以完成对图像的缩放、裁剪、叠加以及图像添加线条、图像和文字等操作。根据功能的不同，PIL 库共包括 21 个与图片相关的类，这些类被看作是子库或 PIL 库中的模块，其中 Image 是最常用的类。OpenCV 是一个基于 BSD 开源许可发行的跨平台计算机视觉和机器学习软件库，它轻量且高效，提供了 Python、C++ 等语言的接口，实现了图像处理和计算机视觉方面的很多通用算法。

10.1　图像的读取与显示

10.1.1　自然图像

Python 提供了 Image、NumPy 和 Matplotlib 模块用于图像的读取和显示等。代码 10.1 展示了一个 Basic 类，包含了对于图片 open 和 show 两种基础操作。其中，open 函数的输入为需要打开的图片路径，将图像转换为一个二维矩阵；convert 函数中的参数 L 表示将图像按灰度图处理，矩阵每个位置的数值代表其对应位置上的灰度值，并将其输出。而 show 函数输入 imgs 为需要显示的图片列表 (二维矩阵的形式)，names 为与 imgs 中对应的图片标题列表，columns 为一行中图片的数量，通过 Matplotlib 中的 pyplot 将其显示。图 10.1 展示本案例运行的图片结果。

代码 10.1　自然图像的读取与显示

扫码获取程序代码

```python
import numpy as np
from PIL import Image
import matplotlib.pyplot as plt
class Basic:
    def open(self, file_path:str):
        img = Image.open(file_path).convert("L") # L 表
示转换为灰度图处理
        return np.asarray(img)
    def show(self,imgs:list,names:list, columns:int=0):
        n_count=len(imgs) # 待显示图像数量
```

```
        if columns <= 0: columns = np.ceil(np.sqrt(n_count))
        raws=np.ceil( n_count/columns )
        plt.rcParams['font.sans-serif'] = ['SimHei'] # 中文显示
        plt.rcParams['axes.unicode_minus'] = False
        for i in range(n_count):
            plt.subplot(raws,columns,i+1,title=names[i])
            plt.imshow(imgs[i],cmap='gray', vmin=0, vmax=255)
        plt.tight_layout()
        plt.show()
if __name__ == '__main__':
    demo = Basic()
    img = demo.open('lena.jpg')
    demo.show([imga],['lena'],1)
```

　　若后续需要添加图片，则在调用 show 函数时在其对应的列表中添加即可。相对应的需要根据自己的需求调节每一行需要显示的图片个数。值得注意的是，传入的输入参数前两项需要是列表的形式，若只传入一个图片，需采用show([img],['name'])的方式传入。

图 10.1　展示出的 Lena 图像

10.1.2　多光谱和高光谱图像

　　Python 提供了 spectral 模块用于多光谱和高光谱图像的读取和显示等。如代码 10.2 所示，在提供的 open_HSI 函数中使用 scipy.io.loadmat 加载多光谱或高光谱的.mat 数据，之后使用 spectral 模块中的 imshow 函数将其加载出来，在加载的过程中可以通过 set_display_mode 来设置不同的模式，参数 "overlay" 可将图像以及光谱信息展现出来，同时使用 class_alpha

设置 0.5 的透明度使得结果更加可观。图 10.2 展示了本案例运行的图片结果。

代码 10.2　多光谱和高光谱图像的读取与显示

```python
import numpy as np
from PIL import Image
import matplotlib.pyplot as plt
import scipy.io as sio
import cv2
import math
import spectral
def open_HSI(self,):
    data = sio.loadmat('Indian_pines_corrected.mat')['indian_pines_
    corrected']
    label = sio.loadmat('Indian_pines_gt.mat')['indian_pines_gt']
    img = spectral.imshow(data,(30,20,10),classes=label)
    img.set_display_mode('overlay')
    img.class_alpha=0.5
    plt.pause(60)
if _name_ == '_main_':
    demo = Basic()
    demo.open_HSI()
```

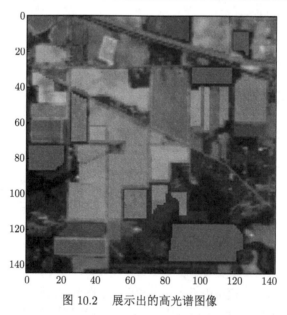

图 10.2　展示出的高光谱图像

在使用 open_HSI 函数的过程中，图片会出现闪退的现象，需在其后添加断点或者使用 plt.pause 函数让图像暂停。

10.2　图像增强与滤波

10.2.1　基本灰度级变换

使用 ImageEnhancement 类可以对图像进行线性拉伸、黑白反转、分片线性拉伸、对数变换和指数变换。如代码 10.3 所示，该类继承了 Basic 中的方法，同时该类的灰度级变换函数输入均为原始灰度图像的二维矩阵，输出为处理后的二维矩阵。其中，使用 imageStretching 函数来实现线性拉伸，将原图像的灰度范围 [gray_min, gray_max] 映射到 [out_min, out_max] 上；imageInverse 函数实现黑白反转，使用原始图像中灰度最大值减去每个像素的灰度值；imageStretchingSegment 函数实现分段线性拉伸，将原始图像的灰度值按 [gray_min, gray_start], [gray_start, gray_end], [gray_end, gray_max] 分为三段，每一段的灰度值分别映射到 [out_min, out_start], [out_start, out_end], [out_end, out_max] 三段区间上；imageLog 实现对数变化，采用 img_log=C*log(img+1) 的变换形式，其中 C 为常数；imageExp 实现指数变换，先将原始图像灰度映射到 [0,1] 区间上，再进行指数变换。图 10.3 展示了本案例运行的结果。

代码 10.3　图像的基本灰度级变换

扫码获取程序代码

```python
import numpy as np
from PIL import Image
import matplotlib.pyplot as plt
import scipy.io as sio
import cv2
import math
class ImageEnhancement(Basic):
    def imageStretching(self,img:np.array,):
        gray_min = img.min()
        gray_max = img.max()
        out_min = 100
        out_max = 200
        img_stretching = out_min + (img - gray_min) / (gray_max -
gray_min) * (out_max - out_min)
        img_stretching = img_stretching.astype(np.uint8)
        return img_stretching
    def imageInverse(self,img:np.array,):
        gray_max = img.max()
        img_inverse = gray_max - img
        return img_inverse
    def imageStretchingSegment(self, img:np.array,):
        gray_min = img.min()
```

```
        gray_start = 90
        gray_end = 180
        gray_max = img.max()
        out_min = 100
        out_start = 140
        out_end = 180
        out_max = 200
        k1 = (out_start - out_min) / (gray_start - gray_min)
        k2 = (out_end - out_start) / (gray_end - gray_start)
        k3 = (out_max - out_end) / (gray_max - gray_end)
        img_stretching = np.where(img < gray_start, out_min + (img -
gray_min) * k1,img)
        img_stretching = np.where((img >= gray_start) & (img <=
gray_end), out_start + (img - gray_start) * k2, img)
        img_stretching = np.where(img > gray_end, out_end + (img -
gray_end) * k3, img)
        img_stretching = img_stretching.astype(np.uint8)
        return img_stretching
    def imageLog(self, img:np.array,):
        img_log = 45 * np.log(1 + img)
        img_log = img_log.astype(np.uint8)
        return img_log
    def imageExp(self, img:np.array,):
        esp = 0
        gamma = 3
        img = img / 255
        img_exp = np.power(img + esp, gamma) * 255
        img_exp = img_exp.astype(np.uint8)
        return img_exp
    def example_ ie(self):
        img = self.open(''lena.jpg'')
        img_stretching = self.imageStretching(img)
        img_inverse = self.imageInverse(img)
        img_stretching_segment =self.imageStretchingSegment(img)
        img_log = self.imageLog(img)
        img_exp = self.imageExp(img)
        self.show([img, img_stretching, img_inverse,
img_stretching_segment, img_log, img_exp],
```

```
['原始图像','线性拉伸','黑白反转','分段线性拉伸','对数变换','指数变换'], 3)
if __name__ == '__main__':
    demo = ImageEnhancement()
    demo.example_ie()
```

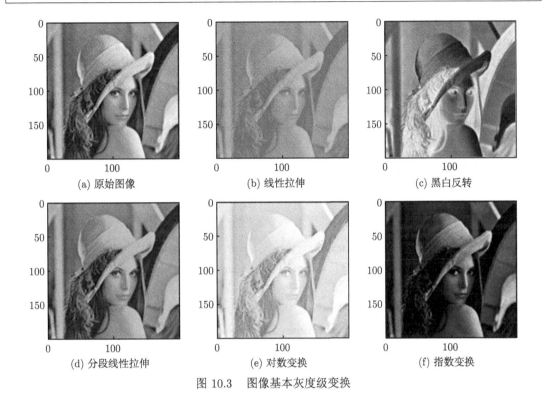

(a) 原始图像　　　　　　　　(b) 线性拉伸　　　　　　　　(c) 黑白反转

(d) 分段线性拉伸　　　　　　(e) 对数变换　　　　　　　　(f) 指数变换

图 10.3　图像基本灰度级变换

在进行基本灰度变换的时候，plt.imshow() 函数中一定要设置 vmin 和 vmax 两个参数，否则在灰度缩放显示的时候 imshow 会自动调节，导致我们得到正确的图像结果但通过该函数显示出来仍然和原图像差距不大。

10.2.2　中值滤波、均值滤波和高斯滤波

对图像添加椒盐噪声，使用 ImageDenoising 类分别进行中值滤波、均值滤波、高斯滤波，且在进行滤波之前，先利用 np.pad 函数扩展原图像边界防止卷积核出界，具体如代码 10.4 所示。其中，medianFilter 函数实现中值滤波，输入 img 为图像的二维数组，ksize 为卷积核也就是滤波窗口的大小，对于每个位置的灰度值使用同一滤波窗口内的中值进行代替，最终返回滤波后的新图像；meanFilter 函数实现均值滤波，同样需要输入原始图像的二维数组 img 以及滤波窗口大小 ksize，不同的地方在于使用同一个滤波窗口内的均值来代替当前灰度值；gaussianFilter 函数实现高斯滤波，在输入中除了原始图像 img 和滤波窗口大小 ksize 以外，还需要 sigma 高斯核带宽作为参数，将得到的高斯函数按窗口大小在每个位置做卷积得到最终的滤波结果。Example 函数为具体实例操作，首先在原始图像添加椒盐噪声，再使用三种滤波方式进行滤波，最终输出结果。图 10.4 展示了本案例运行的图片结果。

代码 10.4　图像空间滤波

扫码获取程序代码

```python
import numpy as np
from PIL import Image
import matplotlib.pyplot as plt
import scipy.io as sio
import cv2
import math
class ImageDenoising(Basic):
    def medianFilter(self,img:np.array,ksize=3):
        height,width=img.shape
        pad_len = ksize // 2 # 图像边缘扩充大小
        new_img = np.zeros_like(img) # 新图像
        img = np.pad(img,((pad_len,pad_len),(pad_len,pad_len)),
mode='reflect') # 扩充图像边界
        for i in range(height):
            for j in range(width):
                new_img[i, j] = np.median(img[i:i + ksize, j :j + ksize])
                # 中值滤波
        return new_img
    def meanFilter(self,img:np.array,ksize=3):
        height,width=img.shape
        pad_len = ksize // 2
        new_img = np.zeros_like(img)
        img = np.pad(img,((pad_len,pad_len),(pad_len,pad_len)),
mode='reflect') # 扩充图像边界
        for i in range(height):
            for j in range(width):
                new_img[i, j] = np.mean(img[i:i + ksize, j :j + ksize])
                # 均值滤波
        return new_img
    def gaussianFilter(self,img:np.array, ksize:float=3,
sigma:float=1.0):
        height, width = img.shape
        new_img = np.zeros_like(img)
        pad_len=ksize // 2
        img = np.pad(img, ((pad_len, pad_len), (pad_len, pad_len)),
mode='reflect') # 扩充图像边界
        kernel = np.zeros((ksize, ksize))
```

```
            for i in range(-pad_len, -pad_len + ksize):
                for j in range(-pad_len, -pad_len + ksize):
                    kernel[i + pad_len, j + pad_len] = np.exp(-(i ** 2 + j **
2) / (2 * (sigma ** 2)))
        kernel /= (sigma * np.sqrt(2 * np.pi))
        kernel /= kernel.sum()
        for i in range(height):
            for j in range(width):
                new_img[i,j] = np.sum(kernel * img[i:i + ksize, j:j +
ksize])
        return new_img
    def example_id(self,):
        img = self.open(''lena.jpg'')
        noise = np.random.randint(0, 256, size=img.shape)
        noise = np.where(noise > 250, 255, 0)
        noise = noise.astype('float')
        img_noise = img.astype(''float'')+noise
        img_noise = np.where(img_noise > 255, 255, img_noise)
        # 中值滤波去噪
        img_denoise=self.medianFilter(img_noise)
        # 均值滤波去噪
        img_denoise_meanFilter = self.meanFilter(img_noise)
        # 高斯滤波去噪
        img_denoise_gaussianFilter=self.gaussianFilter(img_noise,ksize=3,
sigma=0.5)
        imgs = [img, img_noise, img_denoise, img_denoise_meanFilter,
img_denoise_gaussianFilter]
        names = [' 原始图像', ' 椒盐噪声图像', ' 中值滤波去噪', ' 均值滤波
去噪', ' 高斯滤波去噪']
        plt.rcParams['font.sans-serif'] = ['SimHei'] # 中文显示
        plt.rcParams['axes.unicode_minus'] = False
        fig, axes=plt.subplots(1,2,figsize=(15, 10))
        plt.subplot(2, 2, 1);plt.title(names[0],fontsize=22);plt.imshow
(imgs[0],cmap= 'gray', vmin=0, vmax=255)
        plt.subplot(2, 2, 2);plt.title(names[1],fontsize=22);plt.imshow
(imgs[1],cmap= 'gray', vmin=0, vmax=255)
        plt.subplot(2, 3, 4);plt.title(names[2],fontsize=22);plt.imshow
(imgs[2],cmap= 'gray', vmin=0, vmax=255)
```

```
        plt.subplot(2, 3, 5);plt.title(names[3],fontsize=22);plt.imshow
(imgs[3],cmap= 'gray', vmin=0, vmax=255)
        plt.subplot(2, 3, 6);plt.title(names[4],fontsize=22);plt.imshow
(imgs[4],cmap= 'gray', vmin=0, vmax=255)
        plt.tight_layout()
        plt.show()
if __name__ == '__main__':
    demo = ImageDenoising()
    demo.example_id()
```

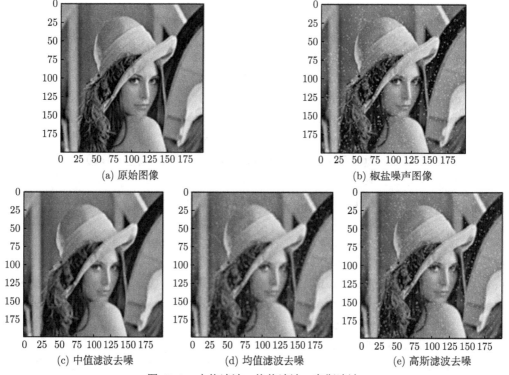

(a) 原始图像   (b) 椒盐噪声图像

(c) 中值滤波去噪   (d) 均值滤波去噪   (e) 高斯滤波去噪

图 10.4   中值滤波、均值滤波、高斯滤波

10.2.3   双边滤波和引导滤波

双边滤波和引导滤波是常见的保边滤波操作，能够避免出现模糊边缘。在之前的 Im-ageDenoising 类的基础上，代码 10.5 实现了双边滤波和引导滤波。bilateral_filter 函数负责双边滤波，其需要输入一个原始图像二维数组 img、卷积核的大小 ksize、空间坐标的滤波标准差 sigma1 和颜色空间的滤波标准差 sigma2，最后返回滤波后的新图像，kernel 为生成的空间坐标上的卷积核，region 表示当前需要处理的区域，其与中心点在颜色上通过计算像素的灰度相似度 similarity，得到颜色坐标上的信息，最后通过 similarity * kernel 得到最终的模板值。在负责引导滤波的 guide_filter 函数中，需要输入一个引导图 guide、原始图像 img、模板大小 ksize、正则化参数 eps，按照原算法先通过均值滤波计算出引导

图均值 mean_guide、原图像均值 mean_img、引导图自相关均值 mean_guide_guide 和互相关均值 mean_guide_img，再通过均值计算出自相关方差 var_guide 和互相关协方差 cov_guide_img。最后计算窗口线性变换参数系数 a、b，用参数的均值得到输出结果。图 10.5 展示了本案例运行的图片结果。

代码 10.5　双边滤波和引导滤波

```python
import numpy as np
from PIL import Image
import matplotlib.pyplot as plt
import scipy.io as sio
import cv2
import math
class ImageDenoising(Basic):
    def bilateral_filter(self, img:np.array, ksize:float=3,
sigma1:float=1, sigma2: float=1,):
        height, width = img.shape
        new_img = np.zeros_like(img)
        pad_len=ksize // 2
        img = np.pad(img, ((pad_len, pad_len), (pad_len, pad_len)),
mode='reflect')
        kernel = np.zeros((ksize, ksize))
        for i in range(-pad_len, -pad_len + ksize):
            for j in range(-pad_len, -pad_len + ksize):
                kernel[i + pad_len, j + pad_len] = np.exp(-(i ** 2 + j **
2) / (2 * (sigma1 ** 2)))
        for i in range(pad_len, height - pad_len):
            for j in range(pad_len, width - pad_len):
                region = img[i-pad_len:i+pad_len+1, j-pad_len:j+pad_len+1]
                # 计算相似度
                similarity = np.exp(-0.5 * np.power(region - img[i, j],
2.0) / math. pow(sigma2, 2))
                # 最终模板值，由空间和颜色组成
                weight = similarity * kernel
                weight = weight / np.sum(weight)
                new_img[i, j] = np.sum(region * weight)
        return new_img

    def guide_filter(self, guide:np.array, img:np.array, ksize,
            eps:float=0.01):
```

扫码获取程序代码

```
        new_img = np.zeros_like(img)
        mean_guide = cv2.blur(guide, ksize) # 引导图的均值平滑
        mean_img = cv2.blur(img, ksize)
        mean_guide_guide = cv2.blur(guide * guide, ksize)
        mean_guide_img = cv2.blur(guide * img, ksize)

        var_guide = mean_guide_guide - mean_guide * mean_guide
        cov_guide_img = mean_guide_img - mean_guide * mean_img

        a = cov_guide_img / (var_guide + eps)
        b = mean_img - a * mean_guide

        mean_a = cv2.blur(a, ksize)
        mean_b = cv2.blur(b, ksize)
        new_img = mean_a * mean_guide + mean_b
        return new_img
    def example_ bilateral_guide (self, ):
        img = self.open(''lena.jpg'')
        noise = np.random.normal(0, 10, size=img.shape)
        noise = noise.astype(''float'')
        img_noise = img + noise
        img_noise = np.where(img_noise > 255, 255, img_noise)
        img_noise = np.where(img_noise < 0, 0, img_noise)
        img_bilateral = self.bilateral_filter(img_noise)
        img_guide = self.guide_filter(img_noise, img_noise, (3, 3))
        self.show([img, img_noise, img_bilateral, img_guide], ['原 始 图
像', ' 高斯噪声图像', ' 双边滤波', ' 引导滤波'], 2)
if _name_ == '_main_':
    demo = ImageDenoising()
    demo. example_ bilateral_guide ()
```

(a) 原始图像

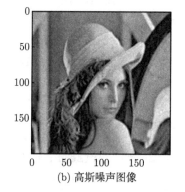

(b) 高斯噪声图像

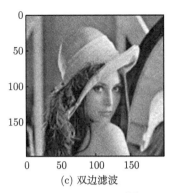

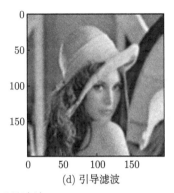

(c) 双边滤波　　　　　　　　　　　(d) 引导滤波

图 10.5　双边滤波和引导滤波

　　在进行双边滤波的时候，若处理并非灰度图，则需要在每次枚举中心点计算相似度的最外围再添加一层循环，每次遍历一种颜色通道，最终处理各自的颜色通道即可。

10.2.4　频域滤波

　　继续对 ImageDenoising 类进行扩展，通过傅里叶变换在频域对图像进行高通滤波和低通滤波的操作。如代码 10.6 所示，高通滤波函数 high_pass_filter 和低通滤波函数 low_pass_filter 的输入均为原始灰度图像，输出为滤波后的图像和滤波后的频域图像。在高通滤波器 high_pass_filter 中，通过 np.fft.fft2 函数先将原图像进行傅里叶变换，再使用 np.fft.fftshift 函数将中心点的位置由左上角转移到图像中心，再将频域图像中间的低频信息部分置 0，从而实现高通滤波，最后使用 np.fft.ifft2 将其进行逆变换转换为空域图像。而在 low_pass_filter 低通滤波器中，需去除掉除了中心周围的低频信息以外的所有信息，其他基本和高通滤波相同，从而实现低频滤波，最终可通过调用 example_fdf(frequency domain filtering) 得到结果。图 10.6 展示了本案例运行的图片结果。

代码 10.6　图像频域滤波

扫码获取程序代码

```python
import numpy as np
from PIL import Image
import matplotlib.pyplot as plt
import scipy.io as sio
import cv2
import math
class ImageDenoising(Basic):
    def high_pass_filter(self, img:np.array, ):
        f = np.fft.fft2(img)
        fshift = np.fft.fftshift(f)
        # 设置高通滤波器
```

```
    height, width = fshift.shape
    mid_h, mid_w = int(height / 2), int(width / 2)
    mask = np.ones((height, width), dtype=np.uint8)
    mask[mid_h - 10:mid_h + 10, mid_w - 10:mid_w + 10] = 0
    fshift = mask * fshift
    # 逆变换
    iffshift = np.fft.ifftshift(fshift)
    new_img = np.fft.ifft2(iffshift)
    new_img = np.abs(new_img)
    return new_img, fshift


def low_pass_filter(self, img:np.array, ):
    f = np.fft.fft2(img)
    fshift = np.fft.fftshift(f)
    # 设置低通滤波器
    height, width = fshift.shape
    mid_h, mid_w = int(height / 2), int(width / 2)
    mask = np.zeros((height, width), np.uint8)
    mask[mid_h - 10:mid_h + 10, mid_w - 10:mid_w + 10] = 1
    fshift = fshift * mask
    # 逆变换
    iffshift = np.fft.ifftshift(fshift)
    new_img = np.fft.ifft2(iffshift)
    new_img = np.abs(new_img)
    return new_img, fshift
def example_fdf(self,):
    img = self.open(''lena.jpg'')
    f = np.fft.fft2(img)
    fshift = np.fft.fftshift(f)
    fshift = np.log(np.abs(fshift))*20
    img_high, high_fshift = self.high_pass_filter(img)
    img_low, low_fshift = self.low_pass_filter(img)
    high_fshift[high_fshift==0j] = 1
    high_fshift = np.log(1 + np.abs(high_fshift))*20
    low_fshift [low_fshift ==0j] = 1
    low_fshift = np.log(1 + np.abs(low_fshift ))*20
    self.show([img, img_high, img_low, fshift, high_fshift,
low_fshift],
```

```
        ['原始图像', '高通滤波图', '低通滤波图', '原始频域', '高通滤波
频域', '低通滤波频域'], 3)
if __name__ == '__main__':
    demo = EdgeDetection ()
    demo. example_fdf ()
```

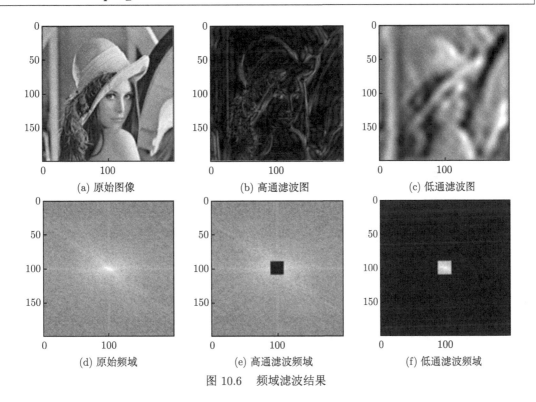

(a) 原始图像　　　　　　　(b) 高通滤波图　　　　　　　(c) 低通滤波图

(d) 原始频域　　　　　　　(e) 高通滤波频域　　　　　　(f) 低通滤波频域

图 10.6　频域滤波结果

需要注意的是，由于处理图像的不同，在 example_fdf 中若频域图像矩阵中的值过大，则可能会超过灰度值上限，需要进行对数化处理。在对数化之后若值过小，则图像仍然会出现几乎全黑的图，可在前乘上一个系数，作适当的放大即可显示频域图像信息。

10.3　图像复原

为图像复原建立了 ImageRestoration 类，实现添加加性噪声、维纳滤波和几何均值滤波的功能。

10.3.1　图像噪声

在代码 10.7 中，ImageRestoration 类利用 addNoise() 函数对原始图像分别添加了椒盐加性噪声和高斯加性噪声，得到模糊的含噪图像。addNoise() 函数输入为原始图像、高斯噪声均值和方差，输出为添加加性噪声后的椒盐噪声图像、高斯噪声图像。使用 np.random. randint() 函数生成噪声，然后使用 np.where() 筛选灰度值在 [250, 255] 范围的噪声作为

椒盐噪声；使用 np.random.normal() 生成均值为 mean、方差为 var 的高斯噪声。可调用 example_noiseimg() 用于结果展示，图 10.7 展示了本案例运行的图片结果。

代码 10.7　加性噪声

```python
import numpy as np
import matplotlib.pyplot as plt
from PIL import Image
class ImageRestoration(Basic):
    def addNoise(self,img:np.array,mean:float=0.0,var:float=10.0):
        '''''''
        添加加性噪声：椒盐噪声、相干斑噪声、高斯噪声，得到模糊含噪图像
        :param img: （灰度）干净图像的二维数组
        :param mean: 高斯噪声均值
        :param var: 高斯噪声方差
        '''''''
        # 添加椒盐噪声 (Salt And Pepper Noise)
        noise_sap = np.random.randint(0, 256, size=img.shape)
        noise_sap = np.where(noise_sap > 250, 255, 0)
        noise_sap = noise_sap.astype(''float'')
        img_sapnoise = img.astype(''float'') + noise_sap
        img_sapnoise = np.where(img_sapnoise > 255, 255, img_sapnoise)
        # 添加高斯噪声，设置均值为 mean,方差为 var
        noise_gauss = np.random.normal(mean, var, size=img.shape)
        noise_gauss = noise_gauss.astype(''float'')
        img_gaussnoise = img + noise_gauss
        img_gaussnoise = np.where(img_gaussnoise > 255, 255,
img_gaussnoise)
        img_gaussnoise = np.where(img_gaussnoise < 0, 0, img_gaussnoise)
        return img_sapnoise, img_gaussnoise
    def example_noiseimg(self, img_path):
        img = self.open(img_path)
        img_sapnoise, img_gaussnoise = self.addNoise(img,0,10)
        self.show([img, img_sapnoise, img_gaussnoise], [' 原始图像', ' 椒
盐噪声图像', ' 高斯噪声图像'],columns=3)
if __name__ == '__main__':
    demo = ImageRestoration()
    demo.example_noiseimg(''lena.jpg'')
```

需要注意的是，在添加加性噪声时，会出现灰度值溢出的问题。可以调用 np.where()

函数将灰度值大于 255 的像素点赋值为 255，灰度值小于 0 的像素点赋值为 0，以此完成噪声图像的防溢出处理。

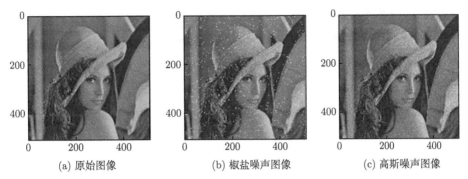

(a) 原始图像　　　　　(b) 椒盐噪声图像　　　　　(c) 高斯噪声图像

图 10.7　添加加性噪声后的图像

10.3.2　维纳滤波

如代码 10.8 所示，ImageRestoration 类的 wienerFilter() 函数实现含噪图像的维纳滤波操作，得到复原后的图像。代码中调用了 SciPy 库中的 wiener() 函数进行维纳滤波。可调用 example_wiener() 用于结果展示，图 10.8 展示了本案例运行的图片结果。

代码 10.8　维纳滤波代码

扫码获取程序代码

```python
from scipy.signal import wiener
class ImageRestoration(Basic):
    def wienerFilter(self, img:np.ndarray):
        '''
        维纳滤波算法
        :param img:（灰度）图像的二维数组
        :return: 滤波后的新图像数据
        '''
        new_img = wiener(img, [5, 5])
        return new_img
    def example_wiener(self, img_path):
        img = self.open(img_path)
        # 维纳滤波对高斯噪声图像去噪
        img_sapnoise, img_gaussnoise = self.addNoise(img,0,10)
        img_gaussdenoise = self.wienerFilter(img_gaussnoise)
        self.show([img,img_gaussnoise,img_gaussdenoise], [' 原始图像',
' 高斯噪声图像', ' 维纳滤波去噪'],columns=3)
if __name__ == '__main__':
    demo = ImageRestoration()
    demo.example_wiener(''lena.jpg'')
```

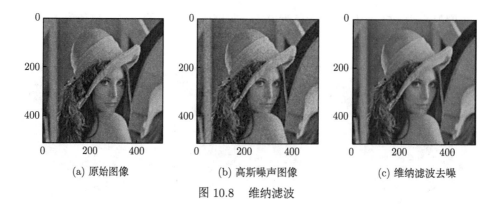

(a) 原始图像   (b) 高斯噪声图像   (c) 维纳滤波去噪

图 10.8   维纳滤波

10.3.3   几何均值滤波

在代码 10.9 中，ImageRestoration 类的 geometricMeanFilter() 函数实现含噪图像的几何均值滤波操作，得到复原后的图像。geometricMeanFilter() 函数的输入为原始图像和滤波区域的大小，输出为滤波后的图像。使用 np.pad() 函数用于扩充图像边界，保证滤波后的图像与原图像尺寸大小一致。可调用 example_ mean () 用于结果展示，10.9 展示了本案例运行的图片结果。

代码 10.9   几何均值滤波

```
class ImageRestoration(Basic):
    def geometricMeanFilter(self, img:np.array,
ksize=3):
        '''''
        均值滤波算法
        :param img:(灰度) 图像的二维数组
        :param ksize: 卷积核 (滤波窗口) 大小
        :return: 滤波后的新图像数据
        '''''
        height, width = img.shape
        pad_len = ksize // 2
        new_img = np.zeros_like(img)
        img = np.pad(img,((pad_len,pad_len),(pad_len,pad_len)),mode =
'reflect')
        for i in range(height):
            for j in range(width):
                new_img[i, j] = pow(np.prod(img[i:i + ksize, j:j +
ksize]),1 / (ksize ** 2))
        return new_img
    def example_mean(self, img_path):
        img = self.open(img_path)
```

扫码获取程序代码

```
        img_sapnoise, img_gaussnoise = self.addNoise(img,0,10)
        img_gaussdenoise_meanFilter = self.geometricMeanFilter
(img_gaussnoise)
        img_sapdenoise_meanFilter = self.geometricMeanFilter(img_sapnoise)
        self.show([img, img_gaussnoise, img_gaussdenoise_meanFilter, img,
img_sapnoise, img_sapdenoise_meanFilter],[' 原始图像', ' 高斯噪声图像',
'几何均值滤波去噪','原始图像','椒盐噪声图','几何均值滤波去噪'],columns=3)
if _name_ == '_main_':
    demo = ImageRestoration()
    demo.example_mean("lena.jpg")
```

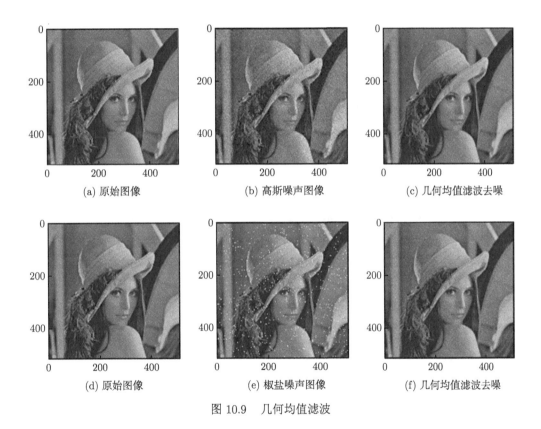

(a) 原始图像　　　　　　　(b) 高斯噪声图像　　　　　　(c) 几何均值滤波去噪

(d) 原始图像　　　　　　　(e) 椒盐噪声图像　　　　　　(f) 几何均值滤波去噪

图 10.9　几何均值滤波

　　需要注意的是，如果直接对原始图像进行滤波，会出现滤波前后图像尺寸不一致的问题。可以通过 np.pad() 函数对噪声图像的边界进行扩充。

10.4　边缘分析

　　为图像特征提取建立了 FeatureExtraction 类，其中实现了提取一阶边缘特征和二阶边缘特征。

10.4.1 一阶边缘特征

FeatureExtraction 类的 roberts() 函数和 sobel() 函数可以提取原始图像的一阶边缘特征，如代码 10.10 所示。roberts() 函数和 sobel() 函数的输入为原始图像，输出为图像的一阶边缘特征。roberts_x 和 roberts_y 为罗伯茨算子水平和垂直方向的卷积核，sobel_x 和 sobel_y 为索贝尔算子水平和垂直方向的卷积核。可调用 example_firstOrder () 用于结果展示，图 10.10 展示本案例运行的图片结果。

代码 10.10   一阶边缘特征

扫码获取程序代码

```python
class FeatureExtraction(Basic):
    def roberts(self, img: np.array):
        '''''
        罗伯茨算子（一阶微分算子）
        '''''
        height, width = img.shape
        new_img = np.zeros_like(img)
        # Roberts 算子
        roberts_x = [[1, 0], [0, -1]]
        roberts_y = [[0, 1], [-1, 0]]
        for i in range(height - 1):
            for j in range(width - 1):
                var_x = np.sum(roberts_x * img[i:i + 2, j:j + 2])
                var_y = np.sum(roberts_y * img[i:i + 2, j:j + 2])
                new_img[i, j] = np.abs(var_x) + np.abs(var_y)
        return new_img
    def sobel(self, img: np.ndarray):
        '''''
        索贝尔算子（一阶微分算子）
        '''''
        height, width = img.shape
        new_img = np.zeros_like(img)
        # Sobel 算子
        sobel_x = [[1, 0, -1], [2, 0, -2], [1, 0, -1]]
        sobel_y = [[1, 2, 1], [0, 0, 0], [-1, -2, -1]]
        for i in range(1, height - 1):
            for j in range(1, width - 1):
                var_x = np.sum(sobel_x * img[i - 1:i + 2, j - 1:j + 2])
                var_y = np.sum(sobel_y * img[i - 1:i + 2, j - 1:j + 2])
```

```
            var = min(255, np.sqrt(var_x ** 2 + var_y ** 2))
            new_img[i, j] = var
      return new_img
  def example_firstOrder(self, img_path):
      img = self.open(img_path)
      img_Roberts = self.roberts(img)
      img_Sobel = self.sobel(img)
      self.show([img, img_Roberts, img_Sobel], [' 原始图
像', ' 罗伯茨图
像', ' 索贝尔图像'], columns=3)
if _name_ == '_main_':
   demo = FeatureExtraction()
   demo.example_firstOrder("lena.jpg")
```

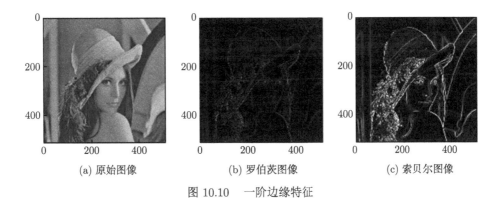

(a) 原始图像　　　　(b) 罗伯茨图像　　　　(c) 索贝尔图像

图 10.10　一阶边缘特征

10.4.2　二阶边缘特征

FeatureExtraction 类的 laplacian() 函数和 log() 函数可以提取原始图像的二阶边缘特征，如代码 10.11 所示。laplacian() 函数和 log() 函数的输入为原始图像，输出为图像的二阶边缘特征。laplacian_4 和 laplacian_8 为拉普拉斯算子的 4-邻接算子和 8-邻接算子，kernel_log 为 LOG 算子的卷积核。可调用 example_secondOrder() 用于结果展示，图 10.11 展示本案例运行的图片结果。

代码 10.11　二阶边缘特征

扫码获取程序代码

```
class FeatureExtraction(Basic):
   def laplacian(self, img: np.ndarray, threshold: int
= 50):
      ''''''
      拉普拉斯算子（二阶微分算子）
      ''''''
      height, width = img.shape
```

```
        new_img = np.zeros_like(img)
        # Laplace 算子
        laplacian_4 = [[0, 1, 0], [1, -4, 1], [0, 1, 0]] # 4-邻接算子
        laplacian_8 = [[1, 1, 1], [1, -8, 1], [1, 1, 1]] # 8-邻接算子
        for i in range(1, height - 1):
            for j in range(1, width - 1):
                var_4 = np.sum(laplacian_4 * img[i-1:i+2, j-1:j+2])
                var_8 = np.sum(laplacian_8 * img[i-1:i+2, j-1:j+2])
                new_img[i, j] = 255 if var_8 > threshold else 0
        return new_img
    def log(self, img: np.ndarray, threshold: int = 100):
        '''''''
        Laplacian of Gaussian, LOG(二阶微分算子)
        '''''''
        height, width = img.shape
        new_img = np.zeros_like(img)
        # LOG 算子模板
        kernel_log = [[-2, -4, -4, -4, -2],
                      [-4, 0, 8, 0, -4],
                      [-4, 8, 24, 8, -4],
                      [-4, 0, 8, 0, -4],
                      [-2, -4, -4, -4, -2]]
        for i in range(2, height - 2):
            for j in range(2, width - 2):
                var = np.sum(kernel_log * img[i-2:i+3, j-2:j + 3])
                new_img[i, j] = 255 if var > threshold else 0
        return new_img
    def example_secondOrder(self, img_path):
        img = self.open(img_path)
        img_Laplacian = self.laplacian(img, 50)
        img_LOG = self.log(img, 200)
        self.show([img, img_Laplacian, img_LOG], [' 原始图像', ' 拉普拉斯
图像', 'LOG 图像'], columns=3)
if __name__ == '__main__':
    demo = FeatureExtraction()
    demo.example_secondOrder(''lena.jpg'')
```

需要注意的是，在使用拉普拉斯算子和 LOG 算子时，会出现噪点过多导致边缘特征不显著的问题。可以通过添加阈值，过滤掉灰度值较小的像素点来获得更好的显示效果。

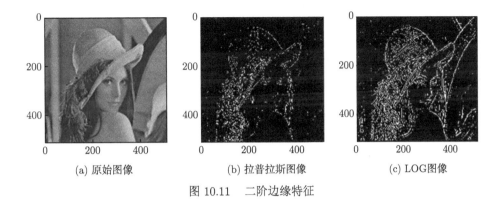

(a) 原始图像　　　　　(b) 拉普拉斯图像　　　　　(c) LOG图像

图 10.11　二阶边缘特征

10.5　特征提取与分类

10.5.1　SIFT 特征描述符

在代码 10.12 中利用 display_SIFT() 函数提取输入图像的 SIFT 特征，利用 match_features() 函数将两幅图像进行特征匹配。图 10.12 展示本案例运行的图片结果。

代码 10.12　SIFT 特征描述符

扫码获取程序代码

```python
import numpy as np
import cv2 as cv
from matplotlib import pyplot as plt
''''''Noisy Image''''''
def create_SNP(image):
    row, col = image.shape
    s_vs_p = 0.5
    amount = 0.04
    out = np.copy(image)
    # Salt Noise
    num_salt = np.ceil(amount * image.size * s_vs_p)
    coords = [np.random.randint(0, i - 1, int(num_salt)) for i in
image.shape]
    out[coords] = 1
    # Pepper Noise
    num_pepper = np.ceil(amount * image.size * (1. - s_vs_p))
    coords = [np.random.randint(0, i - 1, int(num_pepper)) for i in
image.shape]
    out[coords] = 0
    cv.imwrite('lenaSNP.jpeg', out)
    return out
```

```python
''''''Rotated Image''''''
def create_ROT(img):
    num_rows, num_cols = img.shape[:2]
    rotation_matrix = cv.getRotationMatrix2D((num_cols / 2, num_rows /
2), 30, 1)
    img_rotation = cv.warpAffine(img, rotation_matrix, (num_cols,
num_rows))
    cv.imwrite('lenaROT.jpeg', img_rotation)
    return img_rotation

''''''Feature Extraction''''''
def display_SIFT(num, img, name):
    sift = cv.xfeatures2d.SIFT_create()
    kp, des = sift.detectAndCompute(img, None)
    img_kp = cv.drawKeypoints(img, kp, img)
    plt.subplot(1, 3, num, title=name)
    plt.imshow(img_kp)

''''''Feature Matching''''''
def match_features(img1, img2):
    sift = cv.xfeatures2d.SIFT_create()
    kp1, des1 = sift.detectAndCompute(img1, None)
    kp2, des2 = sift.detectAndCompute(img2, None)
    # BFMatcher with default params
    bf = cv.BFMatcher()
    matches = bf.knnMatch(des1, des2, k=2)
    # Apply ratio test
    good = []
    for m, n in matches:
        if m.distance < 0.65 * n.distance:
            good.append([m])
    # cv2.drawMatchesKnn expects list of lists as matches.
    img3 = cv.drawMatchesKnn(img1, kp1, img2, kp2, good, img2, flags=2)
    return img3

if __name__ == '__main__':
    img1 = cv.imread('lena.jpg')
    gray_img = cv.cvtColor(img1, cv.COLOR_RGB2GRAY)
    img2 = create_SNP(gray_img)
    img3 = create_ROT(gray_img)
```

```
# Feature extraction
plt.rcParams['font.sans-serif'] = ['SimHei'] # 中文显示
plt.rcParams['axes.unicode_minus'] = False
display_SIFT(1, gray_img, '' 原始图像 SIFT'')
display_SIFT(2, img2, '' 含噪图像 SIFT'')
display_SIFT(3, img3, '' 旋转图像 SIFT'')
plt.show()

# Feature Matching
plt.subplot(title='' 原始图像与含噪图像特征匹配'')
match_img1 = match_features(gray_img, img2)
plt.imshow(match_img1)
plt.show()


plt.subplot(title='' 原始图像与旋转图像特征匹配'')
match_img2 = match_features(gray_img, img3)
plt.imshow(match_img2)
plt.show()
```

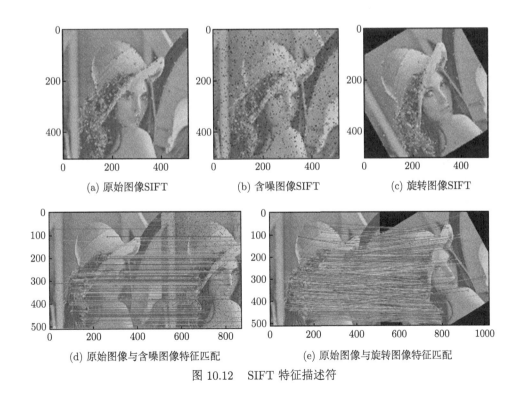

(a) 原始图像SIFT　　　(b) 含噪图像SIFT　　　(c) 旋转图像SIFT

(d) 原始图像与含噪图像特征匹配　　　(e) 原始图像与旋转图像特征匹配

图 10.12　SIFT 特征描述符

需要注意的是，由于 OpenCV-Python 库缺少 xfeatures2d，会出现报错 "AttributeError: module 'cv2' has no attribute 'xfeatures2d'"。可以通过卸载 opencv-python，然后再安装 opencv-contrib-python 来解决报错问题。命令如下：

```
pip uninstall opencv-python
pip install opencv-contrib-python==3.4.2.16
```

10.5.2 逻辑回归

在代码 10.13 中，利用 LogisticRegression() 函数实现逻辑回归。图 10.13 展示本案例运行的图片结果。

代码 10.13 逻辑回归

```
import numpy as np
import pandas as pd
import matplotlib.pyplot as plt
import time
from sklearn.datasets import load_digits
from sklearn.linear_model import LogisticRegression
from sklearn.metrics import accuracy_score


def logitic():
    # 载入数据
    mnist = load_digits()
    X = mnist["data"]
    Y = mnist["target"]
    # 去重
    np.unique(Y)
    # 将数据顺序打乱
    np.random.seed(1)
    index = np.random.permutation(X.shape[0])
    X = X[index]
    Y = Y[index]
    # 划分训练集和测试集
    X_train = X[:1000, ]
    X_test = X[1000:, ]
    Y_train = Y[:1000, ]
    Y_test = Y[1000:, ]
    print(''Start learning at'' + time.strftime('%Y-%m-%d %H:%M:%S'))
```

扫码获取程序代码

```
    Logit = LogisticRegression().fit(X_train, Y_train)
    Y_pred = Logit.predict(X_test)
    print(''Stop learning at'' + time.strftime('%Y-%m-%d %H:%M:%S'))
    print(''Accuracy:%.2f'' %accuracy_score(Y_pred, Y_test))


if _name_ == '_main_':
    logitic()
```

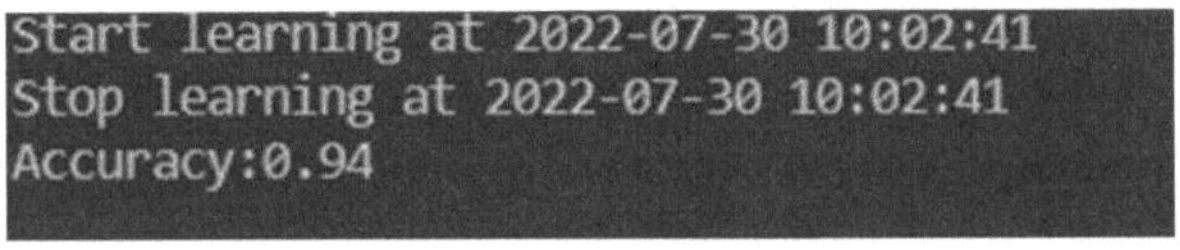

图 10.13　逻辑回归

10.5.3　支持向量机

在代码 10.14 中，利用 sklearn.svm.SVC() 函数进行支持向量机模型训练。图 10.14 展示本案例运行的图片结果。

代码 10.14　支持向量机

扫码获取程序代码

```
import numpy as np
import struct
from sklearn import svm
from sklearn import preprocessing
import time
path = 'MNIST_data'
def load_mnist_train(path, kind='train'):
    labels_path = path + '/train-labels-idx1-ubyte'
    images_path = path + '/train-images-idx3-ubyte'
    with open(labels_path, 'rb') as lbpath:
        magic, n = struct.unpack('>II',lbpath.read(8))
        labels = np.fromfile(lbpath,dtype=np.uint8)
    with open(images_path, 'rb') as imgpath:
        magic, num, rows, cols = struct.unpack('>IIII',imgpath.read(16))
        images = np.fromfile(imgpath,dtype=np.uint8).reshape(len(labels),
784)
    return images, labels


def load_mnist_test(path, kind='t10k'):
    labels_path = path + '/t10k-labels-idx1-ubyte'
```

```
    images_path = path + '/t10k-images-idx3-ubyte'
    with open(labels_path, 'rb') as lbpath:
        magic, n = struct.unpack('>II',lbpath.read(8))
        labels = np.fromfile(lbpath,dtype=np.uint8)
    with open(images_path, 'rb') as imgpath:
        magic, num, rows, cols = struct.unpack('>IIII',imgpath.read(16))
        images = np.fromfile(imgpath,dtype=np.uint8).reshape(len(labels),
784)
    return images, labels


train_images, train_labels = load_mnist_train(path)
test_images, test_labels = load_mnist_test(path)


X = preprocessing.StandardScaler().fit_transform(train_images)
X_train = X[0:60000]
y_train = train_labels[0:60000]
print(''Start learning at'' + time.strftime('%Y-%m-%d %H:%M:%S'))
# print(''Start learning at 2022-07-19 21:52:08'')
model_svc = svm.SVC()
model_svc.fit(X_train,y_train)
print(''Stop learning at '' + time.strftime('%Y-%m-%d %H:%M:%S'))
# print(''Stop learning at 2022-07-19 21:58:21'')


x = preprocessing.StandardScaler().fit_transform(test_images)
x_test = x[0:10000]
y_pred = test_labels[0:10000]
print(''Accuracy: '' + str(model_svc.score(x_test,y_pred)))
```

```
Start learning at 2022-07-19 22:09:29
Stop learning at 2022-07-19 22:16:13
Accuracy: 0.9656
```

图 10.14　支持向量机

10.5.4　CNN 卷积网络

在代码 10.15 中，利用 Keras 构建了一个用于 MNIST 数据集分类任务的 CNN 网络，包含卷积层、池化层、全连接层，使用 ReLU 激活函数和交叉熵损失函数。环境配置为 Python 3.7，TensorFlow 1.15，Keras 2.3.1。图 10.15 展示了本案例训练两个 epoch 后的结果。

代码 10.15 CNN 卷积网络

扫码获取程序代码

```
import numpy as np
np.random.seed(1337) # for reproducibility
from keras.datasets import mnist
from keras.models import Sequential
from keras.layers import Dense, Dropout, Activation,
Flatten
from keras.layers import Conv2D, MaxPooling2D
from keras.utils import np_utils
from keras import backend as K


batch_size = 128
nb_classes = 10
nb_epoch = 12


# input image dimensions
img_rows, img_cols = 28, 28
# number of convolutional filters to use
nb_filters = 32
# size of pooling area for max pooling
pool_size = (2, 2)
# convolution kernel size
kernel_size = (3, 3)


# the data, shuffled and split between train and test sets
(X_train, y_train), (X_test, y_test) = mnist.load_data()

if K.image_data_format() == ''channels_first'':
    X_train = X_train.reshape(X_train.shape[0], 1, img_rows, img_cols)
    X_test = X_test.reshape(X_test.shape[0], 1, img_rows, img_cols)
    input_shape = (1, img_rows, img_cols)
else:
    X_train = X_train.reshape(X_train.shape[0], img_rows, img_cols, 1)
    X_test = X_test.reshape(X_test.shape[0], img_rows, img_cols, 1)
    input_shape = (img_rows, img_cols, 1)

X_train = X_train.astype('float32')
X_test = X_test.astype('float32')
```

```
X_train /= 255
X_test /= 255
print('X_train shape:', X_train.shape)
print(X_train.shape[0], 'train samples')
print(X_test.shape[0], 'test samples')

# convert class vectors to binary class matrices
print(''y_train'',y_train[0])
Y_train = np_utils.to_categorical(y_train, nb_classes)
Y_test = np_utils.to_categorical(y_test, nb_classes)
print(''Y_train'',Y_train[0])
print(''Y_test'',Y_test[0])

model = Sequential()
model.add(Conv2D(nb_filters, (kernel_size[0], kernel_size[1]),
                 padding='valid',
                 input_shape=input_shape))
model.add(Activation('relu'))
model.add(Conv2D(nb_filters, (kernel_size[0], kernel_size[1])))
model.add(Activation('relu'))
model.add(MaxPooling2D(pool_size=pool_size))
model.add(Dropout(0.25))
model.add(Flatten())
model.add(Dense(128))
model.add(Activation('relu'))
model.add(Dropout(0.5))
model.add(Dense(nb_classes))
model.add(Activation('softmax'))

model.compile(loss='categorical_crossentropy',
              optimizer='adadelta',
              metrics=['accuracy'])
model.fit(X_train, Y_train, batch_size=batch_size, epochs=nb_epoch,
          verbose=1, validation_data=(X_test, Y_test))
score = model.evaluate(X_test, Y_test, verbose=0)
print('Test loss:', score[0])
print('Test accuracy:', score[1])
```

需要注意的是，可能会遇到 "Descriptors cannot not be created directly" 的报错问题，

可以使用 pip install protobuf==3.20.1 命令来解决。

```
59648/60000 [===========================>.] - ETA: 0s - loss: 0.1023 - accuracy: 0.9691
59776/60000 [===========================>.] - ETA: 0s - loss: 0.1022 - accuracy: 0.9691
59904/60000 [===========================>.] - ETA: 0s - loss: 0.1022 - accuracy: 0.9691
60000/60000 [============================] - 53s 876us/step - loss: 0.1021 - accuracy: 0.9
Test loss: 0.046346956163703
Test accuracy: 0.9848999977111816
```

图 10.15　CNN 卷积网络

扩展阅读

Python 的作者 Guido van Rossum 是荷兰人，1982 年毕业于阿姆斯特丹大学，获得数学和计算机硕士学位。他不仅是一位数学家，更享受计算机带来的乐趣。上大学时，他接触并使用过诸如 Pascal、C、Fortran 等语言，但为了便于程序运行，程序员们不得不像计算机一样思考。这种方式使得 Guido 非常苦恼，他希望有一种语言不仅可以像 C 语言那样，能够全面调用计算机的功能接口，而且可以像 Shell 那样，轻松地完成编程工作。Guido 在荷兰国家数学与计算机科学研究中心 (Centrum Wiskunde & Informatica，CWI) 工作期间，曾参与了 ABC 语言的开发，很清楚 ABC 语言的优点和不足：它的目标是 "让用户感觉更好"，并以此激发人们学习编程的兴趣，但也存在可拓展性差、过度革新、传播困难等问题。1989 年圣诞节假期，Guido 开始写 Python 语言的编译/解释器。Python 来自 Guido 所挚爱的电视剧《巨蟒剧团之飞翔的马戏团》(*Monty Python's Flying Circus*，是 BBC 在 20 世纪 70 年代播放的室内情景幽默剧，以当时的英国生活为素材)。他希望这个新的叫作 Python 的语言，能实现他的理念 (一种介于 C 和 Shell 之间，功能全面、易学易用、可拓展的语言)。"人生苦短，我用 Python"，这是印在创始人 Guido 上班时所穿 T 恤上的一句话。Python 起初完全由 Guido 本人开发，之后得到周围同事们的欢迎，他们迅速反馈使用意见并参与到 Python 的改进中，随后又将 Python 拓展到 CWI 之外。Python 将许多机器层面上的细节隐藏，交给编译器处理，并凸显出逻辑层面的编程思考，因此 Python 程序员可以将更多的时间用于思考程序的逻辑，而不是具体的实现细节。这一特征立刻吸引了广大程序员的注意，Python 随之开始流行。

习题

1. 编写程序，将灰度范围 [0, 255] 的图像转换成灰度范围 [20, 200] 的图像，并将其结果进行展示。

2. 参考 10.2.2 节将原始图像添加高斯噪声，用中值滤波、均值滤波、高斯滤波对其进行滤波处理，并展示其处理后的结果。

3. 参考 10.2.3 节将原始图像添加椒盐噪声，使用双边滤波、引导滤波对其进行滤波处理，并展示其处理后的结果。

4. 请使用 Prewitt 算子提取出图像边缘，并对其边缘进行锐化操作。

5. 请使用高斯低通滤波器对灰度图像进行频域滤波。

6. 编写程序，实现图像的直方图均衡化，并对均衡化前后图像的直方图进行展示。

7. 对图像复原过程中需要计算噪声功率谱和图像功率谱的滤波器是什么？

8. 什么是几何均值滤波？其特点是什么？

9. 简述一阶微分算子和二阶微分算子，并对二者进行比较。

10. 参考 VGG16 结构，使用 Keras 构建 CNN 模型，用于 CIFAR-10 数据集的分类任务。

11. 学习基于 MindSpore 人工智能框架开发 LeNet 手写体识别和 YOLOv3 目标检测算法，并利用昇腾 CANN 技术，完成目标检测模型转换、业务部署和推理过程。

12. 了解工业质检的大背景，基于图像分割理论，使用昇思 MindSpore 完成工业质检算法开发训练，学习使用昇腾异构计算架构 CANN，完成模型转换，最后使用 MindX SDK 实现工业质检业务快速部署。

13. 学习 MindSpore 框架及基础操作，神经网络基础与应用、卷积神经网络并结合垃圾分类需求，基于 ModelArts 云服务和 Atlas 200 DK 端侧设备，实现基于 MobileNetv2 的垃圾分类模型搭建和训练、模型转换、业务部署。

 小故事　华人计算机视觉鼻祖——黄煦涛

黄煦涛 (Thomas S. Huang, 1936—2020 年) 教授，信息学家，美国国籍，美国伊利诺伊大学 Beckman 学院教授，美国国家工程院院士。生于中国上海，1956 年毕业于台湾大学电子系，1963 年获美国麻省理工学院博士学位。1973~1980 年曾任普渡大学电子工程学院信息处理实验室主任、教授。黄煦涛教授主要从事信息和信号处理方面的研究工作，发明了预测差分量化 (PDQ) 的两维传真 (文档) 压缩方法，该方法已发展为国际 G3/G4FAX 压缩标准；在多维数字信号处理领域中，提出了关于递归滤波器的稳定性的理论；建立了从二维图像序列中估计三维运动的公式，为图像处理和计算机视觉开启了新领域。此外，他的研究小组还实现了基于语音识别和可视手语分析以控制显示的原型系统。曾荣获多次最佳论文奖和 Guggenheim Fellowships、Alexander von Humboldt 美国高级科学家奖、IEEE 第 3 个千年奖等多项科技奖励。黄煦涛教授十分关注中国科学技术事业的发展，先后访问过我国多所大学和研究所，作学术报告，进行学术交流，帮助培养高级科研人才，并担任顾问和名誉教授等。还多次积极参与组织在中国召开的国际学术会议并作特邀报告。2001 年当选为中国工程院外籍院士。2020 年，CVPR 首度设立计算机视觉领域的 Thomas S. Huang 纪念奖。知名华人女科学家、斯坦福大学计算机科学系首位"红杉资本教授"李飞飞获得 2022 年度 Thomas S. Huang 纪念奖。

参 考 文 献

保铮, 邢孟道, 王彤. 2005. 雷达成像技术. 北京: 电子工业出版社.

陈后金. 2015. 信号与系统. 2 版. 北京: 高等教育出版社.

邵文泽, 韦志辉. 2007. 基于广义 Huber-MRF 图像建模的超分辨率复原算法. 软件学报, 18(10): 2434-2444.

孙玉宝, 韦志辉, 肖亮, 等. 2010. 多形态稀疏性正则化的图像超分辨率算法. 电子学报, 38(12): 2898-2903.

陶然, 邓兵, 王越. 2009. 分数阶傅里叶变换及其应用. 北京: 清华大学出版社.

图像处理——纹理特征提取方法 (LBP 局部二值模式和 GLCM 灰度共生矩阵).[2023-03-30]. https://blog.csdn.net/qq_45769063/article/details/107451820.

王彦飞. 2007. 反演问题的计算方法及其应用. 北京: 高等教育出版社.

肖亮, 刘鹏飞. 2020. 多源空谱遥感图像融合机理与变分方法. 北京: 科学出版社.

肖亮, 韦志辉, 邵文泽. 2017. 基于图像先验建模的超分辨增强理论与算法. 北京: 国防工业出版社.

肖亮, 韦志辉, 吴慧中. 2007. 基于最大后验概率和鲁棒估计的图像恢复推广变分模型. 计算机研究与发展, 44(7): 1105-1113.

杨毅明. 2012. 数字信号处理. 北京: 机械工业出版社.

佚名. 2007. "嫦娥一号" 上的科学探测仪器. 物理通报, (12): 23-23.

邹谋炎. 2001. 反卷积和信号复原. 北京: 国防工业出版社.

Castleman K R. 2002. 数字图像处理. 朱志刚, 林学阗, 石定机, 译. 北京: 电子工业出版社.

Gonzalez R C, Woods R E. 2020. 数字图像处理. 4 版. 阮秋琦, 阮宇智, 译. 北京: 电子工业出版社.

Starck J L, Murtagh F, Fadili J M. 2015. 稀疏图像与信号处理: 小波, 曲波, 形态多样性. 肖亮, 张军, 刘鹏飞, 译. 北京: 国防工业出版社.

Almeida L B. 1994. The fractional Fourier transform and time-frequency representations. IEEE Transactions on Signal Processing, 42(11): 3084-3091.

Anscombe F J. 1948. The transformation of Poisson, binomial and negative-binomial data. Biometrika, 35(3-4): 246-254.

Arbeláez P, Maire M, Fowlkes C, et al. 2011. Contour detection and hierarchical image segmentation. IEEE Transactions on Pattern Analysis and Machine Intelligence, 33(5): 898-916.

Aubert G, Kornprobst P. 2002. Mathematical Problems in Image Processing: Partial Differential Equations and the Calculus of Variations. New York: Springer.

Babacan S D, Molina R, Katsaggelos A K. 2011. Variational Bayesian super resolution. IEEE Transactions on Image Processing, 20(4): 984-999.

Bajcsy R. 1973. Computer identification of visual surfaces. Computer Graphics and Image Processing, 2(2): 118-130.

Barlow H B. 1983. Vision: A computational investigation into the human representation and processing of visual information: David Marr. San Francisco: W. H. Freeman, 1982. pp.xvi+397. Journal of Mathematical Psychology, 27(1): 107-110.

Bay H, Tuytelaars T, Van Gool L. 2006. SURF: Speeded up robust features. European Conference on Computer Vision, Graz, Austria: 404-417.

Bertasius G, Shi J, Torresani L. 2015. DeepEdge: A multi-scale bifurcated deep network for top-down contour detection. IEEE Conference on Computer Vision and Pattern Recognition, Boston, USA: 4380-4389.

Boncelet C. 2009. Image Noise Models//Bovik A. The Essential Guide to Image Processing. 2nd ed. New York: Academic Press: 143-167.

Breiman L. 2001. Random forests. Machine Learning, 45(1): 5-32.

Brice C R, Fennema C L. 1970. Scene analysis using regions. Artificial Intelligence, 1(3-4): 205-226.

Canny J. 1986. A computational approach to edge detection. IEEE Transactions on Pattern Analysis and Machine Intelligence, (6): 679-698.

Caselles V, Kimmel R, Sapiro G. 1997. Geodesic active contours. International Journal of Computer Vision, 22(1): 61-79.

Caselles V, Catté F, Coll T, et al. 1993. A geometric model for active contours in image processing. Numerische Mathematik, 66(1): 1-31.

Castellanos J L, Gómez S, Guerra V. 2002. The triangle method for finding the corner of the L-curve. Applied Numerical Mathematics, 43(4): 359-373.

Chan T F, Shen J. 2005. Image Processing and Analysis: Variational, PDE, Wavelet and Stochastic Methods. Philadelphia: SIAM.

Chan T F, Vese L A. 2001. Active contours without edges. IEEE Transactions on Image Processing, 10(2): 266-277.

Charbonnier P, Blanc-Féraud L, Aubert G, et al. 1997. Deterministic edge-preserving regularization in computed imaging. IEEE Transactions on Image Processing, 6(2): 298-311.

Chen Z Y, Abidi B R, Page D L, et al. 2006. Gray-level grouping (GLG): An automatic method for optimized image contrast enhancement-part I: The basic method. IEEE Transactions on Image Processing, 15(8): 2290-2302.

Combettes P L, Pesquet J C. 2011. Proximal Splitting Methods in Signal Processing//Bauschke H H, Burachik R S, Combettes P L, et al. Fixed-Point Algorithms for Inverse Problems in Science and Engineering. New York: Springer: 185-212.

Cooley J W, Tukey J W. 1965. An algorithm for the machine calculation of complex Fourier series. Mathematics of Computation, 19(90): 297-301.

Cortes C, Vapnik V. 1995. Support-vector networks. Machine Learning, 20(3): 273-297.

Creswell A, White T, Dumoulin V, et al. 2018. Generative adversarial networks: An overview. IEEE Signal Processing Magazine, 35(1): 53-65.

Dabov K, Foi A, Katkovnik V, et al. 2007. Image denoising by sparse 3-D transform-domain collaborative filtering. IEEE Transactions on Image Processing, 16(8): 2080-2095.

Dalal N, Triggs B. 2005. Histograms of oriented gradients for human detection. IEEE Conference on Computer Vision and Pattern Recognition, San Diego, USA: 886-893.

Dollár P, Zitnick C L. 2015. Fast edge detection using structured forests. IEEE Transactions on Pattern Analysis and Machine Intelligence, 37(8): 1558-1570.

Dollár P, Tu Z, Belongie S. 2006. Supervised learning of edges and object boundaries. IEEE Conference on Computer Vision and Pattern Recognition, New York, USA: 1964-1971.

Elad M. 2010. Sparse and Redundant Representation: From Theory to Applications in Signal and Image Processing. Berlin: Springer.

Eldar Y C, Kutyniok G. 2012. Compressed Sensing: Theory and Applications. Cambridge: Cambridge University Press.

Farbman Z, Fattal R, Lischinski D. 2010. Diffusion maps for edge-aware image editing. ACM Transactions on Graphics, 29(6): 1-10.

Farbman Z, Fattal R, Lischinski D, et al. 2008. Edge-preserving decompositions for multi-scale tone and detail manipulation. ACM Transactions on Graphics, 27(3): 1-10.

Gabor D. 1946. Theory of communication. Journal of the Institute of Electrical Engineers, 93(26): 429-441.

Ganin Y, Lempitsky V. 2014. N^4-Fields: Neural network nearest neighbor fields for image transforms. Asian Conference on Computer Vision, Singapore.

Gao H, Yuan H, Wang Z, et al. 2020. Pixel transposed convolutional networks. IEEE Transactions on Pattern Analysis and Machine Intelligence, 42(5): 1218-1227.

Gastal E, Oliveira M. 2011. Domain transform for edge-aware image and video processing. ACM Transactions on Graphics, 30(4): 1-12.

Gatta C, Rizzi A, Marini D. 2002. ACE: An automatic color equalization algorithm. Proceedings of the First European Conference on Color in Graphics Image and Vision, Poitiers, France.

Ghosh S, Das N, Das I, et al. 2019. Understanding deep learning techniques for image segmentation. ACM Computing Surveys, 52(4): 1-35.

Goldstein T, Osher S. 2009. The split Bregman method for L1-regularized problems. SIAM Journal on Imaging Sciences, 2(2): 323-343.

Golub G H, von Matt U. 1997. Generalized cross-validation for large-scale problems. Journal of Computational and Graphical Statistics, 6(1): 1-34.

Gonzalez R C. 2018. Deep convolutional neural networks. IEEE Signal Processing Magazine, 35(6): 79-87.

Gonzalez R C, Woods R E. 2017. Digital Image Processing. 4 版. New York: Pearson Education Inc.

He K, Sun J, Tang X. 2013. Guided image filtering. IEEE Transactions on Pattern Analysis and Machine Intelligence, 35(6): 1397-1409.

He K, Zhang X, Ren S, et al. 2016. Deep residual learning for image recognition. IEEE Conference on Computer Vision and Pattern Recognition, Las Vegas, USA: 770-778.

Hochstenbach M E, Reichel L, Rodriguez G. 2015. Regularization parameter determination for discrete ill-posed problems. Journal of Computational and Applied Mathematics, 273: 132-149.

Hu J, Shen L, Sun G. 2018. Squeeze-and-excitation networks. IEEE Conference on Computer Vision and Pattern Recognition, Salt Lake City, USA: 7132-7141.

Hummel R A. 1977. Image enhancement by histogram transformation. Computer Graphics and Image Processing, 6(2): 184-195.

Hwang J J, Liu T L. 2015. Pixel-wise deep learning for contour detection. International Conference on Learning Representations, San Diego, USA.

Jin K H, McCann M T, Froustey E, et al. 2017. Deep convolutional neural network for inverse problems in imaging. IEEE Transaction on Image Processing, 26(9): 4509-4522.

Kass M, Witkin A, Terzopoulos D. 1988. Snakes: Active contour models. International Journal of Computer Vision, 1(4): 321-331.

Khan S, Rahmani H, Shah S, et al. 2018. A Guide to Convolutional Neural Networks for Computer Vision. Kentfield: Morgan & Claypool Publishers.

Kim Y, Kim S, Kim T, et al. 2019. CNN-based semantic segmentation using level set loss. IEEE Winter Conference on Applications of Computer Vision, Hawaii, USA: 1752-1760.

Kimmel R, Amir A, Bruckstein A M. 1995. Finding shortest paths on surfaces using level sets propagation. IEEE Transactions on Pattern Analysis and Machine Intelligence, 17(6): 635-640.

Kittler J. 1983. On the accuracy of the sobel edge detector. Image and Vision Computing, 1(1): 37-42.

Konishi S, Yuille A L, Coughlan J M, et al. 2003. Statistical edge detection: Learning and evaluating edge cues. IEEE Transactions on Pattern Analysis and Machine Intelligence, 25(1): 57-74.

Lagendijk R L, Biemond J. 2000. Basic methods for image restoration and identification//Bovik A. Handbook of Image and Video Processing. San Diego: Academic Press.

Lazebnik S, Schmid C, Ponce J. 2006. Beyond bags of features: Spatial pyramid matching for recognizing natural scene categories. IEEE Conference on Computer Vision and Pattern Recognition, New York, USA: 2169-2176.

Legland D, Arganda-Carreras I, Andrey P. 2016. MorphoLibJ: Integrated library and plugins for mathematical morphology with ImageJ. Bioinformatics, 32(22): 3532-3534.

Li C, Kao C Y, Gore J C, et al. 2008. Minimization of region-scalable fitting energy for image segmentation. IEEE Transactions on Image Processing, 17(10): 1940-1949.

Li C, Xu C, Gui C, et al. 2005. Level set evolution without re-initialization: A new variational formulation. IEEE Conference on Computer Vision and Pattern Recognition, San Diego, USA: 430-436.

Li C, Xu C, Gui C, et al. 2010. Distance regularized level set evolution and its application to image segmentation. IEEE Transactions on Image Processing, 2010, 19(12): 3243-3254.

Liang M, Hu X. 2015. Recurrent convolutional neural network for object recognition. IEEE Conference on Computer Vision and Pattern Recognition, Boston, USA: 3367-3375.

Lim J J, Zitnick C L, Dollár P. 2013. Sketch tokens: A learned mid-level representation for contour and object detection. IEEE Conference on Computer Vision and Pattern Recognition, Portland, USA: 3158-3165.

Lin T, Maire M, Belongie S, et al. 2014. Microsoft coco: Common objects in context. European Conference on Computer Vision, Zurich, Switzerland: 740-755.

Linde Y, Buzo A, Gray R M. 1980. An algorithm for vector quantizer design. IEEE Transactions on Communications, 28(1): 84-95.

Lloyd S P. 1982. Least squares quantization in PCM. IEEE Transactions on Information Theory, 28(2): 129-137.

Long J, Shelhamer E, Darrell T. 2015. Fully convolutional networks for semantic segmentation. IEEE Conference on Computer Vision and Pattern Recognition, Boston, USA: 3431-3440.

Lowe D G. 2004. Distinctive image features from scale-invariant keypoints. International Journal of Computer Vision, 60(2): 91-110.

Malladi R, Sethian J A, Vemuri B C. 1995. Shape modeling with front propagation: A level set approach. IEEE Transactions on Pattern Analysis and Machine Intelligence, 17(2): 158-175.

Marnissi Y, Zheng Y, Chouzenoux É, et al. 2017. A variational Bayesian approach for image restoration—Application to image deblurring with Poisson-Gaussian noise. IEEE Transaction on Computational Imaging, 3(4): 722-737.

Marr D, Hildreth E. 1980. Theory of edge detection. Proceedings of the Royal Society B: Biological Sciences, 207(1167): 187-217.

Martin D R, Fowlkes C C, Malik J. 2004. Learning to detect natural image boundaries using local brightness, color, and texture cues. IEEE Transactions on Pattern Analysis and Machine Intelligence, 26(5): 530-549.

Max J. 1960. Quantizing for Minimum Distortion. IRE Transactions on Information Theory, 6(1): 7-12.

Meyer Y. 2001. Oscillating patterns in image processing and nonlinear evolution equations: The fifteenth Dean Jacquelinc B. Lewis memorial lectures. Boston: American Mathematical Society.

Milanfar P. 2011. Super-Resolution Imaging. Florida: CRC Press.

Murtagh F, Starck J L, Bijaoui A. 1995. Image restoration with noise suppression using a multiresolution support. Astronomy and Astrophysics Supplement Series, 112: 179-189.

Najman L, Schmitt M. 1996. Geodesic saliency of watershed contours and hierarchical segmentation. IEEE Transactions on Pattern Analysis and Machine Intelligence, 18(12): 1163-1173.

Namias V. 1980. The Fractional order fourier transform and its application to quantum mechanics. IMA Journal of Applied Mathematics, 25(3): 241-265.

Ohlander R, Price K, Reddy D R. 1978. Picture segmentation using a recursive region splitting method. Computer Graphics and Image Processing, 8(3): 313-333.

Osher S, Burger M, Goldfarb D, et al. 2005. An iterative regularization method for total variation-based image restoration. Multiscale Modeling & Simulation, 4(2): 460-489.

Osher S, Paragios N. 2003. Geometric Level Set Methods in Imaging, Vision, and Graphics. New York: Springer: 251-269.

Osher S, Sethian J A. 1988. Fronts propagating with curvature-dependent speed: Algorithms based on Hamilton-Jacobi formulations. Journal of Computational Physics, 79(1): 12-49.

Otsu N. 1979. A threshold selection method from gray-level histograms. IEEE Transactions on Systems, Man, and Cybernetics, 9(1): 62-66.

Ozaktas H M, Arikan O, Kutay M A, et al. 1996. Digital computation of the fractional Fourier transform. IEEE Transactions on Signal Processing, 44(9): 2141-2150.

Ozaktas H M, Barshan B, Mendlovic D. 1994. Convolution and filtering in fractional Fourier domains. Optical Review, 1(1): 15-16.

Paris S, Durand F. 2009. A fast approximation of the bilateral filter using a signal processing approach. International Journal of Computer Vision, 81: 24-52.

Paris S, Kornprobst P, Tumblin J, et al. 2008. Bilateral filtering: Theory and applications. Foundations and Trends in Computer Graphics and Vision, 4(1): 1-73.

Park S C, Park M K, Kang M G. 2003. Super-resolution image reconstruction: A technical overview. IEEE Signal Processing Magazine, 20(3): 21-36.

Peng S, Jiang W, Pi H, et al. 2020. Deep snake for real-time instance segmentation. IEEE Conference on Computer Vision and Pattern Recognition, Seattle, USA: 8533-8542.

Ren X. 2008. Multi-scale improves boundary detection in natural images. European Conference on Computer Vision, Marseille, France: 533-545.

Richardson W H. 1972. Bayesian-based iterative method of image restoration. Journal of the Optical Society of America, 62(1): 55-59.

Rizzi A, Gatta C, Marini D. 2003. A new algorithm for unsupervised global and local color correction. Pattern Recognition Letters, 124(11): 1663-1677.

Roberts L G. 1963. Machine Perception of Three-Dimensional Solids. Cambridge: Massachusetts Institute of Technology.

Rudin L, Osher S, Fatemi E. 1992. Nonlinear total variation based noise removal algorithms. Physica D: Nonlinear Phenomena, 60(1-4): 259-268.

Russakovsky O, Deng J, Su H, et al. 2015. ImageNet large scale visual recognition challenge. International Journal of Computer Vision, 115(3): 211-252.

Shannon C E. 1948. A mathematical theory of communication. The Bell System Technical Journal, 27(3): 379-423.

Shannon C E. 1949. Communication theory of secrecy systems. The Bell System Technical Journal, 28(4): 656-715.

Shen J, Castan S. 1992. An optimal linear operator for step edge detection. CVGIP: Graphical Models and Image Processing, 54(2): 112-133.

Shen W, Wang X, Wang Y, et al. 2015. DeepContour: A deep convolutional feature learned by positive-sharing loss for contour detection draft version. IEEE Conference on Computer Vision and Pattern Recognition, Boston, USA: 3982-3991.

Shotton J, Winn J, Rother C, et al. 2009. TextonBoost for image understanding: Multi-class object recognition and segmentation by jointly modeling appearance, shape and context. International Journal of Computer Vision, 81(1): 2-23.

Soccorsi M, Gleich D, Datcu M. 2010. Huber-Markov model for complex SAR image restoration. IEEE Geoscience and Remote Sensing Letters, 7(1): 63-67.

Stallkamp J, Schlipsing M, Salmen J, et al. 2012. Man vs. computer: Benchmarking machine learning algorithms for traffic sign recognition. Neural Networks, 32: 323-332.

Subr K, Soler C, Durand F. 2009. Edge-preserving multiscale image decomposition based on local extrema. ACM Transactions on Graphics, 28(5): 1-9.

Szeliski R. 2010. Computer Vision: Algorithms and Applications. New York: Springer.

Tao L, Asari V. 2004. An integrated neighborhood dependent approach for nonlinear enhancement of color images. International Conference on Information Technology: Coding and Computing, Las Vegas, USA: 138-139.

Thanki R M, Kothari A M. 2019. Digital Image Processing using SCILAB. New York: Springer.

Tikhonov N, Arsenin Y. 1977. Solutions of Ill-Posed Problems. Washington: Winston/Wiley.

Tomasi C, Manduchi R. 1998. Bilateral filtering for gray and color images. IEEE International Conference on Computer Vision, Bombay, India: 839-846.

Torre V, Poggio T A. 1986. On edge detection. IEEE Transactions on Pattern Analysis and Machine

Intelligence, 2: 147-163.

Vemuri B, Chen Y. 2003. Joint image registration and segmentation//Osher S, Paragios N. Geometric Level Set Methods in Imaging, Vision, and Graphics. New York: Springer: 251-269.

Vincent L, Soille P. 1991. Watersheds in digital spaces: An efficient algorithm based on immersion simulations. IEEE Transactions on Pattern Analysis and Machine Intelligence, 13(6): 583-598.

Wang R, Tao D. 2014. Recent progress in image deblurring. arXiv: 1409.6838.

Wang Z, Acuna D, Ling H, et al. 2019. Object instance annotation with deep extreme level set evolution. IEEE Conference on Computer Vision and Pattern Recognition, Long Beach, USA: 7500-7508.

Xiao L, Huang L, Wei Z. 2010. A weberized total variation regularization-based image multiplicative noise removal algorithm. EURASIP Journal on Advances in Signal Processing, 2010: 490384.

Xie S, Tu Z. 2015. Holistically-nested edge detection. IEEE International Conference on Computer Vision, Santiago, Chile: 1395-1403.

Yang Z, Luo T, Wang D, et al. 2018. Learning to navigate for fine-grained classification. European Conference on Computer Vision, Munich, Germany: 420-435.

Yu Z, Feng C, Liu M Y, et al. 2017. CASENet: Deep category-aware semantic edge detection. IEEE Conference on Computer Vision and Pattern Recognition, Hawaii, USA: 5964-5973.

Zeiler M, Fergus R. 2014. Visualizing and understanding convolutional networks. European Conference on Computer Vision, Zurich, Switzerland: 818-833.

Zhang B, Fadili J M, Starck J L. 2008. Wavelets, ridgelets, and curvelets for Poisson noise removal. IEEE Transactions on Image Processing, 17(7): 1093-1108.

Zhang X, Zhou X, Lin M, et al. 2018. ShuffleNet: An extremely efficient convolutional neural network for mobile devices. IEEE Conference on Computer Vision and Pattern Recognition, Salt Lake City, USA: 6848-6856.

Zhang Z, Zhang J, Wei Z, et al. 2015. Cartoon-texture composite regularization based non-blind deblurring method for partly-textured blurred images with Poisson noise. Signal Processing, 116(11): 127-140.

Zhao H K, Chan T, Merriman B, et al. 1996. A variational level set approach to multiphase motion. Journal of Computational Physics, 127(1): 179-195.

Zhao Z, Zheng P, Xu S, et al. 2019. Object detection with deep learning: A review. IEEE Transactions on Neural Networks and Learning Systems, 30(11): 3212-3232.

Zuiderveld K. 1994. Contrast limited adaptive histogram equalization//Heckbert P S. Graphic Gems IV. San Diego: Academic Press: 474-485.